中国人类学民族学研究会秘书处
浙江大学人类学研究所

主办

——

——

梁永佳　主编

人类学研究

-第18辑-

2024

商务印书馆
The Commercial Press

图书在版编目（CIP）数据

人类学研究 . 第 18 辑 / 梁永佳主编 . -- 北京 : 商
务印书馆，2024. -- ISBN 978-7-100-24226-4

Ⅰ . Q98

中国国家版本馆 CIP 数据核字第 20243SX795 号

人类学研究

第 18 辑

梁永佳　主编

商　务　印　书　馆　出　版

（北京王府井大街 36 号　邮政编码 100710）

商　务　印　书　馆　发　行

北京虎彩文化传播有限公司 印刷

ISBN　978-7-100-24226-4

2024 年 7 月第 1 版　　　　开本 700×1000　1/16

2024 年 7 月第 1 次印刷　　　印张 19¾

定价：118.00 元

编 委 会

目　录

研究论文

书　评

稿　约

特　稿

论"百节之乡"的空间生产[*]

以列斐伏尔空间理论分析一座中国小城

杨彬 (Paul Kendall)

摘　要　本文试图探索如何将列斐伏尔的空间理论应用于2010年代中国一个小城市的实际情况中。首先，概述列斐伏尔关于空间生产的理论，特别是"感知""构想"和"亲历"的空间三元组，以及当代中国研究的外国学者对于这个理论的理解和运用。其次，主体部分以空间三元组模型来分析贵州省凯里市的社会空间，特别是城市品牌、建成环境和日常生活之间的关系。最后，根据我在凯里市田野工作的成果，对列斐伏尔空间三元组提出了一些建议。

关键词　社会空间；列斐伏尔；城市品牌；原生态

"不要在凯里浪费你的时间"，这句话是我十多年前从王老师那里听到的，至今仍记忆犹新。[①] 我在凯里市区一个公园里的业余合唱团认识了王老师，他拉二胡，文化修养相当高。这位退休老人说的"浪费时间"，意思是我不该选择凯里作为日常音乐的田野调查地点。他接着说："凯里不适合研究音乐，你应该去黔东南州周边的农村，了解他们那里的音乐活动。"我们走出公园大门时，王老师又说，五一

　＊　感谢南京大学的蔡子扬为文章提出的修改建议。
　①　本文分析的资料大部分源自2010年代我在凯里进行的田野调查。十多年过去，文中描述的一些情况可能发生了变化，如凯里大十字街头的"高原魂"雕像已在2013年被拆除。但我相信，这样的变化无损于文章的主要论点。

劳动节马上就到了，我应该趁这个机会去附近的一个镇上，感受一下那里的活动。我问："凯里没有类似的活动吗？""有的，"王老师答道，"但这些活动都是市政府组织的，而镇上的活动都是老百姓自发的。"

那时，我才在凯里这座贵州省黔东南州的小城市待了两周左右，但已经开始习惯于当地人的这种建议——建议我离开市区。这似乎已经成为一种意想不到的社会模式，也贯穿了我进行田野工作的各种场所，比如公园、卡拉OK、音乐教室等等。可以说，凯里居民在这个话题上唯一明显的共同点，就是让我赶快从城市走到农村去，在村子里发掘真正值得研究的"原生态"音乐。一开始，这种建议让我有点尴尬，但到后来，它引出了一个富有成效的研究课题：为什么凯里市民觉得城市的音乐不如周边农村的音乐呢？

离这个公园大概十分钟步行路程，可以看见一座有很多管子的巨型乐器雕像。这座雕像意图展现的城市形象，与王老师的观点完全不同。这座雕像位于大十字环岛上，这是一个繁忙的交通枢纽，自从1950年代凯里成为黔东南苗族侗族自治州首府以来，一直是凯里城的中心。这座耸立在交通要冲的雕像，表现的是芦笙的形象。地方政府、旅游公司、学者和凯里居民都把芦笙当作苗族最具代表性的文化标志之一。芦笙周围环绕着三块垂直弯曲的石板，这些石板代表牛角——另一个苗族文化标志。这座雕像叫作"高原魂"（龙胜洲，1996），因为它通过少数民族代表性的风俗习惯概括了凯里市和黔东南州所谓的文化精髓。

奇怪的是，民族乐器的雕像耸立在一个城市的中心，这个城市的宣传策略也把芦笙当作城市的象征，而这里的居民却看不上本地生活中的音乐实践。我认为，这两种矛盾的现象之间存在更深的联系。本文将以芦笙像为代表的官方音乐表现与居民对音乐的观念以及他们自己的业余音乐活动联系起来，探讨城市品牌、建成环境和日常生活之间的关系。从理论上来讲，本文将城市的这三个特征视为"社会空间"的要素，这个术语与社会学家亨利·列斐伏尔（Henri Lefebvre）密切相关。虽然"空间"早已成为中国研究的一个流行词汇（Bray，2005：10），但我试图超越关于"空间"的成规俗见，仔细审视列斐伏尔的社会空间理论和当代中国城市化进程的兼容性。首先，概述列斐伏尔关于空间生产（the production of space）的理论，特别是"感知"（perceived）、"构想"（conceived）和"亲历"（lived）的空间三元辩证法，以及当代中国研究的外国学者对于这个理论的理解和运用。其次，探索如何将空间三元辩证法应用于 2010 年代中国一个小城市的实际情况中。最后，根据我在凯里市田野工作的成果，对列斐伏尔空间三元组提出一些建议。

列斐伏尔一直关注现代社会的碎片化和异化问题。在早期作品中，他描述了休闲与生活其他方面密不可分的关系，并主张用工作、休闲和家庭生活三元组来分析日常生活（Lefebvre，1991［1958］：31）。多年后，他描述了空间研究如何变得跨学科碎片化（Lefebvre，1991［1974］：89—90），并试图将这些碎片结合在一起，形成一个空间三元组。这种空间三元辩证法至关重要，因为它避免了用非物质和物质空间二元对立的普遍方法来研究空间。

在感知空间的领域中，空间尤其像事物，列斐伏尔也将其称为"空间实践"（spatial practice）。尽管某种凝聚性和物质性仿佛暗示着感知空间等同于空间本身，但它只是与构想空间（"空间的表征"）和亲历空间（"表征性空间"）一起交织的三元组中的一个元素。感知空间指的是通过感官感受的空间，包括建成环境以及人员、交通、声波等的流动；构想空间是非物质的笛卡尔坐标系，感知空间在其上进行规划；而亲历空间是日常生活中添加到感知空间的象征意义（Lefebvre，1991［1974］：38—40）。例如，一座建筑是在建筑师的脑海构想出来，并通过构想空间的地图和数学计算来表达的。这个构想空间在感知的领域内出现，使用者体验建筑的物理存在，并加入他们自己的动作。最后，这些用户将象征意义赋予建筑的感知空间，并创造亲历空间。

这是一个空间的三元组，而不是空间的三分法，其中每个元素都与其他两个元素存在关系。从基本意义上讲，这个三元组类似于音乐的三和弦。因为列斐伏尔反对碎片化（例如 Lefebvre，1991 [1958]：149），所以他肯定是通过三个元素的相互作用来描述空间的不断生产和再生产，而不是描述三种离散类型的空间。列斐伏尔在有关中国城市的英语学术研究中经常被引用，但这些引用通常并没有与他的理论紧密结合。虽然对于空间三元组的修改具有潜在的生产力，但一些现有研究将其转变为亲历空间和构想空间的二元体系似乎是一种倒退（例如 Broudehoux，2004：26、34；Rolandsen，2011：12、69；Zhu，2009：215—217）。相比之下，我认为，考虑到城市的复杂性不断增加，列斐伏尔的主要空间理论发表于 50 多年前，所以甚至空间的三元组也可能不足以全面解释当代城市的社会空间。此外，列斐伏尔的空间三元组基于他有局限的地理经验，因此将目光从欧洲转向中国有助于进一步推进社会空间理论的发展。最后，以凯里为案例来评估该空间理论有助于扭转城市研究偏重北京、伦敦、纽约等大城市而忽视小城市的倾向。

一、凯里：从"新兴工业城"到"百节之乡"

凯里坐落在贵州省黔东南苗族侗族自治州，当地政府和企业大力扩大它作为民族旅游目的地的影响力。2010 年代我在凯里从事田野工作时，这里就已被称作"百节之乡"和"歌舞海洋"了，这与当地少数民族，特别是苗族的各种节日有关（参见凯里晚报，2000，2002；萧福春，2008：38；凯里市市委宣传部，2010：60）。凯里的这一城市品牌依赖于对少数民族的浪漫化、奇观化与他者化，人类学家把这种现象视为"内部东方主义"或者"东方的东方主义"（Gladney，

1994；Schein，2000）。此外，2000 年代中期以来，宣传资料中一直使用"原生态"这个新词来推广凯里原汁原味的民族文化，以此招揽游客。相比之下，改革开放初期的书籍和报纸文章则将凯里描述为一个"新兴工业城市"（例如黔东南苗族侗族自治州概况编写组，1986：7；熊贵伦，1987：1；凯里晚报，2002）。本节将会探讨凯里从工业城市转变为民族旅游城市的过程中，构想空间和感知空间的变化。

凯里市的历史不长，直到 1980 年代才正式获得建制。在中华人民共和国成立之前，凯里只是炉山县的一个大区，至 1949 年仅有9915 人。到了 1956 年 7 月，凯里成为黔东南苗族侗族自治州的州府，用一位当地人的话来说，"从此，一个名不见经传的小镇成为全州政治，经济，文化中心"（Yang，1994：200）。在规划这个新州府时，地方政府决定在老街南边的平地上建设一个"凯里新城"，大十字成为新城的中心。凯里的城市规划在 1958 年、1964 年以及改革开放时期多次进行调整。然而，构想空间的规划远远超过了建成环境的现实：1956 年制定的规划中城区面积约 4 平方公里，1958 年的规划扩大到 9 平方公里，1964 年进一步扩大到 12 平方公里，直到 1985 年达到了 31.1 平方公里。然而，到 1980 年代末，凯里市区的实际占地面积仅 7.4 平方公里。[①]

从 1950 年代一直到 1980 年代中，凯里几乎没有能反映出民族特色并打造为城市品牌的公共空间。即使到了 1980 年代末、1990 年代初，凯里的视觉表征仍以样式单调的功能主义建筑为主，尤其是凯里火车站和工厂的照片（例如戴承义，1992；杨秀文，1992；丁新成，1992）。这些建筑并不具有个体特质，而是反映了工业空间"趋向同质性，趋于合理和计划的约束的统一"（Lefebvre，2003［1970］：37）

---

① 以上内容具体可参见熊贵伦（1987，1998）、文英勇（2009）。

的倾向，① 试图反映出民族特色的建筑元素停留在表面，例如客车站建筑上的小型民族装饰物。彼时凯里的建筑服务于国家现代化、工业化建设而不是城市品牌建设。

然而，从 1990 年代开始，地方政府越来越意识到城市品牌的重要性，而少数民族文化是凯里唯一丰富的本土资源。早在 1985 年，凯里就被指定为"贵州省东线旅游中心城市"（熊贵伦，1998：46），但与蓬勃发展的西线旅游相比，凯里早期的游客数量较少，旅游业直到 1990 年代才成为一个重要的国民经济部门（Oakes，1998：158—164）。此时在工业生产衰退和休闲消费不断增加的背景下，地方政府加强了对民族旅游的关注，视其为凯里与整个黔东南州的未来发展方向。这种转型的结果是城市形象意味深长的变化，标志着凯里作为社会主义工业空间的暮年和民族旅游城市的黎明，《黔东南日报》的一篇文章用一句话将凯里称为"电子工业城"和"民族旅游城"（龚循政，1996），另一篇将这两个形象融合成一个短语："苗岭电子城"（李葆中，1992）。

在改革开放初期，具有民族特色的建筑开始兴建。例如，1988 年建成的黔东南州民族博物馆将苗族和侗族建筑风格结合在一起，展翼采用苗族吊脚风格，中央塔楼采用侗族鼓楼风格。在八九十年代，大十字的街心花园有一座小宝塔，然而早在 80 年代中期，一位报社撰稿人就对这种早期美化公共空间的尝试提出不满，因为它太小了，就像玩具一样，不能反映出凯里的民族特色（潘子东，1985）。直到 1996 年，原有的小宝塔才被芦笙像所取代。世纪之交的许多文章继续指出凯里缺乏公共空间和标志性建筑的问题。一位记者感叹凯里没有一个真正的广场，只好凑合着使用大会场，那是一个被酒店、茶馆和游乐场侵占的泥沙球场（纪臻，2001）。另一位记者甚至对邻近都匀市的文峰园赞不绝口，并表达了希望凯里有一天也能有这样的一个公

---

① 本文中列斐伏尔作品引文均系作者自译。

共空间（刘彦，2000）。最后，《中共四川省委省级机关党校学报》的一篇文章批评了凯里和黔东南州各县城普遍缺乏民族建筑的问题，同时描述现有建筑为"灰色、简单、造价低廉的多层建筑……除了凯里市中心大十字处，尚有大理石砌成的芦笙像，其余城市基本看不到什么有城市特色的房屋、雕像，更难以寻到少数民族文化的痕迹"（周茂丽、夏燕，2002：72）。为了纠正这种问题，凯里需要建设一些能够反映出少数民族风俗习惯的公共场所。

在接下来的 2003 年，仰阿莎广场、市行政中心、民族体育场等一批具有民族特色的项目相继竣工或开建（朱柏仁，2003）。据《黔东南日报》报道，仰阿莎广场具有民族风味（杨光全，2003），广场地面用圆圈套圆圈的纹案装饰，代表着苗族铜鼓。新的市行政中心是一座恢宏的建筑，其场地内有绿化空间和侗族鼓楼。随着这些项目的完成，凯里市政府在短短几年内就可以宣扬，城区内拥有一批具有民族风味的标志性建筑（凯里市委办公室、市人民政府办公室，2007；凯里市市委宣传部，2010）。大十字芦笙像与改建后的民族博物馆也与此相得益彰。

像民族体育场这样的标志性建筑存在于两个主要环境中：一是作为日常感知空间的一部分，与交通、行人和休闲活动并存；二是作为城市宣传中"构想品牌空间"的一部分，与其他具有民族特色的空间并列。后者构成了一种"提喻战略"（Massey，2007），意思是用部分来代表整体，品牌宣传图像利用公共空间的民族形象把整个城市描绘成"百节之乡"。事实上，这些图片传达了一种对凯里日常生活的误导性印象。仅凭这些照片，没有人能猜到当地人的休闲活动主要是麻将、广场舞、卡拉 OK、夜市、饮酒之类，而不是芦笙舞和情歌对唱。这种扭曲是通过对空间和时间的操纵而实现的。当与以"凯里国际芦笙节"为代表的活动相结合时，民族风格的标志性建筑在城市品牌中尤其令人信服。通过摄影从时钟时间中把这些活动提取为永久的形象，人们的印象是，凯里的日常生活就像一场漫长的民族节日。

上述使用的"构想品牌空间"指的是一种不完全符合列斐伏尔空间三元组的空间类型。需要指出的是，列斐伏尔提出他空间三元组的理论模型时，城市形象营销还没有像今天这样大行其道。当然，城市之间的竞争历史悠久，大卫·哈维（David Harvey）将市民振兴主义和都市企业主义描述为资本主义的传统，并在1970、1980年代复兴（Harvey，2001［1989］）。然而，尽管城市一直在努力提高自己的地位，但资本的竞争加剧和城市建成环境的日益同质化使得城市品牌变得越来越重要。即使在资本主义国家，纽约首次打造城市品牌的官方活动迟至1970年代初才开始（Greenberg，2008：21），大约与列斐伏尔《空间的生产》的出版同期。当西欧和北美的城市面临犯罪率上升和产业衰退等社会经济困境时，成为"企业主义城市"提供了一条新的发展路线。虽然1970年代的中国城市没有出现同样的问题，但到了世纪之交，城市之间开始积极竞争，城市品牌变得越来越重要，而这种品牌化创造了一种与城市地图和建筑规划不一样的构想空间。城市品牌营销刻意使用通俗易懂的语言，而列斐伏尔的构想空间则是用抽象的、专业的术语来表达。对于像凯里这样的旅游城市，品牌不仅需要与游客建立融洽的关系，还需要反映城市感知空间的某些方面，即使这主要限于反映那些不代表凯里日常生活的民族风格建筑。

二、凯里市的亲历空间

凯里"百节之乡"和"歌舞海洋"之类的美称，都意在宣传少数民族的节日与音乐活动，这些少数民族长期以来与中国最偏远的农村地区联系在一起。这种宣传传达出一种乡土、民族的气息，上文描述的民族风格建筑虽然坐落在城内，也试图传递出类似的气息。但与此同时，地方政府在努力将凯里转变为一个文明、卫生的大城市，而这种城市化的过程与"原生态"的地方品牌产生了明显的矛盾。有鉴于此，根据地方品牌与日常都市生活之间的明显差异，本文的这一部分重点关注亲历空间，探索凯里的居民如何体验城市的感知空间。凯里居民乐见自己的城市被宣传为旅游目的地，但他们普遍拒绝承认凯里的日常生活与艺术活动是"原生态"的，并保留这个词来形容周边的农村。一些城市居民甚至将凯里称作一个拥有"假苗"与"假侗"的城市，与偏远农村"真正"的少数民族农民形成对比。

"原生态"一词表明了一种文化本真性，既强调了未受污染的原始状态，又强调人类与自然环境的良好关系。"原生态"经常与少数民族联系在一起，特别是西南的少数民族，因为这些群体长期以来一直与乡村、自然和前现代有所关联。快速的城市化使"原生态"变得越来越珍贵，因为城市通过各种空间过程延伸到乡村，典型地体现为那些让城市游客享受原生态风情的基础设施。由于休闲时间和移动性的增加，以及交通条件的改善，像黔东南这样的偏远地区变得越来越便于参观。然而，正如人类学家邱（Jenny Chio）所说，基础设施的发展让农村与城市的距离越来越近，这只是一种双重过程的一个方面（Chio，2011：60—61）。与此同时，农村又被描述为遥远、异域的空间，以吸引城市游客。在这种情况下，乡村被概念化为一种受到城市化和现代化威胁的传统空间，而且都市构造的扩展威胁着原生态的、脆弱的口头传统文化的存在。这种威胁让游客参观农村的原生态文化更加容易。这种矛盾导致凯里一方面试图成为发达、便利的旅游城市，另一方面又希望保留其原生态的"百节之乡"状态。这就影响到了凯里城区的居民对"原生态"这个词的理解。

在打造地方品牌的宣传资料中，"原生态文化"对应的地理范围一直有点模糊。它究竟存在于凯里城区，更广阔的凯里市，还是整个黔东南州范围内，都太不明确。然而，在凯里的日常对话中，文化的地理位置往往是决定当地居民是否称其为"原生态"的决定性因素。事实上，城市居民甚至使用"原生态"这个词来描述乡村空间本身，以及这些空间培育的文化习俗。相比之下，他们觉得凯里市现代化和城市化的过程破坏了真正的原生态文化，当地也缺少真正的少数民族。

　　我第一次见到薛宝剑是在凯里某公园的一个业余合唱团排练中。他和合唱团的其他人都不敢相信，我从英国跑到黔东南居然只是为了研究都市音乐。他们三番五次地要把我送到农村去，体验他们所说的原汁原味的少数民族音乐。在一次谈话中，一位退休的报社职员张阿姨坚持要叫我去从江县的一个村子听听侗族大歌，因为那里是侗族大歌的发源地。她的朋友杨阿姨则表示，这个村子并不是唯一能听到原生态侗族大歌的地方，黎平县是另一个目的地。我回答说，我已经在凯里学院听过侗族大歌，但是这两位朋友一致认为，在凯里学院唱的任何音乐都不能算是真正的原生态音乐。

　　这种标准不仅仅是基于地理位置的考虑。全国媒体、学术文章以及凯里居民都将"原生态"概念化为一种自发的业余活动，无论是出于自娱自乐的目的，还是为了仪式和求爱等传统社会功能，都是日常生活的自然表现。相比之下，凯里推广的原生态音乐通常是为他人提供的专业性娱乐活动。比如说，凯里学院的音乐系开设了一个"民族文化传承班"，对学生进行原生态音乐演奏的培训。学生不仅要学习侗族大歌、苗族飞歌等代表性的民歌，还要学习美声唱法、民族唱法、音乐理论等通用技能；换句话说，这些技能都是通常相对于"原生态"来定义的"科学"培训。这种"科学"培训也延伸到了原生态的音乐课程中，比如学生要吹的芦笙不是民间的六管芦笙，而是专业的、改良后的十九管芦笙。

　　虽然音乐系的专业培训可能与原生态的业余理想相去甚远，但凯里城区的确有很多自娱自乐的业余音乐活动。凯里居民经常用"自娱自乐"这个词来描述他们自己的日常艺术实践，而且从音乐水平和社会功能方面来看，这些活动也接近于原生态的业余理想。然而，用"原生态"来描述这些音乐活动就是忽略了这个概念在空间、民族和城乡层面的意涵。因此，我在凯里从事田野调查的时候，从未遇到过将城市业余音乐活动描述为"原生态"的说法。最终，农村的地理位置是确定原生态文化的本真性最重要的决定因素，而音乐演奏的水平、唱法、乐器等都被降级为次要考虑因素，如下"小插曲"所示：

2010 年，我首次到凯里进行田野调查时，毕业于音乐学院的侗族歌手兰勋毅带我去雷山县的千户苗寨——西江。我们乘车前往，傍晚抵达，正好赶上每日定期演出的后半场。其中一首《有一个地方叫西江》给我留下了比较深刻的印象。这首歌是一位男歌手用普通话演唱的，声乐技术接近美声唱法，而不是苗族民歌。歌手的预录伴奏由芦笙、合成器和弦乐组成。当我问演出属于什么类型时，兰勋毅显得很惊讶，说她认为"非常原生态"。几天后，我在凯里城区两家最有名的歌舞餐厅之一观看了另一场演出，这次表演有现场侗族乐器、唱法也是民歌的，似乎接近原生态的音乐理想。然而，兰勋毅认为这些城里的歌舞餐厅的音乐过于"表演性"，也不属于凯里的本土音乐。她还告诉我，由于原生态越来越受欢迎，人们一般不去那些歌舞餐厅，而比较喜欢到乡村去。

尽管大多数凯里居民都认为城里没有原生态的文化，但对于黔东南哪些地区可以算是原生态的，不同的人却有不同的看法。那些标准比兰勋毅严格的人都认为西江没有什么算得上原生态的文化，当我提到西江和原生态的时候，退休的薛宝剑嗤之以鼻，他将西江视为一个"人造的"地方。当然，所有人类聚居地都是人造的，但他的意思是西江早已经变味了。在公园合唱团的另一次谈话中，杨阿姨认为西江已经"商业化"了，当地人做的菜甚至不是自己在西江种的，而是从城里的商店购买的。

这些评论表明，凯里居民认为文旅开发和商业化不仅破坏了原生态文化的本真性，也破坏了农村少数民族地区本身的本真性。对于那些标准严格的人来说，西江的舞台表演是旅游目的地的文化表达，而不是少数民族乡村的文化表达。一般来说，一个村子距离凯里越远，城市居民就越觉得这里是原生态的。因此，杨阿姨认为，尽管有六管芦笙和业余演奏者，那些在凯里市内举办的芦笙节都不是真正的原生态音乐。以地理位置为主要标准，原生态的其他属性，如业余性、自发性和自组织性，都源自它存不存在于偏远的农村地区。

　　通过坚持认为真正的少数民族文化存在于凯里市以外的地方，市民对城市的"构想品牌空间"进行了一种处理。他们大多并不否认原生态文化的存在，但在凯里过的日常生活让他们觉得这座城市不能称为原生态的"百姓之乡"。从这方面来看，他们的都市亲历空间是通过对真正的少数民族村落进行构想而构建的。这再次表明，列斐伏尔的社会空间三元组并不完全充分。在列斐伏尔的三元模型中（Lefebvre，1991［1974］：38—40），亲历空间涉及居民在体验空间时留下的象征意义。换句话说，亲历空间构成了对感知空间的重新想象，以回应构想空间的统治。尽管是一个三元组，但直接从日常经验中浮现的亲历空间与必须首先在思想中产生的构想空间之间存在着一种对立关系。然而，我认为，凯里城区的亲历空间是通过居民对于其他地点的构想而产生的。在上面描述的例子中，凯里居民区分了现代城市空间（亲历的空间）和原生态的农村空间（构想的空间）。从更广泛的角度来看，人们对亲历空间和其他空间的概念化之间的区别是多种复杂的。然而，无论复杂程度如何，对田野调查中的关系性的关注表明，构想空间与亲历空间的关系并没有列斐伏尔最初描述得那么有对抗性。

结　语

　　实地考察不但要验证，而且要挑战现有理论。列斐伏尔的空间理论在半个多世纪前提出，而他的世界观也颇具东方主义色彩（例如 Lefebvre，1991［1974］：42），因此在将他的理论应用于当代中国城市的研究时肯定需要修改。他的空间三元组是研究当代城市的一个起点，并且肯定超越了使用非物质和物质空间二元对立框架的普遍方法。然而，他对于构想空间的理解并没有预测到近几十年来出现的"构想品牌空间"，即城市不但要规划，而且要品牌化。此外，他的空间理论更多地基于政治立场而不是实际的田野工作，并且倾向于在构想空间和亲历空间之间构造出一种对立关系。相比之下，本文的田野调查表明，凯里城市的亲历空间是通过对其他空间的构想而产生的，包括黔东南州周边所谓原生态的农村空间。通过这种方式，我希望中国研究能够对话仍以欧洲和北美为基础的城市空间理论，并提供建设性的发展意见。

参考文献

Bray, David 2005, *Social Space and Governance in Urban China: The Danwei System from Origins to Reform*. Stanford: Stanford University Press.

Broudehoux, Anne-Marie 2004, *The Making and Selling of Post-Mao Beijing*. London & New York: Routledge.

Chio, Jenny 2011, "The Appearance of the Rural in China's Tourism." *Provincial China* 3 (1).

Gladney, Dru C. 1994, "Representing Nationality in China: Refiguring Majority/Minority Identities." *The Journal of Asian Studies* 53 (1).

Greenberg, Miriam 2008, "Marketing the City in Crisis: Branding and Restructuring New York City in the 1970s and the Post-9/11 Era." In Anne M. Cronin & Kevin Hetherington (eds.), *Consuming the Entrepreneurial City: Image, Memory, Spectacle*. London & New York: Routledge.

Harvey, David 2001 [1989], "From Managerialism to Entrepreneurialism: The Transformation in Urban Governance in Late Capitalism." In *Spaces of Capital: Towards a Critical Geography*. Edinburgh: Edinburgh University Press.

Lefebvre, Henri 1991 [1958], *Critique of Everyday Life (I): Introduction.* John

Moore (tr.). London: Verso.

Lefebvre, Henri 1991 [1974], *The Production of Space*. Donald Nicholson-Smith (tr.). Oxford: Blackwell.

Lefebvre, Henri 2003 [1970], *The Urban Revolution*. Robert Bononno (tr.). Minneapolis: University of Minnesota Press.

Massey, Doreen 2007, *World City*. Cambridge: Polity.

Oakes, Tim 1998, *Tourism and Modernity in China*. London & New York: Routledge.

Rolandsen, Unn Målfrid H. 2011, *Leisure and Power in Urban China: Everyday Life in a Chinese City*. London & New York: Routledge.

Schein, Louisa 2000, *Minority Rules: The Miao and the Feminine in China's Cultural Politics*. Durham: Duke University Press.

Yang, Tongquan 1994, "Kaili—the Centre of Miao Customs Tourism." In Huikuang Jin (ed.), *Guizhou Tourism* (*English-Chinese Edition*). Guiyang: Guizhou Nationalities Publishing House.

Zhu, Jianfei 2009, *Architecture of Modern China: A Historical Critique*. London & New York: Routledge.

戴承义，1992，《黔东南日报》7 月 25 日第 1 版。①

丁新成，1992，《黔东南日报》3 月 7 日第 1 版。

龚循政，1996，《凯里加强城市基础设施建设》，《黔东南日报》9 月 5 日第 1 版。

贵州省凯里市地方志编纂委员会编，1998，《凯里市志》，北京：方志出版社。

纪臻，2001，《城市当有树荫广场》，《凯里晚报》3 月 5 日第 7 版。

凯里市市委宣传部，2010，《凯里：左手旅游　右手宜居》，《当代贵州》第 9 期。

凯里市委办公室、市人民政府办公室，2007，《中国优秀旅游城市、全省文明城市——凯里》，《黔东南日报》10 月 8 日第 3 版。

凯里晚报，2000，《百节之乡——凯里》，《凯里晚报》5 月 15 日第 2 版。

---

① 《黔东南日报》《凯里晚报》不少报道无标题或未署名，顺应本刊体例，做了如下处理：（1）无标题的，省略该信息；（2）未署名的，以文中图片拍摄者（戴永义、丁新成……）代替，仅有文字的则以报纸名称代替。实属无奈之举，万望见谅。

凯里晚报，2002，《苗岭明珠——凯里》，《凯里晚报》10 月 1 日第 1 版。

李葆中，1992，《应允许有以街代市的过程》，《黔东南日报》7 月 26 日第 1 版。

刘彦，2000，《匀城文峰园　市民好休闲》，《凯里晚报》12 月 15 日第 4 版。

龙胜洲，1996，《黔东南日报》10 月 30 日第 2 版。

潘子东，1985，《凯里市大十字花园内的小宝塔应改建》，《黔东南日报》10 月
　　18 日第 2 版。

黔东南苗族侗族自治州概况编写组，1986，《黔东南苗族侗族自治州概况》，贵
　　阳：贵州人民出版社。

文英勇，2009，《苗岭新都绘蓝图》，《黔东南日报》9 月 30 日第 4 版。

萧福春编，2008，《凯里市》，《中国地名》第 Z1 版。

熊贵伦编，1987，《凯里市概况》，内部刊行。

熊贵伦编，1998，《凯里市志》，北京：方志出版社。

杨秀文，1992，《黔东南日报》9 月 3 日第 1 版。

周茂丽、夏燕，2002，《城市生态系统的美学探析——贵州省黔东南州实证研
　　究》，《中共四川省委省级机关党校学报》第 3 期。

朱柏仁，2003，《博南新区　一片沸腾的热土》，《黔东南日报》11 月 22 日第
　　2 版。

（作者单位：威斯敏斯特大学人文学院）

时空交错下的文化遗产

编者按

在人类学对空间、地点、博物馆和文化遗产的探索领域，一些学者认为，由于无法直接与物质环境对话，通过民族志手段对其进行适当的研究存在一定困难。这导致对人类生存空间的探究和理论化工作很大程度上被留给了地理学家或文化研究学者。其中最引人注目的是法国思想家亨利·列斐伏尔，其《空间的生产》一直是空间研究中引用最多的著作之一。人类学家也通过借鉴他的理论来解释人与物质环境的关系，却往往难以从民族志的角度为这些理论提供依据。

本期"时空交错下的文化遗产"专栏试图凸显人类生存空间的重要性。我们很高兴邀请到威斯敏斯特大学杨彬教授提供重磅文章。杨教授的文章生动展示了他如何运用列斐伏尔的思想来分析贵州凯里地区空间与声音的互动关系。此外，李雪石、张劼颖探讨了"边界"这一概念，认为它是群体身份及其空间表现形成过程中重要的物理和概念标记。罗攀将"边界制造"的讨论带入博物馆空间，吴洁则借鉴布鲁诺·拉图尔（Bruno Latour）的观点，讨论博物馆中的知识生产与传播。何贝莉探讨了桑耶寺的空间以及当地人对其"文物"身份的反应。

同时，需要再重点介绍一下重刊的三篇珍贵文献：岳永逸教授组织翻译的民国时期社会研究论文，包括赵承信先生的《家族制度：维持中国人口平衡的一个因素》（1940）和廖泰初先生的《四川哥老会》（1947）；以及霍贝尔（E. A. Hoebel）的力作，《法律和人类学》。霍贝尔是弗朗兹·博厄斯（Franz Boas）的学生，也是法律人类学的先驱之一。他关于法学与人类学关系的讨论至今仍值得反复思量。

感谢诸位作者和译者。

作为空间的博物馆：
仪式性、工具性与身体性

罗 攀

摘 要 博物馆之"馆"是一个组织、地点与场所的集合体，其中可能存在社会、文化、权力等多重因素的影响。现代博物馆出现至今，正值西方人文社会科学中主客二分框架日渐消解的重要阶段，而作为处理物与人表征方式的核心要地，博物馆空间研究的脉络也直接反映了这一变化趋势。本文认为，人类学领域关于博物馆空间的讨论大体上可以概括为空间的仪式性、工具性与身体性三个方向。三个方向中的"空间"意涵同博物馆建筑形态的变迁、权力主体的改变与知识生产的目标有关，也根据具体的研究场景而有所不同。三个方向的发展变化与主客二分框架逐渐消解的过程密切相关。

关键词 博物馆；空间；仪式；工具性；身体

博物馆之"馆"从未被简化为建筑本身，而是一个组织、地点与场所的集合体，社会、文化、权力等多重因素的影响蕴含其中。博物馆相关研究涉及多个学科，任何一个学科针对博物馆空间的讨论始终围绕一个核心展开，即博物馆的物理形式与空间关系，如地点、建筑、环境与氛围以及针对陈列品的空间安排等，究竟在多大程度上参与了博物馆的知识生产，并影响人们的博物馆体验？

18世纪以后，博物馆发展成一种特殊的建筑类型。相比现代城市化、工业化等沧桑巨变，这不算天翻地覆的新鲜事，但随着 20 世纪下半叶社会科学研究的空间转向，博物馆空间的特殊性逐渐受到学界关注。一方面，博物馆是启蒙精神的产物，它似乎应该宣扬世俗价值，向公众传播知识与理性，但其建筑形式与空间关系中却承袭了仪式性的情境。另一方面，博物馆卷入了城市与国家治理的复杂过程，其空间随之成为协调、呈现权力与知识之间关系的重要场所，因而体现出鲜明的工具性。此外，学者们也留意到，身体与博物馆空间的互动是一切空间策略实现的基础。最初，作为博物馆的知识传播对象，观众的身体实践似乎存在明显的操纵与习得性。博物馆的进入许可、行为举止、感官体验、移动路线、社交行为无一不充满"训练"的意味，参观行为被塑造成了一种特殊空间中的身体技术。但当身体的社会性与物质性被重新辨析出来，人们也意识到身体实践也可能反作用于博物馆空间，并影响空间关系。

现代博物馆出现至今，正值西方人文社会科学中主客二分框架日渐消解的重要阶段，而作为处理物与人表征方式的核心要地，博物馆空间研究的脉络也直接反映了这一变化趋势。本文认为，人类学领域关于博物馆空间的讨论大体上可以概括为空间的仪式性、工具性与身体性三个方向。三个方向中的"空间"意涵与博物馆建筑形态的变迁、权力主体的改变以及知识生产的目标有关，也根据具体的研究场景而有所不同。本文旨在梳理人类学研究为理解博物馆空间所做的尝试及其贡献的诸多思路和方法，力求呈现人类学理论与博物馆空间研究之间的联系与内在张力，期待为认识与理解博物馆空间提供些许参照。长期以来，中国人类学对本土博物馆空间发展脉络缺乏关注，认识上仍存在明显不足，本文也希望以此推动相关领域的进一步研究。

一、仪式性：神圣的博物馆

博物馆空间的仪式性来自早期场地自身具有的威严与神圣，毕竟其词源来自缪斯女神的崇拜之所。大多数关于博物馆历史的描述都会从亚历山大的博物馆开始。该博物馆（Mouseion）最早出现于古希腊地理和历史学家斯特拉博（Strabo）的记载：该馆曾是王宫的一部分，由国王指派的祭司管理，并有场地供学者共同就餐（斯特拉博，2014：5）。在中世纪，收藏各种稀有之物与艺术品的场所都是经过精心挑选的神圣之地，一般的公众只能在教堂、神庙等地或仪式场合远距离观看。到公共的神圣场所去观望奇珍异宝，是人们在很长一段时间内学习自然与历史知识的重要方式。这样的陈列方式使得被展示的物品与相关的知识都显得庄严神圣，任何不敬的表现都可能亵渎神明。航海时代（15 世纪起），君主拥有来自世界各地的各种藏品成了一种新时尚，渐渐地极少数富裕家庭也开始在家中开辟类似空间。此后，收藏和展示开始从公共场所向私人化转变，形成了一种特殊的、被称为阐释空间（expository space）的知识陈列区（Hooper-Greenhill，1992：69、72）。但当时的陈列场所并非专门为收藏与展示而特别兴建，与后来的博物馆存在根本的区别（Tzortzi，2015：14），这种珍宝柜式的空间对普通人而言遥不可及。

18 世纪末，专门的博物馆建筑开始出现，并演化成为一种特殊类型（Tzortzi，2015：12）。为博物馆专门设计一座独立建筑物的方式一直延续到了 20 世纪以后。这类建筑一方面标志着博物馆真正转变为现代意义上面向公众开展"交流和展示"的公共空间；另一方面，大量设计者有意识地参考了神庙与圣殿的形式来打造新建筑的神圣性，为获得世俗知识的过程增加了仪式感（Duncan，1995；Forgan，2005；Tzortzi，2015：13—15）。大量建筑学与博物馆设计相关的文献都佐证：18—19 世纪的许多博物馆设计取材于希腊或罗马时期神殿的庄严形象，设计者们有意识地利用建筑的象征语言，强调了博物馆作为艺术神殿（temple of art）的性质（Giebelhausen，2006：230；Tzortzi，2015：17）。于是"神圣"或"仪式感"成为描述该新类型建筑的关键词。许多对现代博物馆的早期观感留存在文学与哲学领域，如诗人歌德在 1768 年参观德累斯顿美术馆（Dresden Gallery）后一度歌颂艺术馆的庄严神圣（Goethe, 1967）。哲学家西奥多·阿多诺（T. W. Adorno）曾非常激烈地指出博物馆已是另行选择的世俗建筑，但空间氛围却把神圣感扭曲成了另一种敬畏（阿多诺，2014〔1981〕）。

在 18 世纪以后为启蒙公众而专门建设的博物馆建筑里，建筑师、博物馆管理者日渐意识到，可以通过对空间与物的关系进行规划，改变参观者体验，也愈发妥善地开启了利用空间规划表达观念的方式。学者们认为自私人收藏出现以来，收藏者就开始刻意将物品根据不同的意义方式组织在一起，按照特定的顺序进行排列，产生了一种可供阅读的"剧本"（script）。早期航海时代的私人展示场所里，除了炫耀财富和身份，物品的空间布局还开始展示其拥有者想表达的观点（Hooper-Greenhill, 1992：54、82、126）。19 世纪以后博物馆空间格局与陈列品的排布方案变化的过程清晰地呈现出启蒙的思潮，它不再限于展示物品本身，而是呈现用于理解物的人类知识系统，只是这种知识系统所在的空间中，"仪式性"是"剧本"创作的关键取向。甚至人类学家们也以实际行动参与"剧本"的创作，建构现代博物馆的仪式感，并巧妙地运用博物馆空间表达理论。如博厄斯（2014：243）曾经坚持展厅是博物馆的特色，因此应保持适当的氛围，"展厅里的一切都应该经过精心布置，凸显出有别于日常生活的庄重与孤高"。不能扰乱了那种最适合把博物馆所代表的思想带回家的状态。博物馆研究者也倾向于将博物馆的功能直接等同于神庙，如 1971 年，布鲁克林博物馆负责人邓肯·卡梅伦（Duncan Cameron）在他广为流传的论文《博物馆：神庙或论坛》中指出，"从社会学的角度来看，博物馆的功能更接近于教堂而非学校。博物馆提供了重申信仰的机会"（Cameron, 1971：17）。

因此，无怪乎维克多·特纳（Victor Turner）将现代社会中参观艺术展览的行为类比为仪式中的阈限（liminality），而博物馆就是发生的地点（Turner, 1974, 1979）。"阈限"一词，原本是比利时民俗学家范热内普（Arnold van Gennep）提出的，用于解释生命历程中的过渡仪式（rite of passage）。阈限状态在各种文化中普遍存在，指的是从一种社会文化状态和地位过渡到另一种社会文化状态和地位的标志及阶段。范热内普所说的阈限可以用于生命的特定转折时刻，也可以用于整个社会面临的重大特殊时期。而特纳则继承并拓展了阈限的概念，同时引入空间的视角。他区分了日常生活的社会空间与阈限空间，并认为"每一种主要的社会形态都有一种占主导地位的公共阈限模式，即某种能够对其实际的、直陈式的（社会）机理构成反击的某种虚拟式的时空"。在特纳看来，现代社会的艺术展览可以被视为一种近阈限现象（liminoid），类同于一种公共表演，并且与传统社会进入一场关于人生礼仪的重要阈限时刻十分相似。文明社会的近阈限现象不是周期性的，而是间歇性的，经常在指定的休闲时间和地点产生（参见 Turner，1979：468、492）。

尽管看到了艺术展览与传统社会仪式过程的相关性，并且关注到了展览运用的地点，特纳却没有直接将矛头对准博物馆或艺术馆的空间，而是从这两个方面为后来者提供了启发：一是阈限的概念，二是对"仪式"范畴的拓展。得益于特纳的启发，美术史学家卡罗尔·邓肯（Carol Duncan）沿用阈限这一思路深化了对博物馆空间的仪式性的研究。她首先肯定了博物馆建筑空间刻意营造的仪式感，尖锐地指出博物馆长期以来从过去的纪念仪式建筑中借用建筑形式（罗马柱、雕塑等）都是有意为之。像大多数仪式空间一样，博物馆是一个为特殊的仪式情节而设的特殊场所，而其目的是让知识产生更高的效力。邓肯写道："博物馆提供了完善的仪式场景，最常见的形式是通过一系列空间展开的艺术史叙事。即使参观者进入博物馆只是为了欣赏精选的作品，博物馆更宏大的叙事结构也会成为一个框架，并赋予单个作品以意义。"（Duncan，1995：12）基于这些理由，她认为博物馆与宫殿和寺庙等仪式建筑之间是相似的（Duncan，1995：107）。更重要的是，受到埃德蒙·利奇（Edmund Leach）与特纳将现代社会生活中的一些程式性活动识别为仪式的启发,邓肯进一步提出:博物馆之所以与古老的祭祀场所相似,并不是因为特定的建筑风格,而是因为它们本身正是祭祀活动的场所。比如,人们在博物馆需要遵守一定的礼仪,以便接受思想的醍醐灌顶。博物馆的空间和物品布局,甚至灯光和建筑细节,都提供了一种类似于中世纪大教堂式的情景,参观者一如朝圣者,穿过教堂内部,在规定的地点驻足祈祷或沉思。参观艺术博物馆的过程与埃德蒙·利奇所描述的试图与辉煌过往对话,求得时间循环往复的仪式行为十分相似(Duncan,1995:31)。而在此意义上,邓肯指出,尽管公共化的博物馆看似秉承启蒙精神,宣讲世俗的知识,但空间的本质是伪装成了世俗空间的仪式场所,其中的行为则是精心装扮过的仪式内容。在充满仪式感空间的加持下,世俗的知识成为绝对的真理(Duncan,1995:18)。通过博物馆中的空间叙事,以及物的序列关系的营造与构建,参观者得以用"通感""移情"乃至身临其境的方式重新建立一种与"过去"仪式性的关联,暂时忘却博物馆实乃现代意义之空间建构。

二、工具性:权力、空间生产与博物馆

19世纪以后,面向公众的博物馆尽管继承了传统展陈空间的仪式性,但在理性与启蒙影响下,现代博物馆中进行的诸如理性、秩序、分类的尝试,形成了不同于以往的空间布局。众多学者都认为,现代博物馆中的物与建筑之间由特意设计的空间策略所填充,并形成了特殊的表征体系。这种表征体系或服务于某种社会形态,或服务于某种权力关系,即形成了博物馆空间的工具性。通常认为,米歇尔·福柯(Michel Foucault)与亨利·列斐伏尔引领了20世纪70年代社会科学的空间转向,可以说关于博物馆空间的工具性面向的讨论几乎是在两者的思想脉络下形成的。

福柯指出，建筑一直以不同方式参与权力的维护，但在 18 世纪以后开始成为从政者进行话语表达的对象之一（福柯、雷比诺，2001：2），而"空间乃权力、知识等话语，转化成实际权力的关键"（莱特、雷比诺，2001：29）。福柯（2006［1967］）直陈"人们对物的好奇由来已久"，而博物馆改变的是观赏空间与描述方式。他认为博物馆空间在现代性影响下出现了鲜明变化，"治理术"与工具性成为现代博物馆的鲜明特征。福柯关注空间，源于对启蒙与现代性的反思，因为现代性在他看来远不是康德所期待的那样伴随着技术与经济使人类社会步入成熟的现象。他提醒所有人注意知识与权力在现代社会的运作形式。他迅速留意到博物馆中时间与空间的错乱与扭曲：脱离了其原生环境的异文化之物、离开了其所在时间的历史之物，在博物馆中构成了一个"异托邦"（heterotopias），此间"包含全部时代的地点"，封闭着"所有时光、时代、形式、品位"。特定工作人员（或学者）基于某些因素（如时间、空间、技术、族群等），通过对某些事物的强调和对某些事物的相对忽略，建构起一套特定的知识系统或逻辑。这一套知识与逻辑的结果是在区分物的同时将人或其族群物化、重组，或将历史进行分期。概括而言，这是"在社会制度中设计出来的"真实场所（Foucault，1998：178），它既是实在的，也是观念的。物和建筑之间通过阐释体系形成空间，再将权力的影响传递给使用空间的人，从而使博物馆在规训身体、划分阶级、进行治理方面具有不容置疑的作用。

在博物馆空间研究领域，福柯的影响甚为深远。最初在大量文献中，博物馆被用于和福柯所提及的边沁（Jeremy Bentham）的圆形监狱（panopticon）进行类比。圆形监狱被福柯推为现代权力与控制的模型，而博物馆被定性为一个启蒙机构，一种现代性背景下国家的文化治理手段。其收集与布置物品的权力来自现代国家，方式是在一个由特定机构控制和公众监督的空间内，通过谨慎有序地部署物与知识之间的关系来行使。通过博物馆，物被依照特定的类型进行表征，并与建筑之间形成了特殊的知识体系，这种关系就形成了特殊的空间。这种空间要么为殖民统治提供民族学知识（Coombes，1991），要么彰显鉴赏家的身份与品位（Hetherington，1999），要么以"公民引擎"的方式服务于国家的文化与社会治理（Bennett，1995）——作为教育公民，规训社会，服务于国家集体利益的工具（Hooper-Greenhill，1989）。

社会科学空间转向的另一位巨擘亨利·列斐伏尔革命性地提出了"空间生产"概念，他的理论为学者们讨论博物馆作为城市与国家空间策略运行工具提供了依据。他认为，资本主义时代空间被引入生产关系并成为经济生产的一部分，抽象空间通过知识（以城市规划及其相关理论为代表）介入自然空间。空间生产这一概念对博物馆空间研究的启发有三个方面：其一，列斐伏尔发现了空间策略对塑造社会关系、引导社会行为的重要作用，并注意到了空间是国家主动运用的政治工具（Lefebvre，1991［1974］：410—411）。其二，空间是具有动态性与过程性的，不同的社会形态都将致力于对空间进行重塑（Lefebvre，1979）。其三，列斐伏尔强调了空间是在实践中形成的，空间中存在权力关系，并可能存在二元对立，即设计规划者与空间使用者之间的关系，但日常实践为权力与反抗保留了可能性（Lefebvre，1991［1974］：38—39）。列斐伏尔关注不同社会形态下空间的动态生产，并且更关注城市规划，受他影响的研究者一致认识到博物馆建筑并非艺术家的作品，而是社会和文化的产物，是空间政治的策略。城市学者们认为博物馆可以被视为一种城市地标，作为城市经济发展的战略，或为文化的再生产发挥作用，但优先响应的是政治需求（朱克英，2006）；而博物馆学者也认为，博物馆可以为理解城市的政府性或公民视角提供新的工具（Bennett，2006），或者与城市形成对照，以帮助理解现代性的多变节奏（Prior，2011）。亦有如苏珊·麦克劳德（Suzanne MacLeod）根据列斐伏尔对空间实践性的讨论，将博物馆空间直指为不断被改造的政治工具，以便根据不同社会需要，重塑出新的空间（MacLeod，2012：4—15，2013：27）。但列斐伏尔关于城市权力与空间中的日常实践性的讨论，也启发学者们将博物馆空间的权力与工具性视为非单向的。观众、专业机构或不同的团体，有可能通过各种实践，使博物馆空间成为不同力量作用下的共同产物（MacLeod，2012：13—14）。

对于博物馆空间工具性的讨论，皮埃尔·布尔迪厄（Pierre Bourdieu）起到了承前启后的作用。他对博物馆（艺术馆）的区隔（也译作"区分"）实践的分析，为探讨博物馆空间区分阶级、进行文化再生产的工具性功能做了注脚。而与实践相关的一系列概念，诸如惯习（habitus）、场域（field）等，则打破了福柯视野下知识与权力自上而下的结构稳定性。布尔迪厄以空间为辅助，形成了他的思想体系中关于资本（capital）、场域与惯习的核心概念。20 世纪 60 年代，布尔迪厄以博物馆作为田野点与分析工具，完成了《艺术之爱》（1966）、《区分》（1979）等作品。因为拥有大量藏品、艺术品的博物馆是将各种阶级进行区分的重要空间，构成区分的因素与到访博物馆的次数、对艺术品的了解程度、是否能够与艺术品产生交流等事项有关（Bourdieu & Darbel，1991；布尔迪厄，2015）。在他看来，社会空间在根本上是竞争性的，人们身处其中，竭力获取某一空间的特定资源。"而博物馆在其形态和组织的最微小的细节上都暴露了其真正的功能，那就是加强一些人的归属感和另一些人的排斥感"（Bourdieu & Darbel，1991：112）。布尔迪厄也为后续博物馆摒弃主客对立的二元关系提供了思路，他的场域理论用策略取代了规训，而他通过研究艺术场域提出的"惯习"这一概念，则从实践理性与情感两个层面，用实践逻辑突破了自上而下的空间结构，为后续的研究者们讨论空间权力的多元化提供了思想武器。

三、身体性：博物馆空间研究的身体与感官转向

如果空间创造意义，那么身体的感知力是一切空间策略实现的关

键因素。在博物馆中，这一叙述得到了最恰当的诠释。18 世纪以后的新型公共展览和博物馆为感官体验、身体行为和社会交往提供了一个新的空间（Leahy，2012：15），于是在博物馆领域，身体很早就受到了研究者关注。身体最初是仪式性空间与工具性空间的试验场。博物馆需要筛选准入的身体，观看的人被要求具备一定身体技术。而当博物馆空间权力逐渐多元化，身体不再是被选择、被训练的对象，观众的具身感受与感官体验也获得了尊重。随着博物馆空间的仪式性与工具性意义渐渐式微，相关研究由最初强调身体的客体性、空间对身体的控制与区分，转为逐渐察觉身体通过实践而获得的主体性。博物馆空间的身体性分析，分别受到法国人类学家马塞尔·莫斯（Marcel Mauss）的身体技术学说与英国人类学家玛丽·道格拉斯（Mary Douglas）关于身体的社会性与物质性学说的鲜明影响，社会科学在20 世纪 80 年代发生的身体转向，以及 20 世纪 90 年代的感官转向也分别冲击了博物馆领域。同时，20 世纪人与物、身与心的二元对立关系日渐消解，身心合一的思潮也渐渐在博物馆空间研究中凸显出来。

从一开始，现代博物馆（艺术馆）空间给身体带来的控制与区分就被识别出来，稍有不同的是权力主体。阿多诺很早就引用瓦莱里（P. Valéry）进入卢浮宫前后的感受，将那种被仪式与权力控制的不悦宣之于文字：收走手杖，禁止吸烟，"君权式的权力语式从一开始就处处规制自身"，而观者"被神圣的敬畏占据了心灵"（阿多诺，2014［1981］）。19 世纪的博物馆用恢宏的建筑隔离世俗的日常空间，也是为了对参观者的身体进行选择与打磨，将进入文化领域的过程仪式化。

博物馆空间对身体的种种制约，让其研究者迅速与马塞尔·莫斯的身体技术学说和其后继者们以身体技术为基础的发挥产生了深刻共鸣。莫斯把身体技术定义为不同社会活动中人们使用身体的方式。他认为，身体实践是后天习得的，因此具有文化特异性。身体技术是不同社会、教育、礼节和时尚、声望的独特后果，或者说，是个人的社会惯习（莫斯，2010［1935］：82）。20 世纪 70 年代社会科学领域空间转向盛行的时候，身体被视为空间工具性得以实现的物质载体。如作为莫斯的继承者之一，福柯以空间视角挖掘了权力与知识支配身体的方式，把身体视为社会的产物。另一位吸纳了莫斯身体技术理论的学者布尔迪厄把身体技术与阶级的区隔联系在一起，认为身体通过惯习体现着社会经验，但在实践中，人可能具备习得博物馆参观技艺（skill）的能力。列斐伏尔则提供了"节奏"（rhythm）这一概念作为身体使用空间技术的最高境界（Lefebvre，2004）。但对身心二元的挑战也迅速在 20 世纪末席卷博物馆。人们通过叛逆的身体颠覆仪式、颠覆支配，看到身体与博物馆空间互动的更多可能性。

博物馆学者海伦·李斯·利希（Helen Rees Leahy）综合以上各家理论观点，分析了人们是如何、为何以及何时养成在博物馆中穿行与观赏的行为习惯的。她详尽地分析了入场、行走、交谈、阅读、观看和被观看如何形成一套既独特又平凡的身体技术。如果博物馆要发挥教育作用，而不仅仅是让人惊叹和敬畏，那么显然需要有序的展示方式。不同的展示方式，会让物体与身体之间的关系发生变化，这是身体与博物馆空间互动的初级阶段。知道身体在空间中的位置取决于知道如何阅读展览"脚本"，这开始涉及身体所属的文化和阶层。而更高的境界是，参观者需要将自己的身体与博物馆的脉搏编排在一起，以一种"有节奏的共鸣"的步伐进行参观。策展者作为空间规划者之一，设计了一种参观的理想动线模型：什么时候驻足观赏，什么位置需要引起视觉冲击，停留多少时间再继续前行，行走速度以及整个参观过程的持续时间应该做好理想的规划。而观众的节奏一方面反映空间布局的效果，另一方面又反作用于展览的结构、展品的密度以及展览或建筑的规模。身体的"节奏"让博物馆的空间与时间关系变得清晰可见：两者既是对方的体验，也是彼此的衡量标准。在实践理论影响下，利希也注意到博物馆中的身体并不纯粹是被动接受安排的客体，她提出，身体与博物馆空间之间存在巨大的张力，"在博物馆移动的真实身体……既包括掌握了技巧、被惯例塑造、受制度规则约束的身体，也包括难以驾驭、未经训练的身体"（Leahy，2012：9）。

此外，对博物馆空间展陈与叙事的反思，也源自反对阐释的文化思潮，一种对现代观念、秩序以及由此驯化出的认知模式乃至生活方式的批判，现代生活中过多的结构、解释与符号化，无形中钝化了人们的感性体验和以此为基础的觉知力，因此，需要恢复感觉，培养新感知力，并向高雅文化乃至文化标准发起挑战（桑塔格，2011）。这与 20 世纪 90 年代人类学家戴维·豪斯（David Howes）和康斯坦茨·克拉森（Constance Classen）引领下创立的感官人类学（anthropology of the senses）以及具身研究（Csordas，1990），以及 21 世纪发展起来的本体论转向（Kohn，2015）一起，迅速席卷博物馆领域，为理解博物馆空间中的身体带来了更为具体的角度。

感官研究的兴起，是对传统社会科学重视文本与博物馆中以视觉为绝对中心的反应（Classen & Howes，2006：199）。克拉森等认为，每个社会都有自己的感官秩序——区分、重视和组合感官的独特模式，物质文化是这种感官秩序的表达方式（Classen & Howes，2006：212）。19 世纪以前，收藏者身份高贵，触摸与体会其藏品是理所当然的。19 世纪以后，五感被区分出了高低贵贱与等级，触觉、味觉与嗅觉被认为是低等的，而审美体验则由视觉（听觉）来完成。当博物馆成为公共空间，视觉以外的其他感知方式就被视为不得体的举止（Classen & Howes，2006；Classen，2017）。首先是阶级差别限制了参观者的感官自由。而后，殖民使得感官被区分为西方的理性与非西方的感性，嗅觉、味觉和触觉与身体有关，因此被作为"低级感官"，与那些被想象为过着身体生活而非头脑生活的人民联系起来，而视觉体验又与文明和理性挂钩。现代博物馆从而被打造成了一个视觉帝国，视觉以外的感官不适宜用于欣赏博物馆（Stewart，1999：28；Classen & Howes，2006）。聚精会神的观赏和自我克制的行为规范，导致博物馆空间中只有视觉被视为"文明""高等"和"品位"的象征（Howes，2014）。研究者们注意到，感官与身体步调一致经历了从受支配到反叛的过程（Howes，2014；Classen，2017）。博物馆空间向身体与感官倾倒意义的过程，面对的挑战与不确定性一般无二：博物馆空间建构通过感官引导形成"教育性"，但感官通过体验与反应也对空间形成反制。

除了条分缕析地梳理每一种感官与知识和权力关系的互动以外，感官研究最为重要的意义在于突破了博物馆通过打造物与空间关系而竭力谋划的教育功能，重新强调了博物馆收藏之物的物质性本身。克拉森认为，当博物馆空间全面压制视觉以外的一切感官体验的时候，其中充满了权力与规训；而强调感官的博物馆是一个回归了文化的物质性的宝库，"一个非凡而感性的事物景观"（Classen，2017：7）。那些作为民族志藏品的文物，在强调感官体验的当下，逐渐被放回原有的文化语境，并且被期待提供更全面的感官感受，呈现更丰富的社会意义。而就一般博物馆而言，"文物是多感官意义的体现"，在感官研究意义上形成的这一共识，日渐引领着博物馆为其藏品创造更具互动性的环境的各种尝试，倡导更具活力、多感官和文化意识的博物馆体验（Classen & Howes，2006：201、219—220）。因此，在博物馆空间中强调感官体验，并不是突破视觉霸权，在空间层面上重新启动新的感官渠道，也不是探索博物馆艺术品或文物感官层面上的胜利。其更深远的意义在于超越感官与身体，跨越文化界限，重新思考所谓西方和非西方的"世界观"。

四、空间的突围：世纪之交的行动者们

接近世纪之交，詹姆斯·克里弗德（James Clifford，另作"克利弗德"）对博物馆空间接触实践的研究揭示了其工具性的弱化与跨越重重边界的可能性。此时全球化与跨文化互动进一步加强，世界不再

被视为只有单一中心，曾经的殖民地与弱势群体不断要求发出自己的声音，而人类学家们正在反思田野工作与民族志写作中的权力关系。田野不再是封闭的地点，新的田野路径开始出现，多地点、多物种民族志渐次产生，同时，博物馆正日益需要面对一个充满协商、对话、联盟、权力不平等和翻译的世界。尽管各种利益主体的影响必然存在，其空间的区隔作用并未完全消失，但博物馆慢慢开始在不同的世界、历史与宇宙观之间运作，其空间已经充满多元与动态性（克里弗德，2019：260、268）。克里弗德发问：既然对田野的不同定位可能生产出不同的知识，那么当博物馆的空间定位改变后，又当如何？受到布尔迪厄的实践理论与德塞托（De Certeau, 1984）的空间实践（spatial practices）概念影响，克里弗德看到的博物馆空间卷入了更为多元的和复杂的关系格局，它只有暂时性的权力空间，没有布尔迪厄视野下的区隔界限，也不同于福柯体制化的空间，被表征者却渐渐出现在这一空间里，他们的呼声与抗争，使博物馆无可避免地成为一个接触（冲突）地带（克里弗德，2019：250—268）。

　　20 世纪末至 21 世纪初，博物馆继续被卷入不断变化的理论和政治考量。众多分析博物馆中的多元化关系的文章中，米歇尔·卡隆（Michel Callon）和布鲁诺·拉图尔的行动者网络理论（actor-network theory, ANT）的影响也日渐清晰。许多福柯的拥趸开始发现其著作中的不同面向，如托尼·本尼特（Tony Bennett）、贝丝·洛德（Beth Lord）等也开始修正对博物馆空间的认识。本尼特认为，尽管博物馆旨在建立秩序：如表征其围墙外的世界秩序、引导公众行为秩序，但博物馆与监狱等空间在观念层面是截然相反的。博物馆的目标不是隔离大众，而是融合精英与大众。即便博物馆继承了监狱、教室等空间的权力与规训功能，但其"视角"与圆形监狱大不相同，观众拥有观看的权力，而博物馆则以"给予了权力的一种新的修辞方式来转变这种功能，它把民众看成是主体而非客体，并谋求他们的支持"，博物馆相关学科的知识存在一种试图纠正社会、文化和政治偏见的改革话语（Bennett，2018：7、223）。与本尼特相似，贝丝·洛德也指出，博物馆凸显了福柯作品中众所周知的复杂张力，即既要放弃启蒙运动的真理、理性和主体性价值观，又必须依赖这些价值观（Lord，2006：3）。洛德重新梳理了博物馆空间与启蒙的关系，他提出，现代博物馆不再学习物本身，其空间是用于学习和展示人类理解物的知识系统，博物馆空间确实存在权力关系，但这种权力在启蒙精神影响下，希望"极力唤起参观者对于物品和思维系统之间关系的思考"，不同的集体或个人参与其中，使博物馆空间可能存在抵抗与超越规训的力量，并导致多样化理解的出现（Lord，2006，2012）。行动者网络理论承认存在福柯视域下的权力关系，但坚定地摈弃了主客体对立与二元关系，不再认为主体具有完全的政治力，而是将社会事实视为由具有自主性（autonomy）和能动性（agency）的行动者（actor）网络形成的合力（Latour，2006）。受此启发，本尼特、洛德等学者不再将治理与控制视为博物馆空间的本质，而是认为这一特殊的空间里，不同的组织、人与物，分享着表征空间的多元可能性（Bennett，2018；Lord，2012）。

在行动者网络启发下，更多的博物馆研究者开始认为，把博物馆视为封闭空间的方式过于武断。如麦夏兰（Sharon MacDonald）认为以往的研究将博物馆视为完全封闭的孤岛，仅仅以前台（front stage）面对公共。她借鉴了欧文·戈夫曼（Erving Goffman）的戏剧理论，把博物馆展览视为一幕幕早已经设计好并排练多次的戏剧。她提出应该"走到幕后"，把乔治·马尔库斯（George Marcus）在复杂的制度秩序中设计田野的方法用于观察博物馆幕后的各类社会组织的运行与多方力量的互动，看到博物馆与周围"岛屿"的联系（MacDonald，Gerbich & Von Oswald，2018）。努阿娜·茂斯（Nuala Morse）与雷克斯·伯达尼（Rex Bethany）等也呼吁将博物馆作为一个集合体（assembled organization）进行分析，其中应包含博物馆工作中涉及的人与物、过程与实践（Morse，Bethany & Richardson，2018：116）。至此，博物馆空间不再被视为封闭的、单一主体的权力工具，而博物馆中主客体的关联性受到了空前的重视。

余　　论

空间是人类学研究不可或缺的基本维度，博物馆更与人类学渊源匪浅。现代博物馆是智识生活的重要场所，也是空间治理的重要机构。从一开始，博物馆空间就与知识、权力牢牢捆绑在一起，密不可分。因此，一方面针对博物馆空间的辨析伴随着博物馆的形成与发展过程，另一方面社会科学的诸多思潮发展也汇聚在博物馆语境中，影响其空间建构与知识生产。即便博物馆一向不是人类学家田野研究的首选目标，但人类学为认识与分析博物馆空间提供了重要的思想工具，而博物馆中的物、人、空间关系也不断启发人类学家提出新的思考。通过梳理涉及博物馆空间研究的相关文献，本文试图在其中辨析出人类学思潮的影响，并指出在人类学影响下，博物馆研究者们对空间的分析涉及仪式性、工具性与身体性等多重面向。

最初，博物馆脱胎于神圣场所，并试图在现代空间中延续神圣的威慑力，让知识的传播具有仪式性。而同时，现代博物馆为启蒙公众而建，不可避免地成为公众学习与交流知识的公共空间，它与知识、权力的天然勾连，让支配与规训成为其空间最为重要的特征。因此空间研究的先行者们——尤其是福柯与布尔迪厄——的观念启发了对博物馆空间中存在的权力与反抗的探索与揭示。身体最初作为纯粹的接收工具行走于博物馆空间，直到人类学家指出身体具有社会与物质的不同属性，并且发现从身体到感官的区分与选择中隐藏的阶层、殖民等权力关系。博物馆中的徜徉或停留不再被视为自然而然，而是折射了 19 世纪以来世界格局的变迁、阶层与文化的区分和通过身体的空间实践不断发生的反抗。世纪之交，新的理论发展与主客二元论所受的颠覆性冲击，几乎一举打破了博物馆中长久存在的权力关系，主体与客体，身体与精神，西方与非西方的秩序和等级……在新的接触与实践冲击下，博物馆空间秩序进一步打开，并为博物馆发展带来了更多元的可能性。

针对以上梳理，本文仍需要重申辨析博物馆空间中仪式性、工具性与身体性三个面向之间的关系，并且强调对博物馆空间研究进行总结与梳理的意义所在。

首先，这三个面向伴随着博物馆空间发展的漫长过程存在至今，三者之间并非此消彼长，互相取代，而是始终彼此交织纠缠。不同的历史阶段，博物馆空间中权力关系的变化呈现出主次之分，或表现为不同形式。不应笼统地将以上讨论的三个面向视为博物馆发展历程中现代国家权力关系的阶段性反映，或西方"理性""审美"与"视觉中心"形成过程中的某个阶段。空间政治可能存在于多种文化的不同历史阶段。本文认为，梳理并理解这三个面向的表现形式对于进一步突破博物馆空间中的权力关系、开放博物馆空间具有深刻的意义。此外，也应该从不同时段、不同地区的博物馆空间历史出发，考察博物馆空间多样的体现形式，这是探讨知识生产与博物馆权力结构的重要窗口。

其次，本文于文末讨论了"接触地带"成为新的空间趋向，以及行动者网络突破博物馆幕后的尝试，这些新的动向丰富了社会理论的阐释框架，更让博物馆空间有了更多元的可能，也是在未来开启博物馆空间新发展的路径所在。空间中正在发生全新的接触，行动者网络语境下，博物馆空间中权力、知识和人的互动关系不断发生新的变化，这些动向对于博物馆与人类学而言都是极具活力的话题，而在实践上，也可能推动博物馆展览陈列方式的突破性进展。

最后，博物馆空间中如何处理物和人的关系这一议题具有更为广阔的讨论价值。博物馆始终为社会科学与哲学议题提供着思考的维度，并且将社会理论的发展变化吸收进其知识生产的过程，诸如对主体与客体关系的讨论辨析。可以期待，对博物馆空间的分析将在未来带来更深远的影响。

参考文献

Bennett, Tony 1995, *The Birth of the Museum: History, Theory, Politics*. London & New York: Routledge.

Bennett, Tony 2006, "Civic Seeing: Museums and the Organization of Vision." In Sharon Macdonald (ed.), *A Companion to Museum Studies*. Malden & Oxford: Blackwell.

Bennett, Tony 2018, "Introduction: Museums, Power, Knowledge." In Tony Bennett (ed.), *Museums, Power, Knowledge: Selected Essays*. London & New York: Routledge.

Bourdieu, Pierre & Darbel, Alain 1991, *The Love of Art: European Art Museums and Their Public*. Oxford: Polity Press.

Cameron, Duncan 1971, "The Museum, a Temple or the Forum." *Curator: The Museum Journal* 14 (1).

Classen, Constance 2017, *The Museum of the Senses: Experiencing Art and Collections*. London: Bloomsbury.

Classen, Constance & Howes, David 2006, "The Museum as Sensescape: Western Sensibilities and Indigenous Artifacts." In Chris Gosden, Elizabeth Edwards & Ruth Phillips (eds.), *Sensible Objects: Colonialism, Museums and Material Culture*. Oxford: Berg Publishers.

Coombes, Annie E. 1991, "Ethnography and the Formation of National Identities." In Susan Hiller (ed.), *The Myth of Primitivism*. London & New York: Routledge.

Csordas, Thomas J. 1990, "Embodiment as a Paradigm for Anthropology." *Ethos* 18 (1).

De Certeau, Michel 1984, *The Practice of Everyday Life*. Steven Rendall (tr.). Berkeley: University of California Press.

Duncan, Carol 1995, *Civilizing Rituals: Inside Public Art Museums*. London & New York: Routledge.

Forgan, Sophie 2005, "Building the Museum: Knowledge, Conflict, and the Power of Place." *Isis* 96 (4).

Foucault, Michel 1998, "Different Spaces." In James D. Faubion (ed.), *Essential Works of Foucault 1954 – 1984 (Ⅱ): Aesthetics, Method, and Epistemology*. Robert Hurley et al. (tr.). New York: The New Press.

Giebelhausen, Michaela 2006, "Museum Architecture: A Brief History." In Sharon Macdonald (ed.), *A Companion to Museum Studies*. Malden & Oxford: Blackwell.

Goethe, Johann Wolfgang von 1967, "Dichtung und Wabrheit." quoted in Bazin, "The Museum Age." In Niels von Holst (ed.), *Creators, Collectors and Connoisseurs: The Anatomy of Artistic Taste from Antiquity to the Present Day*. London: Thames & Hudson.

Hetherington, Kevin 1999, "From Blindness to Blindness: Museums, Heterogeneity and the Subject." In John Law & John Hassard (eds.), *Actor Network Theory and After*. Oxford: Blackwell.

Hooper-Greenhill, Eilean 1989, "The Museum in the Disciplinary Society." In Susan Pearce (ed.), *Museum Studies in Material Culture*. London: Leicester University Press.

Hooper-Greenhill, Eilean 1992, *Museums and the Shaping of Knowledge*. London & New York: Routledge.

Howes, David 2014, "Introduction to Sensory Museology." *The Senses & Society* 9 (3).

Kohn, Eduardo 2015, " Anthropology of Ontologies." *Annual Review of Anthropology* 44.

Latour, Bruno 2006, *Reassembling the Social: An Introduction to Actor-Network Theory*. New York: Oxford University Press.

Leahy, Helen Rees 2012, *Museum Bodies: The Politics and Practices of Visiting and Viewing*. Farnham: Ashgate.

Lefebvre, Henri 1979, "Spatial Planning: Reflections on the Politics of Space." In Richard Peet (ed.), *Radical Geography: Alternative Viewpoints on Contemporary Social Issues*. Chicago: Maaroufa Press.

Lefebvre, Henri 1991 [1974], *The Production of Space*. Donald Nicholson-Smith (tr.). Oxford: Blackwell.

Lefebvre, Henri 2004, *Rhythmanalysis: Space, Time and Everyday Life*. London: Continuum.

Lord, Beth 2006, "Foucault's Museum: Difference, Representation, and Genealogy." *Museum and Society* 4 (1).

Lord, Beth 2012,《表现启蒙艺术的空间》，麦克劳德编《重塑博物馆空间——建筑、设计、展览》，王晓蕊译，北京：北京燕山出版社。

Macdonald, Sharon, Gerbich, Christine & Von Oswald, Margareta 2018, "No Museum is an Island: Ethnography beyond Methodological Containerism." *Museum & Society* 16 (2).

MacLeod, Suzanne 2012,《对于博物馆建筑的再思索：制造和利用特定区域的历史》，麦克劳德编《重塑博物馆空间——建筑、设计、展览》，王晓蕊译，北京：北京燕山出版社。

MacLeod, Suzanne 2013, *Museum Architecture: A New Biography*. London & New York: Routledge.

Morse, Nuala, Bethany, Rex & Richardson, Sarah Harvey 2018, "Special Issue Editorial: Methodologies for Researching the Museum as Organization." *Museum & Society* 16 (2).

Prior, Nick 2011, "Speed, Rhythm and Time-Space: Museums and Cities." *Space and Culture* 14 (2).

Stewart, Susan 1999, "Prologue: From the Museum of Touch." In Marius Kwint, Christopher Breward & Jeremy Aynsley (eds.), *Material Memories: Design and Evocation*. Oxford: Berg Publishers.

Turner, Victor 1974, *Dramas, Fields, and Metaphors: Symbolic Action in Human Society*. Ithaca & London: Cornell University Press.

Turner, Victor 1979, "Frame, Flow and Reflection: Ritual and Drama as Public Liminality." *Japanese Journal of Religious Studies* 6 (4).

Tzortzi, Kali 2015, *Museum Space: Where Architecture Meets Museology*. Farnham: Ashgate.

阿多诺，2014［1981］，《瓦莱里、普鲁斯特与博物馆》，郑式译，《美术观察》第 7 期。

本尼特，2007，《本尼特：文化与社会》，王杰、强东红等译，桂林：广西师范大学出版社。

博厄斯，2014，《博物馆管理的一些原则》，吉诺韦斯、安德烈编《博物馆起源：早期博物馆史和博物馆理念读本》，路旦俊译，南京：译林出版社。

布尔迪厄，2015，《区分：判断力的社会批判》，刘晖译，北京：商务印书馆。

福柯，2006［1967］，《另类空间》，王喆译，《世界哲学》第 6 期。

福柯、雷比诺，2001，《空间、知识、权力——福柯访谈录》，陈志梧译，包亚明主编《后现代性与地理学的政治》，上海：上海教育出版社。

哈根，2014［1876］，《博物馆起源和发展史》，吉诺韦斯、安德烈编《博物馆起源：早期博物馆史和博物馆理念读本》，路旦俊译，南京：译林出版社。

克里弗德，2019，《路径：20 世纪晚期的旅行与翻译》，林徐达、梁永安译，苗栗：桂冠图书。

莱特、雷比诺，2001，《权力的空间化》，陈志梧译，包亚明主编《后现代性与地理学的政治》，上海：上海教育出版社。

莫斯，2010［1935］，《身体技术》，施郎格编选《论技术、技艺与文明》，蒙养山人译，北京：世界图书出版公司。

桑塔格，2011，《反对阐释》，程巍译，上海：上海译文出版社。

斯特拉博，2014，《地理学》，吉诺韦斯、安德烈编《博物馆起源：早期博物馆史和博物馆理念读本》，路旦俊译，南京：译林出版社。

朱克英，2006，《城市文化》，张廷佺、杨东霞、谈瀛洲译，上海：上海教育出版社。

（作者单位：中国民族博物馆研究部）

整体性圣化： 作为文物的寺院与寺院中的"文物"*

何贝莉

摘 要 1996 年，桑耶寺被国务院正式列为第四批"全国重点文物保护单位"；由此，这座在西藏历史上首屈一指的佛教寺院，除宗教角色之外，便拥有了第二个"身份"——文物。从那时起，关于"文物"的观念及其保护、修复、改造等行为开始逐步渗入桑耶地方，至今已近 30 年，渐渐与当地人关于这座寺院的地方性知识交织在一起，彼此相互影响。此间，甚为微妙的一种情境是：当地人确乎是以其既有的"圣物"观念，在设想和对待政府指定的"文物"——桑耶寺。

换言之，若不对桑耶地方的"圣物"观念作以整体性探讨，就很难理解当地人在经验和心态上为何以及如何对待"文物"。

由此在文中，我试图从两个视角切入这一主题。其一，当地人如何认知作为"文物"的寺院。对此，我分别叙述了寺院的原型、兴建

---

* 本文的撰写与完成，诚是得益于艾华（Harriet Evans）教授、罗兰（Michael Rowlands）教授和王铭铭教授共同主持的研究课题，及其一再鼓励与切中肯綮的修改意见，在此特别感谢以上三位教授。此外，还须特别感谢张力生博士的翻译，使本文得以"From 'Cultural Relics' to 'Sacred Objects'：A Case Study of Local Heritage Protection in a Tibetan Buddhist Monastery" 之名，刊载于论文集 *Grassroots Values and Local Cultural Heritage in China*（2021）。因图字数所限，该版本删减了"结论"一章的后两节"疯子与'疯智'"和"无可不可的'保护'"。此次，借中文发表之际，刊载全文。特别感谢《人类学研究（第 18 辑）》的诸位编辑老师。

过程、修缮历史和现存状况。值得关注的是，当地人特有的"沙漏式"时间感，让历时性的叙述充满了主观选择：人们强调寺院兴建时期与现存状况的一致性；而这种一致性，源自寺院的原型及其意涵，即佛教宇宙图式。其二，当地人如何理解寺院里的各类"文物"。在比对官方公布的文物名单和寺院认定的"文物"清单之后，我发觉，后者实际是依据当地人的"圣物"观念而确定的。对此，我会详细介绍几类有代表性的寺院"文物"，如莲花生大师如我像、白雄鸡等。

最终，本文的讨论将聚焦于"圣化"实践。因为无论寺院，还是寺院里的"文物"，都需要经由圣化而成为"圣物"。但令人深味的是，在以寺院开光仪式为代表的"圣化"过程行进之时，"去圣化"过程则以朝圣之名也在同步进行。换言之，"整体性圣化"并不是一个单向度的实践，而是由"圣化"和"去圣化"这两个相向而行的过程所共同构成。此间，"圣物"是联结信众与僧侣的纽带，二者需要相互协作，才能共同完成"去圣化"与"圣化"这一实践过程。

或应说明，"整体性圣化"所呈现的经验性结构，并不是藏文明精神内核的全部内容。其更深层的底色，是以"疯智"为代表的对"圣""俗"二分的消解或超越。体现在智识上，"疯智"的存在，仿佛是为了祛除信众与僧侣对"整体性圣化"的痴迷和执念。

就此反观世俗意义上的"保护"二字，在桑耶当地人的观念与实践中，实则无可不可。然而，文物保护、景观改造、旅游升级……诚已是大势所趋。因之，我仅想以此文为记，以此田野经验为契机，试图理解一件看似令人费解的"事实"：桑耶僧俗为何（如此）轻慢地对待那些被登记造册的文物……

关键词　文物；圣物；整体性圣化；桑耶寺；寺院研究

一、桑耶寺简志：现实、历史与神话

（一）由乡改镇的桑耶

对大多数藏族人而言，桑耶寺是一座无须解释便能深谙其意义的寺院。它位于西藏山南市扎囊县境内，雅鲁藏布江中游的北岸，距离西藏自治区首府拉萨约 170 公里。

倘若向一个藏族人问起，桑耶寺是一座什么样的寺院？

对方一定会这样回答：桑耶寺，是西藏第一座"佛、法、僧"三宝齐备的佛教寺院，始建于 8 世纪中叶，至今已有 1200 多年的历史；是第一批藏族僧团成立的地方；是第一处将梵文佛教经论译成藏文的场所。建寺以来，来自印度、中原和藏地的大成就者们多驻锡于此；后弘期①以降，萨迦、噶举、格鲁等政教合一的高僧大德都将这座寺院视为不分教派的祖师道场，在此讲经说法，对其维护扩建。简言之，在藏族人的心目中，桑耶寺是藏传佛教缘起之象征，亦是此生必去朝拜的圣地。②

如今，因其在藏传佛教史上的殊胜地位，桑耶寺已成为山南发展旅游业的独家卖点。据《山南报》介绍，"扎囊凭借享誉区内外和国际的桑耶寺、敏珠林寺、朗赛岭庄园、青朴修行圣地等名胜古迹，成为雅砻风景区中的重要组成部分。……并成功申报了桑耶国家 4A 级景区"，2011 年，"自治区发改委向国家发改委申报了雅砻河风景名胜区'十二五'保护性建设项目，项目申报投资约 11700 万元。……

---

①　后弘期"指北宋太平兴国三年（978）以后，在吐蕃边地复燃的佛教星火，分别从多康和阿里先后传到卫藏，使绝传 100 多年的卫藏地方的持律佛教重新得到发展，并且形成独具特色的藏传佛教这一发展时期"（王尧、陈庆英，1998：113）。

②　参见《吉祥桑耶寺略志》（约 1990 年代），该书由列谢托美（原桑耶寺民主管理委员会主任）主编，塔布多杰、达瓦坚增编辑，青海佛教彩印有限责任公司制版印刷。

本次项目建设主要倾向于山南旅游可进入性最强，并急需改善旅游条件的桑耶景区"。[①]

　　同年 5 月，我再次来到桑耶寺，为完成自己的博士论文研究进行田野考察。此次，距我第一次到访，已过六个年头。当还俗僧人格桑驾着"牛头车"（实为越野车丰田 4500，因车标酷似牛头而得名）驶进这座因寺得名的桑耶小镇时，我几乎认不出它的模样了。记忆中，颠簸的泥泞土路，被宽阔的银灰色水泥路取代；道路两旁，低矮的夯土民宅，已变成两层楼高的藏式楼房。

　　格桑还俗前，曾在桑耶寺出家为僧。他的师父是寺院的僧人次仁（常尊称为"次仁拉"）。次仁，生于 1970 年，作为寺院民主管理委员会（以下简称"寺管会"）的一员，经营寺院客运站并负责外事接待工作。次仁的师父是桑耶寺寺管会的第二任主任阿旺杰布。1980年代，国家落实宗教政策，桑耶寺作为宗教活动场所得以恢复。当时年仅十几岁的次仁带着年幼的弟弟一起来桑耶寺出家。2005 年，阿旺杰布圆寂，这位高僧大德生前为复兴桑耶寺及其宗教仪轨所做的大量工作，至今仍被寺院僧人们津津乐道。如今，成为副主任的次仁承继师父的衣钵，继续操持寺院的事务性工作。

　　格桑原本想介绍我认识他的师父，但我们并没有在约定时间见到这位僧人。于是，我们俩又重新回到寺院外的镇上。

　　桑耶寺有一圈近乎圆形的白色围墙，围墙将寺内建筑与寺外民宅完全隔离开。圆形围墙，开有四门，面朝东、西、南、北。其中，东门是正门，建有门楼，门外是一条笔直的马路，径自通向远方，可谓小镇的主干道。道路两旁，商铺林立，车辆穿梭。沿这条道路向外走，会依次经过桑耶镇派出所、邮政局、电信营业厅，以及各种各样的店铺、政府扶持的超市和寺院开设的批发商店。联排楼房的尽头，

---

　　① 摘自《山南报》"西藏和平解放 60 周年特刊"（参见巴珠、黄金刚，2011；山南报社，2011）。

是一个三岔路口。

路口处，立有一块功德碑，上面刻着桑耶由乡改镇的公示和援建单位的名称。石碑所记，桑耶乡于 2006 年"升级"为镇——正是阿旺杰布圆寂后的第二年。如今，沿途所见的藏式两层小楼，楼内的各个政府职能部门，以及房前的水泥马路、路边的纤细树苗，都是"升级"后的建设成果。

站在三岔路口，可有两种选择。要么，沿马路一直向东，不久便会看见雅鲁藏布江的北岸河滩；要么，沿另一条马路向西，可抵达桑耶寺的北门。倘若再顺着寺院围墙向南折转，一直往前，就会重新回到寺院的东门。

这条耗时十多分钟的路线，会自然地画出一个"三角形"。这片"三角地"就是桑耶镇的核心区域——位于桑耶寺的东北侧，体量不及寺院面积的一半。问路时，小镇居民告诉我：寺院在"上面"；而我走过的"三角地"，乃至更远处的集中搬迁的民宅，都在"下面"。

图 1　桑耶镇的全景俯瞰图（2012）

（二）桑耶寺的建筑形制

在次仁拉的安排下，我顺利搬进了客运站的"安全生产科"。格桑回到拉萨继续他的司机生涯，此后，我再也没有见过他。

田野考察初期，我多是沿着寺院围墙的内圈溜达，了解各座配殿和其他建筑的情形：以乌孜大殿为中心，在它的东、西、南、北四个方向，各有一座形制不同、颜色各异的佛殿，分别是正东的白色江白林、正南的黄色阿雅巴律林、正西的红色强巴林和正北的青色桑结林。在这四座殿堂的左右两侧，又各建有两座体量更小的配殿，合为八座小殿，配殿的颜色与其主殿的颜色相同。八座小殿，从东往西依次为朗达参康林、达觉参玛林、顿单阿巴林、扎觉加嘎林、隆丹白扎林、米哟桑丹林、仁钦那措林和白哈尔贡则林。

在乌孜大殿与南北两殿之间，各有一座小型殿堂，分别是日殿和月殿。"文革"期间，日殿被夷为平地，月殿则侥幸保存。后来，在日殿旧址上建起了一间卫生所；如今，那里已恢复成一座簇新的小型殿堂。月殿历时弥久，当下所见，被围挡包裹，正等待修复。

在乌孜大殿东南、西南、西北、东北的四角延长线上，分别伫立着白、红、黑、绿四座宝塔，体量相当，形制各异。原先的四座宝塔，毁于"文革"；如今所见，均为重建，大抵是依照原本的形制由水泥砌成。

寺院的石砌围墙，屡遭损毁变更，现已修复。周长1200余米，墙上有塔刹1008座，或说1028座。[①]墙外有一条转经道，晨昏之际，沿此道转经的男女老幼络绎不绝。

简言之，乌孜大殿、东西南北四大殿、八小殿、日殿、月殿、四座宝塔与石砌围墙共同构成桑耶寺的主体建筑。如此形制，相传是仿

---

① 前者出自何周德、索朗旺堆（1987：21）编著的《桑耶寺简志》，后者则出自列谢托美（约1990年代）主编的《吉祥桑耶寺略志》。

造噢登布寺（或译"乌旦达波日"，即飞行寺）的样式而建，即印度大乘佛教徒眼中"一个世界"的整体图式。

　　然而，身临其境时见到的寺院景象，并不像文字介绍的这般规整。事实上，寺院内建筑物的分布很不均衡，以中心大殿为界，西侧的少一些，东面的多一些。乌孜大殿的东面，建有展佛台、观经廊、僧舍、厨房、商店、餐厅等。寺院的东南角，有一片较大的院落，是桑耶赤松五明佛学院（后被迁出寺院，移至康松桑康林）。

　　所以，现实中的桑耶寺是一组占地约 25000 平方米的寺院建筑群。放眼望去，各类建筑林林总总，看似繁杂，却可大致分为三类。

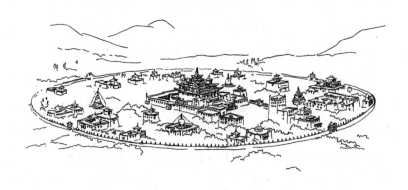

图 2　桑耶寺手绘侧面全景图①

　　第一类是寺院的主体建筑。这些建筑及其宗教意涵，是历代藏文典籍在记载桑耶寺时，详加叙述的重点；是寺院僧俗讲解寺院时，必会言说的内容；也是佛教信众或普通游客初识桑耶寺时，最常接触到的信息。

　　第二类是主体建筑以外的其他宗教建筑，如乌孜大殿正前方的观经廊、展佛台，以及体量庞大的佛学院。这些建筑在寺院宗教生活中

---

　　① 转引自何周德、索朗旺堆（1987），原书图片为插页，没有页码。此图绘制于1980 年代。

的重要性，其实并不亚于那些主体建筑，但它们多承担功能性的职责，而非象征意义。

第三类是辅助性的建筑或设施，如僧舍、厨房、商店、餐厅、旅馆、厕所。这些服务于世俗生活的建筑，几乎从未被文献典籍"正式"介绍过。只有在看见或使用它们时，人们才会意识到还有这些建筑设施的存在。

（三）寺院简明修缮史

756年，赤松德赞成为吐蕃王朝第38代赞普。成年后，他再度弘扬佛法，派人从尼泊尔请来佛教高僧寂护大师。但当时在吐蕃，信仰苯教的大臣与苯教徒的势力依然十分强大。寂护被迫离开藏地，临行前，他向赞普说道："须将密宗大师莲花生请来，才能调伏群魔，弘扬佛法。"传说，莲花生料到吐蕃赞普会请他入藏，便主动起身，应邀而往。

为了在雪域蕃国确立传播佛教的"立锥之地"，寂护和莲花生意图在吐蕃建造西藏历史上第一座能够剃度僧人出家的寺院——这个想法，与赞普赤松德赞的兴佛主张不谋而合。于是，师君三人合力建造寺院，莲花生勘定建寺地点，赤松德赞主持奠基仪式，寂护设计寺院规模。桑耶寺的建造工程，可谓恢宏而庞杂。相传，共用了12年的时间，动用了吐蕃全境的财力。如今惯常认为，桑耶寺最后竣工于779年（参见何贝莉，2022：14—15）。

然而，未曾期料的是，在历经牟尼赞普和赤祖德赞这两任赞普的大力兴佛之后，桑耶寺很快就遭到吐蕃历史上的第二次"禁佛运动"，这是由末代赞普朗达玛发起的。藏传佛教"前弘期"[1]至此结束。

禁佛期间，桑耶寺作为地位殊胜的赞普寺院，未被拆毁，从而逃过一劫。但寺内僧众却未能幸免，他们或被镇压或被驱逐，不得不流

---

① 前弘期"指佛教传入吐蕃到吐蕃末代赞普朗达玛（841—846在位）禁佛为止的200年间，佛教在吐蕃的初期传播阶段"（参见王尧、陈庆英，1998：200—201）。

亡在外。吐蕃王室的后裔云丹，离开了动荡的拉萨，留驻于桑耶一带。10 世纪后期，云丹的六世孙意希坚赞以地方领袖的身份兼任桑耶寺寺主，试图再兴佛教，遣人去安多求法学佛。这些学成归来者，在卫藏和康区大力弘扬佛法，形成西藏佛教"后弘期"下路弘法之始。

11 世纪中叶，桑耶寺终于迎来了第一次大规模修缮。当时，热译师多吉查巴带着几千随从信徒来到桑耶，维修寺院。12 世纪以降，藏传佛教萨迦派在元朝的扶植下，在西藏地方建立起相对统一的萨迦王朝。此间，法王萨迦·索南坚赞和阿旺贡噶仁钦先后主持修葺桑耶寺。

17 世纪中叶，格鲁派兴起并逐渐掌握了西藏地方的政教大权。此后 200 年间，桑耶寺的维修工程多达五次。1849 年，噶厦政府再次对桑耶寺进行全面维修，历时五年。在西藏和平解放之前，对桑耶寺的最后一次维修，是在热振·图旦绛白益西丹巴坚赞摄政期间进行的；只是这场修缮工程尚未结束，就不得不中止了。

如上所述，在这 1200 多年间，桑耶寺屡经磨难，数易其主，不断损毁，旋又重建，如钟摆般徘徊于兴衰之间。桑耶寺的修缮史，同时是这座寺院的损毁史——每一次损毁，都为后世的大规模修缮埋下伏笔：原有的建筑物与殿内供奉的造像，被损毁或移除；崭新的建筑物与造像，得以重建或供奉。

只是，在"新"与"旧"之间，实际很难划出一道明晰的时间界限。所谓的重建与修复，也并不是推倒重来。事实上，桑耶寺这个规模庞大的建筑群，并未遭受过"洗盘"式的彻底摧毁，所以每座建筑的更新频率与修缮程度也不尽一致。

而另一方面，藏族信众似乎并不介意桑耶寺主体建筑的"时间错乱""历史层累"。尽管"如今在桑耶寺原址见到的寺庙建筑已经远远不是本来的面目"（王尧，1989：108），但信众们却笃定地认为，寺院建筑的形制与布局，从未发生过根本改变。至于相关的修缮工作由谁完成，何时完成，怎样完成，完成时使用的材质、工艺、技术等问题，则均不是信众关心的要旨。

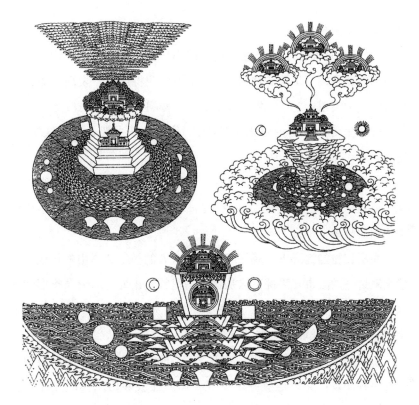

图 3　须弥山宇宙结构（上左和下）、及时轮（上右）体系图①

（四）桑耶寺是如何建成的

在桑耶，与当地人聊天时，我总会多问一句"桑耶寺是怎样建成的？"。

每逢此问，无论对方是乡野村夫，还是寺院僧侣，都会为之一振，抖擞精神，绘声绘色地向我讲述：想当年，莲花生大师如何在哈布日山上跳起金刚法舞，收服当地的妖魔鬼怪；赞普赤松德赞如何向龙王索要钱财宝物，修建寺院；民夫在白天砌围墙，鬼神在晚上修佛殿；象征世界中心的乌孜大殿是什么模样；谁出资建造了宝塔；谁又

_____

① 根据《对法俱舍》绘制（参见比尔，2007：89）。

是这座寺院的护法……

　　"故事"听得多了，我总感觉大同小异：尽管细节略有出入，语言风格五花八门，事情的梗概却相差无几。我将这一"发现"说给次仁拉听，他笑道："大家说的当然都是一样啊，因为都是按照《莲花生大师本生传》里的内容来讲的嘛!"他顺手从书架上取出这本书，送给我。

　　这本大师传记，读起来像是一篇篇神话传说。但在桑耶僧俗看来，确是一部殊胜的经典、伏藏作品;[①] 而且，大家相信这本本生传中记载的故事全都真实不虚。

　　在次仁拉的提醒下，我仔细比对了众人的描绘和书中的记述，确信大家讲述的故事几乎都可以从这本书里找到出处。而记录桑耶寺的兴建过程及其布局形制的，正是《莲花生大师本生传》中的两个篇章："建成宏伟桑耶寺"与"吐蕃桑耶寺院志"。

　　想必是这份文本的留存与传扬，在当地人的心目中，逐渐建构出这样一种印象：无论这座寺院曾经经历或还会经历怎样的变迁与变故，在这世间，总有一座不曾改变也不会改变的桑耶寺。

　　"建成宏伟桑耶寺"一章，这样描述桑耶寺的初建过程：

　　　　(莲花生大师说)"赤松德赞所建的这佛殿，如同镶于幢顶的摩尼宝，只要吐蕃佛教兴，哪个神鬼不满意也不要紧，我印度大学者应邀来做客，如同黑夜点明灯，只要佛教昌盛民生乐，神鬼

----

　　① "9世纪以后，有关莲花生的传记与伏藏层出不穷。据学者研究，自9—19世纪，西藏历史上有名有姓的伏藏师多达2500人，按照《伏藏宝库》《伏藏师传》《宁玛派历代上师传》的说法，这些伏藏师每人至少发掘过一种关于莲花生的传记，也就是说，在历史上可能至少存在过2500种莲花生传记，即便到今天，仍有大大小小400多部《莲花生传》流传下来。在众多的《莲花生传》中，由13世纪的大掘藏师邬坚林巴掘出的有关莲花生传记的详本与略本最为典型。据说邬坚林巴与他的朋友玉贡嘎拉哇·霍尔恭巴释迦于水龙年四月初八日曜星翼宿出现时，于雅隆水晶崖莲花水晶洞中发现了一批伏藏，其中有七部莲花生的传记，这些传记中，由莲花生的女弟子、被人们尊为空行母的依西措结写成的《莲花遗教》最好。……《莲花遗教》的传世本非常多，在历史上几经校勘，最好的一次校勘是五世达赖主持下进行的。"(孙林，2006：158—159)

不喜迁走也可以，莫若献出土地享香火，成就国王一片心。我是莲花生，我是密宗大师！"

言毕升空蹈动金刚步，莲花生的身影所至处，非人二十一居士，永宁地母十二尊，雪山崖岸之神鬼，食香、瓶腹鬼，龙王和夜叉，八大曜星、二十八星宿，各从山谷与河中，找捞搬出土石来。

土阳虎年孟秋月初八，即金星日即龙日之房宿星时辰，开始动工挖地基，国王亲自督建的此佛殿，三尖顶耸若须弥山，周围的殿堂模仿七金山，形同日月的，是上下罗刹殿，四个大洲八小洲，寺宇周遭来环绕，外圈长长一围墙。

六万民夫齐努力，石墙筑到靶板高，民夫个个觉疲劳，大师于是驱鬼神，大梵天和帝释天，二位天王砌围墙，四大天王做领班，众多男神和女鬼，边喊号子边筑墙，白天人间民夫建，晚上神鬼八部劳。（中国藏语系高级佛学院研究室编，1990：387—388）

人、鬼、神共建寺院的情形，在桑耶寺的修缮史中，似乎再也没有出现过。"初建"与"修缮"，虽然都是寺院建造史中不可或缺的环节，但在桑耶僧俗的观念中，却有着截然不同的含义。

至于为何会出现这种认知差异，《莲花生大师本生传》在"供养桑耶寺庙宇"一篇中，给出的解释是：

谁若维修桑耶寺，能获涅槃菩提之成就，此一善举可以除罪证菩提。……谁为桑耶寺修葺屋顶，即可排除非时八可怕；谁为桑耶寺预防火灾，谁就能尽快地成佛；谁为桑耶寺放灾祸，敢用口手行为止害事，能得永不返回的菩提心成就。（中国藏语系高级佛学院研究室编，1990：399—400）

如本生传所记，历时历代众多高僧大德对桑耶寺的维护与修缮，只能算作对这座寺院的"供养",而不是"建造"。换言之,桑耶寺一经建成,就再也没有所谓的"建成寺院"的历史了。

诚然,《莲花生大师本生传》一经掘藏面世,此中观念便在无形中塑造且规范着每位阅读者的经验与心态,桑耶僧俗自然而然地承袭了这一微妙的"时间感"(或说"历史感"),并将之转述于我。

(五) 沙漏式的时间感

尽管桑耶寺已存在了上千年,其间经历的各种修缮与维护不计其数,但在桑耶僧俗看来,那些都不是桑耶寺的"建造史"。因而,每每问道"桑耶寺是怎样建成的?",人们便会习惯性地讲述在最初建寺的十余年间所发生的故事,而随后的一千多年,在当地人的言谈中,几乎了无踪迹。换言之,虽然客观时间的密度,每一秒每一分每一天每一年都是等量均质的,但在桑耶人的主观感受中,却并非如此。

当地人的时间感,放大了桑耶寺初建的那段时间(约12年),其间经历的种种——神话、传说、故事、教法传承与吐蕃历史——均被予以最大限度的记忆、传颂与书写。而与之相反,余下的漫长岁月(一千多年间),则被这种时间感极大地压缩、稀释或淡化,此中发生的各种事件与实践,因缺乏系统的笔录与口传而日渐被淡忘,偶尔,还会有些零星的、片断式的记录,出现在不同教派的教法史或高僧传中。

总之,桑耶地方的时间感,为这一长时段赋予了不一样的"时间密度"。密度极高的两端:"初始"(桑耶寺建寺)与"现在"(桑耶地方生活的当下),加上密度稀疏的中间部分(即惯常所言的"历史"),三者共同构成了一个连续的、无有间歇的时间整体。

为了方便理解,我们姑且将这一整体性的时间观想象为一个沙漏的形制。时间的两端("初始"与"现在")分别对应着沙漏的上端和下端;而联结"初始"与"现在"的这段"历史"——无论多么漫长,对沙漏而言,都不过是那一小段纤细且短促的瓶颈,只为让细砂从“初始”所在的上端瞬间流至“现在”所在的下端。

这种沙漏式的时间感，几乎奠定了桑耶僧俗叙述“桑耶寺建成史”的基本逻辑与内容。如次仁拉所言：我想知道的一切，关于桑耶寺的历史，早就全都写在了这部《莲花生大师本生传》里。此后，对桑耶寺的每一次修复，均是对这座寺院的“供养”，亦是对寺院历史的“回归”，[①] 而不是在书写“新”的历史。

换言之，由于时间感的不同，桑耶当地人口耳相传的寺院历史（这也意味着当地人对“历史”的理解，有其特定含义），实际是特指桑耶寺的“建成史”。

同理，在田野考察期间，我所亲见“有史以来投资最多”的桑耶寺修复工程，在熟读《莲花生大师本生传》的僧俗看来，仍是一种“供养”而非“建造”。这项工程并未给这座寺院带来任何“新物”，那些被修复、被还原乃至被重建的建筑与造像——均是 1200 年前就已存在的“古物”（与时间相关的“物”），又或是，我们惯常所说的“文物”？

二、“文物”，即“圣物”

（一）桑耶寺的官方文物

1980 年代，西藏文物普查工作者（以下简称“普查者”）来到桑耶寺，对寺中文物进行整理和记录。这份文物名录，后来汇编在《桑耶寺简志》（1987）中，将文物主要分为四类：石碑刻、铜器、砖瓦和匾额。

桑耶寺内最著名的石碑，是吐蕃时期的“兴佛盟誓碑”，此碑至今依然竖立在乌孜大殿正门外的南侧。此外，寺院还存有数量庞大、

---

① 在此借用伊利亚德（Mircea Eliade）的“回归”之说（参见伊利亚德，2022）。

题材广泛的石刻造像，"据初步统计，其总数约一千五百余尊，有千佛、四大天王、菩萨、罗汉像及莲花生、阿底峡、米拉日巴等历史人物'肖像'"。据普查者分析，"千佛像的时代较早，约属十五世纪前后雕刻。这些千佛像皆半浮雕，人物形象不堪生动，石板上除佛像、莲花座外，别无其它装饰，与较早寺庙内的千佛像壁画很近似。其它所有高浮雕石刻造像的时代则较晚，约在十八世纪以后，这些造像雕刻都非常精致细腻，大部分石刻内容都是西藏历史上的著名人物，其风格完全一致，属同一时期的作品"（何周德、索朗旺堆，1987：36、41）。如今，人们实际很难见到这些造像，只能在乌孜大殿的入口两侧看见一对石狮，以及一对立在大殿底层佛堂外的石象。

至于铜器，"目前所知，现存吐蕃时期的铜钟只有桑耶寺的三口铜钟，一大二小。大钟现悬挂于'乌孜'大殿东门门廊上，两口小钟珍藏在桑耶寺库房内"。此外，还有一个铜瓶。据说，这个"葫芦铜瓶是为维修桑耶寺'乌孜'大殿金顶和主尊佛像圆满竣工，以示庆贺而铸造。外观形制极似葫芦，故以此命名。……有可能是汉藏两族人民共同铸造此葫芦铜瓶于藏历铁龙年，即废除热振摄政王的 1940 年供赠给桑耶寺的"（何周德、索朗旺堆，1987：35、51）。此物虽然时代较晚，但因形制罕见，是为文物。

《桑耶寺简志》对砖瓦的介绍尤为详尽，普查者认为："砖瓦是桑耶寺现存数量最多、时代最早的文物之一。""现存的砖有红、黑、绿三种颜色（绿砖施釉），分别属于红、黑、绿三座塔建筑材料。砖的形制有方形、长方形、梯形、子母口形四种，大小型号也不一致。砖面一般都有文字，皆古藏文，许多藏文的字体被印反，这可能是砖模子的文字为正刻的缘故。""瓦的形制有板瓦、筒瓦两种，其大、小也有几种不同的型号。皆施绿釉，釉薄而富有光泽。瓦面一般都有藏文火印，内容为地名或菩萨名。瓦内有非常细密的布纹。……这些绿色琉璃砖瓦的大量使用，反映了西藏古代建筑装饰工艺的高超水平。"（何周德、索朗旺堆，1987：41、42）

此外，桑耶寺曾珍藏有许多匾额，多是清朝皇帝所赐。"在'乌孜'大殿东大门的门楣上，原来挂有清代皇帝所题的'格鲁伽兰'汉文匾额，在江巴林前面的碑坊上，亦悬挂有清代咸丰皇帝所题的'宗乘不二'汉文匾额。这些匾额均在十年浩劫时被毁。""现仅存一块'大千普佑'的清代汉文木匾，悬挂于乌孜大殿二门之上。……四周金龙框边，蓝底金字。图章和落款均被毁掉，不知系那（哪）位皇帝的手笔。"（何周德、索朗旺堆，1987：52—53）

在文物普查工作者的统计下，桑耶寺内存留的单体文物主要便是以上这些。

（二）寺院僧人的"文物"清单

除《桑耶寺简志》以外，在寺院僧众自己编撰的《吉祥桑耶寺略志》中，也有另一份由僧人拣选且备受朝圣者推崇的"文物"清单。

清单中，位居首列的是"王子牟尼赞普塑造的能言莲花生大师像'阿扎玛'，传说莲花生大师曾说'此像很像我'而得此名"（即莲花生大师如我像，亦简称"莲师如我像"），以及"大堪布寂护"像和"法王赤松德赞"像（列谢托美，约1990年代）。以上三尊造像，即为桑耶寺的建造者"师君三尊像"。其二是《桑耶寺简志》介绍过的"古钟"[①]和"桑耶寺门前崇佛盟约碑"。其三是"三世佛加持过的自然形成之石质释迦大菩提像""响铜质能言无量寿佛据加持像""响铜质释迦牟尼佛具加持像""龙树菩萨所依本尊释迦牟尼佛像""莲花生大师印章和莲师授予桑耶寺护法白哈尔神的有加持力之印章""山南雅砻协札修行地发掘的伏藏鬼神箧"等（列谢托美，约1990年代）。

在桑耶僧众看来，寺院现存的珍贵"文物"，大抵如是。这份"文物"清单与普查者的文物名录相较，相同者仅有两件："古钟"与"兴佛盟誓碑"。普查者之所以将它们定为文物，是因为其历史久

---

① "桑耶寺前方大门悬挂古钟一口，上刻古藏文，据说为信仰佛法之藏王赤松德赞王妃卓萨·绛曲准所献。"（列谢托美，约1990年代）

远，建造于吐蕃时期。寺院僧众对此二物的青睐，则因它们是赞普"信佛""崇佛"的见证。

除此二物，寺院僧众眼中的"文物"，多是诸佛菩萨的殊胜造像，高僧大德使用过的法器和器具，自然显现或大师留下的圣迹——这与文物普查工作者的判定标准可谓不同。依《吉祥桑耶寺略志》所记，桑耶寺的单体"文物"总计 26 件。这个数字，对于一座延存千年之久的古寺而言，无论如何，也不算多。

实际上，桑耶寺历年累积的大量文物，在"文革"期间曾遭受过毁灭性的损毁。这段经历，也得到了普查者的证实。"十年浩劫期间，桑耶寺同其它古建筑一样，遭到了空前的破坏。……寺内文物损失更加严重，被砸毁的铜像、铜器达四万余公斤；写有藏文桑耶寺简介的锦绫被撕毁。"（何周德、索朗旺堆，1987：6）

寺院僧人告诉我，当年最惨痛的损失是牟尼赞普所造的莲花生大师如我像被销毁了。这尊建于吐蕃时期的泥质造像，历经千年，未有损毁，只因它在信众的心目中非凡殊胜且有不可思议的加持力。但在"文革"期间，它被毫无恭敬地从佛殿中搬出来，砸烂后，扔进院内的池塘里。造像的装藏异常珍贵，还来不及取出，就连同泥胎一起浸泡在池水中。药材与甘露丸所散发的奇香，在寺院上空聚集了七天七夜，才渐渐消散。

与之同样殊胜的，还有寂护大师的灵骨。寂护圆寂后，他的灵骨就供奉在哈布日山东面的灵塔中。"文革"期间，灵塔被毁，灵骨被掘，风吹雨淋或曝于日下，后来，一个牧羊小孩拾到大师的头盖骨，藏于家中。直至被一个商人重金购得，供养在昌珠寺。几经辗转，这块珍贵的寂护大师头盖骨，才得以重新回到桑耶寺。

那些原本珍藏在桑耶寺的僧俗信众心目中的"文物"，在最近的半个多世纪里，无一例外经历坎坷：有些文物侥幸"回归"，有些文物得以"重建"，有些文物"遗失"民间，有些文物"流落"市场，有些则彻底地"灰飞烟灭"……

（三）莲花生大师如我像

乌孜大殿，是桑耶寺的中心主殿，也是信众来桑耶朝圣的首发之地。大殿坐西朝东，共有底、中、上三层殿堂。大殿底层，分为经堂和佛堂前后两个部分。朝圣信众，进入经堂后，先磕三个大头，然后沿着左侧甬道有序前行，依次朝拜供奉在佛龛中的造像。

在左侧甬道的尽头，并列有五尊造像。居中的三尊就是写入《吉祥桑耶寺略志》的"师君三尊像"：莲花生、寂护与赤松德赞。在信众看来，这三尊造像非比寻常，而位于正中的莲师如我像，最为殊胜。无以计数的朝圣者不远万里来到桑耶，就为亲眼瞻仰这尊独一无二的造像。

大殿管家塔青告诉我：当年，吐蕃赞普牟尼赞普请工匠按照莲花生的模样，为其塑像，莲花生看到这尊塑像后，满意地说"可以了，不用再修整了，这尊像已经如我一模一样"，于是众人就将这尊莲花生大师像称为"如我像"。莲花生离开藏地后，这尊造像被供奉在桑耶寺，供君臣信众顶礼膜拜。信众见到这尊像，就如同见到莲花生本尊。后来，这座泥质塑像在十年浩劫中毁于一旦。所幸是，在"如我像"被毁之前，有位来自台湾地区的香客用相机拍下了这尊造像（见图4）。这张"如我像"的照片几经流转，重返桑耶；寺院僧人得到后，将之复制装裱，悬挂在大殿里。

如今，人们在桑耶寺见到的这尊"如我像"是在"文革"后新塑的（见图5）。"那不就是'假'的吗？"我小声地问塔青。"怎么能说是'假'的呢？"塔青狠狠瞪了我一眼。"因为是新塑的啊！"我解释道。"那也是'如我像'！与以前那尊一样的！"

塔青的反驳，在我看来，好像没什么道理。新塑的造像，形态与原先的"如我像"并不一样；而且，塑造的年代、技术、工匠、装藏、装饰等均不相同。就物质层面而言，可以说是两尊完全不同的造

图 4 原"莲师如我像"

图 5 僧人塔青正为现在的"莲师如我像"上金

像——除了名字一样，我实在想不出这尊新像与旧像之间有什么"一样"的地方。

但奇怪的是，大多数信众并不在意"如我像"的真假，他们不会询问这尊新像的来历及其被称为"如我像"的合理性到底是什么。在信众看来，这尊造像始终都在，只要它被称为"如我像"，那就是如我像。信众对"如我像"的信仰与崇敬，并没有因为它是新造的而有丝毫的折损或犹疑。

为了保护这尊"如我像"，寺院管理者在佛龛外安装了一面玻璃窗。窗前，贴有一张原先的"如我像"的照片。如果有人想请一张"如我像"照片带回家，塔青便会从储物柜里取出一张翻印的照片送给他。"如我像"的照片是不能售卖的，因为它不是世俗的商品；所以，信众会恭敬地说"请"，而不能说"要"或"买"。这张如我像的照片，与新造的如我像、原先的如我像一样，在信众的心目中，就是"如我像"，就是莲花生本尊，具有非凡的加持力，能抵御一切外道魔障，能护佑信众并满足其愿望。与之相应，信众对"如我像"的信仰也会令这尊造像的加持力越来越强，越来越大，进而吸引更多的信众前来朝圣与信奉。

或由此因，寺院僧俗起初并不愿意观光游客拍摄"如我像"和其他佛像的照片。在他们看来，这些照片，与佛像本身无二无别，殊胜且有加持力。倘若拍摄者得到这些照片却无法悉心供养，乃至做出种种不恭敬的行为——从佛教教义来说，无异于在造恶业，对此生来世都极为不好。但如今，随着旅游业的发展，这种想法似乎在寺院僧众的脑海中已日渐淡漠。

2011 年，我在桑耶寺考察期间，寺院规定，只要缴费 40 元，就可以在殿内随意拍摄。信众在殿内摄影摄像则是免费的，因为信众拍摄佛像是在"请"佛而非猎奇，所以不应掺杂任何商业因素。同理，信众入寺礼佛，也不需要购买门票。但实际上，信众对寺院的财物供养往往远多于一张门票的价格。尽管如此，寺院实施的门票"双轨制"，仍令很多游客感到不满，各种逃票手段更是层出不穷。

在桑耶寺，信仰下的朝圣礼佛与商业性的旅游开发，犹如两股清浊分明的河水，共用着同一条河道。两者看似遵循各自的逻辑与理念，并行不悖；但在实践过程中，却不断地发生碰撞或摩擦。同一种行为，因其发生主体及其目的的不同，而分处于"圣""俗"两个经验世界。

在游客眼中，桑耶寺只是一个观光对象，寺院商店里出售的各种佛像、法器、护身符、哈达、藏香和白酒等，都是旅游纪念品。通过金钱交易，完成商品买卖。但同样的行为，在信众看来，却有着完全不同的理解：人们不认为自己是在寺院购买商品，而更愿意相信自己是在"请"佛、"请"护身符……只有通过"请"，才能将这些物件所特有的"神圣力"带回家，带给它的持有者；为此所付出的金钱，是一种"供养"而非"消费"。

在文物普查工作者看来，桑耶寺内被人为损毁的造像和壁画，因无法复原而成为永久性的损失。但信众却认为，只要在原址上供奉"同一位"佛菩萨的造像，画上"相同主题"的壁画，一切就会恢复原样——实际上，甚至不需要修旧如旧，教法"传承"就得以延续，信众顶礼膜拜的"对象"便得以复原，时间的断层又会严丝合缝地连接上。或许正因如此，在面对损毁的壁画、残破的建筑与损坏的造像时，寺院僧众才没有表现出与文物普查者一样的焦虑与遗憾——他们固然会为寺院的损坏，而备感痛心；但同时，也因为知道该如何恢复传承，而相对释然。

总之，从"如我像"与信众的互动关系来看，造像的神圣力与信众的信仰力，相辅相成，互为因果。作为"实在物"（或称"对象"）的造像，只是这种关系的承载者。

作为"实在物"，它可以被塑造：吐蕃时期，以"如我像"的塑造为"缘起"，信众对"如我像"的信仰由此生成。随后，这一信仰，如涓涓细流逐渐汇成了江河湖海，随着时间推演在不断壮大。它也可以被毁灭："文革"时期，"如我像"被彻底损毁，但信众对它的信仰并未就此绝灭，反而成为重塑"如我像"的"缘起"。新像一旦塑成，便成为这一信仰的载体，不仅继承了原有的信仰力，还在不断扩展。它还可以转化出各种形式——随着科技的发展，信众如今可以用影像这种更便捷的方式来替代造像，承载"如我像"的神圣力，进而能在更远的地方传播信众对莲花生的信仰。

简言之，作为实体的"物"，就像人的躯壳，会经历"成、住、坏、空"；但流转于"物"中的神圣力与信仰力，则如同人的灵魂，能寄居在不同的躯壳中，并在流转中生成、壮大、延绵……与非佛教徒不同，僧俗信众更看重流转于"物"中的神圣力与信仰力，而并非"物"这一实体本身。

如上所述，若想通过消灭或损毁"物"，以达到阻断信仰与传承的目的，从"如我像"的经历来看，似乎行不通。那么随之而来的疑问则是：试图通过创造或留存"物"，以期建立信仰与传承的努力，又是否可行？

（四）遗失传承的宝物

在乌孜大殿一楼隔层的东北角，有个被称为"珍宝馆"的小房间，那里存放着寺院收藏的各种"宝贝"。一道厚密的铁栅栏把这座房间隔开。栏内，有三组龛柜，居中的佛龛内供奉着师君三尊像。佛龛的两侧，各有一个储物柜，陈列着寺院原有或信众捐赠的宝物。

据寺院的老僧人介绍，1951年之前，桑耶寺里历朝历代积累下来的宝物非常多，摆放得到处都是，从未像现在这样集中管理过。他记得，寂护的头盖骨就悬挂在乌孜大殿的一根立柱上，信众从那里经过时会向它顶礼膜拜。棕色漆布面具原本放在护法神殿的密室里，不能轻易示人，如今却也被陈列出来。但后来，十年浩劫的破坏，屡禁不止的人为偷窃，难以期料的火灾损耗……种种经历，让寺院不得不改变原有的供奉格局，将这些宝物汇集一处，并采取严格的管理措施。

　　田野期间，我曾进入栅栏内，近距离地接触过这些宝物。那次，大约数十人，团聚在东侧的储物柜前。珍宝馆的僧人管家示意众人躬身居低，以示恭敬。出家的汉地母子与藏族牧民立刻跪了下去。管家打开储物柜的玻璃门，小心翼翼地取出一件件宝物，为我们讲解；其实，这些宝物在《吉祥桑耶寺略志》中都有详细的介绍。之后，管家手持宝物，为大家做灌顶。从形式上看，就是把宝物放在每个人的头顶上，停顿片刻，再拿开。每次灌顶，人们都会情不自禁地往前拥，唯恐错过了自己。

　　临近结束，次仁拉来到珍宝馆，我好奇地问他："为什么不介绍另一个储物柜里的宝物？"次仁拉说，他也不知道那些宝物的来历，有些是重建寺院时挖出来的，有些是附近村民拾到送来的，还有些是几经辗转流落到寺院的。没人说得清这些物件的来历——是谁制造的，有谁使用过，形制为何，装藏是什么。总之，这些都是没有"传承"的宝物。它们即便具有很强的加持力或神圣力，但因失去了传承，也如尘封一般，无法显现。

　　我又问他："不能重新使用吗？"次仁拉解释，这些宝物是不可以随便使用的。失去了传承，只能等待，等待下一次重续，就像藏传佛教的后弘期传法一样。不过，也有可能无法再续。通常，在无法重续传承时，谨慎的供奉是最稳妥的保存方式；因为，不知道这些宝贝带着怎样的"因"而来，又会导致怎样的"果"。

　　如次仁拉所言，僧俗信众顶礼膜拜的每一件宝物，都是由一件"实在物"及其与生俱来的"传承"所共同构成。换言之，若想判定一件物品是否属于佛教意义上的"珍宝""宝贝"或"圣物"，"实在物"及其传承关系，缺一不可。失去传承的"实在物"只能作为一件古老的物件而存在，无法与信众产生互动：人们既不敢使用它，也不敢领受它的加持力和神圣力。

　　简言之，在信众看来，若只是保留一件实物——无论材质多么贵重，年代多么久远——其实都没有太大的意义，最重要的是记录其传承。如果有"传承"，即便物件被磨损或毁坏，仍可以保留、修复乃至新造，其神圣力与原物一样；但若没有"传承"，此物即便在物质层面上保留完好，也失去了信仰的意义，成为普通的俗物或无法使用的圣物——而这两种形态，都不是信众所期许的"宝物"。

（五）护法神是一只白雄鸡

在桑耶寺的护法神殿，供奉有一尊护法神像：白哈尔。当地人习惯称之为"白哈尔王"或"世界之王白哈尔"。

当年，莲花生、寂护与赤松德赞合力建成桑耶寺后，商量着要为寺院选一位护法。由于藏地的各类生灵都不合适，于是，莲花生说"如果请来白哈尔，这个非人木鸟鬼，就能忠心守佛殿"（中国藏语系高级佛学院研究室编，1990：394）；并以各种神变法力制伏了白哈尔，令其骑着一只木鸟，在众多天神的陪伴下，离开巴达霍尔，来到吐蕃。莲花生授记他为藏传佛教的护法神。从此，白哈尔就住在桑耶寺的护法神殿里。

对于这位护法神，民间流传着许多说法。有人认为白哈尔是财神，因为他是跟随着三件宝贝①来到桑耶寺的。也有人认为白哈尔是战神，能保护所有男子。渐渐地，白哈尔的信众便相信这位神灵不仅能保护其崇拜者免受敌人的伤害，还能助其增长财富。此外，桑耶僧俗还有一个"地方性"观念，认为白哈尔的化身是一只白雄鸡。

有一次，工作结束后，我准备离开大殿的底层经堂。在外回廊，一个藏族老奶奶叫住我，不停地比画着。我不明就里，只好对她摇头。老人见状，又指了指回廊上的壁画，我便向她指示的方向望去，满眼的壁画，也不知该看向哪一幅。良久，老人终于意识到，这样的交流只是徒劳，便悻悻然地离开了。

---

① 供奉在桑耶寺的绿松石天然长成的释迦牟尼佛像和棕色漆布面具，以及先保存在桑耶寺后被迎请至布达拉宫的水晶狮子坐骑。

第二天，我对导游米玛说起这件事，对方立刻叫道："她是想让你看那只白雄鸡！哎呀……她每次见到外面来的人就要人家看白雄鸡。""白雄鸡是怎么回事啊？"我忍不住问米玛。"你不知道吗？"米玛故意反问我，"桑耶寺有个白哈尔护法神，你知道吗？"我点点头，他继续说，"一天晚上，寺院忽然起火。当时，大家都睡着了，除了护法神白哈尔，没人发现着火了。可是，他知道着火了也没用啊，得通知大家来灭火吧！怎么办呢？这时，白哈尔就化身为一只白雄鸡，它大声地叫呀，直到把大家都吵醒了。人们醒来一看，哎呀！寺院着火了，赶紧灭火呀！所以，大火很快被扑灭，寺院保住了。后来，大家才知道这只半夜大叫的白雄鸡就是白哈尔变成的。为了纪念这位护法神的功德，寺院僧人就把那只白雄鸡画在了壁画里……老奶奶有指壁画给你看吗？"

我点了点头，说："可我还是不知道那只白雄鸡在哪里。"米玛指了指外回廊的东南角。"不过，"他接着说，"我们觉得公鸡在晚上叫是不好的。因为是发生了不好的事，白雄鸡才会在半夜大叫。"

在外回廊的壁画上，我终于找到传说中的白雄鸡（见图6）。这只雄鸡的体型异常庞大，比墙上绘制的寺院建筑大出了好几倍。它被一面玻璃罩住，四周的木框上挂满哈达，涂满酥油，地上洒满纸币。信众们像对佛菩萨五体投地一样地对壁画上的白雄鸡磕长头。后来，寺院又新造了一只塑料的白雄鸡模型，直接供奉在乌孜大殿底层经堂的入口；这样，每个入殿朝拜的信众第一眼就能见到白雄鸡。供奉雄鸡的玻璃框里，同样堆满了纸币。

桑耶僧俗之所以如此崇敬作为白哈尔化身的白雄鸡，归根结底，是因为它曾经真真切切地实践过守护寺院的职责。

壁画上的白雄鸡与塑料制的白雄鸡，与先前介绍的圣物都不一样，它不是殊胜的佛菩萨造像，也没有高僧制造或使用过的传承；就物件本身而言，更谈不上年代久远、造型别致或工艺精湛——无论从哪方面来说，都称不上"文物""圣物"或"宝物"。但微妙的是，在

图 6　乌孜大殿外回廊壁画上的白雄鸡

图 7　多德大典期间，寺院僧人"制作"的白哈尔王偶像

信众的心目中，这两只白雄鸡却与先前介绍的那些圣物一样殊胜，都具有非凡的护佑力和神圣力。看似普通的白雄鸡，之所以能获得这些力量，其实是源于一个可能找不到文献出处的民间传说。

换言之，是信众将一个传说"物化"为某个/些具体的"实在物"，并将自己的信仰倾注在内，进而形成一种稳定的互动关系：通过恭敬这些象征或代表护法神化身的"物"，而得到护法神的护佑与赐福。与之相应，伴随着这些"实在物"的留存与展示，相关的传说故事也会在更多人的记忆中凝结下来，又或以文字、图片的形式记录在案……此刻，你正在阅读的这份文本，便是其中之一。

三、"圣"从何去，又从何来

（一）开光：神圣力的回归

每到藏历三月（公历 5 月），桑耶僧俗便开始准备一年一度的开光大典。这时，僧人要用一根由红、黄、蓝、绿、白五种彩线编成的细绳，将乌孜大殿内的所有佛像连接在一起。细绳的一端，系着一尊小型释迦牟尼佛像，这尊佛像只有在举行开光大典时，才会被请出来，供奉在底层经堂的供桌上。细绳的另一端，系着一支金刚杵。这支金刚杵，只有开光大典的主持人"落奔"在进行仪式时，才能使用。

供桌上，释迦牟尼佛像摆放在正中间。佛像左侧，摆放着一个支架，支架上有一只硕大的铜盘，铜盘内装满五色青稞。青稞上，覆盖一套灌衣；铜盘下，摆放着七只甘露宝瓶。佛像右侧，供有一尊莲花生大师像，像前有七只供水碗，像后有五个象征本尊的朵玛。释迦牟尼佛供奉在小型支架上，其下有一对金刚铃杵。佛像前方，放着一枚铜镜。在铜镜的一侧，有一根老旧的树枝，另一侧有三只小铜碗，里面分别盛放着藏红花汁、酥油和鲜奶。释迦佛像、铜镜、树枝、灌衣都是传承至今的圣物，只有在开光大典时，才能取用。

准备完毕，仪式开始，寺院僧人要在底层经堂内诵经三日，重复唱诵一种名为"若木聂"（开光）的经文。诵经结束，在仪式的第四天，受过比丘戒的僧人披上黄色袈裟，有的手持法器，有的手捧甘露宝瓶，有的手握经书，在盛装仪仗队的迎送下，在信众的前呼后拥中，走遍寺院内每一个供奉有佛像、圣物的建筑或地点，为其开光洗尘。

僧人的行进路线是固定的。从乌孜大殿底层佛堂的释迦牟尼佛开始，然后是底层经堂、护法神殿和千手千眼观音殿。接着，来到大殿中层，依次对佛堂、达赖喇嘛行宫、护法神殿和无量寿佛堂内的佛像开光。再后，是大殿顶层，在佛堂与转经回廊内举行开光仪式。出乌孜大殿，首站是东大殿江白林；而后，沿寺院的内转经道，顺时针绕转，沿途经过南大殿、西大殿、北大殿，以及八座小殿、四座宝塔、日殿、月殿。最后一站，是女人不能进入的厨房，据说，那里供奉有掌管饮食的神像。无论阴晴冷暖，这场涉及整座寺院所有宗教场所的开光大典会持续整整一日。

对于这场年度仪式，我并不打算从宗教仪轨上予以具体描述或解读。实际上，我更关心的是：寺院为何要给这些佛像和宗教场所"开光"。按照佛教徒的说法，一件世俗的物品，即便具有非凡的艺术价值或历史意义，但若没有经过"开光"仪式，就无法成为宗教意义上的神圣物。换言之，一件物品若需要"开光"，就意味着这件物品的神圣力已经不够、不足，或已被损耗消磨殆尽；所以，必须通过"开光"仪式为这件物品重新注入或唤起新的、更多更强的神圣力。这场仪式，对前文提到的莲花生大师如我像、绘在壁画上的白雄鸡、珍宝馆里的"宝贝"，都同样适用。

事实上，开光仪式非常普遍，每一座佛菩萨的造像或宗教题材的唐卡都要经过"开光"才能成为信众供奉的对象——在此意义上，造像所塑和唐卡所绘的佛菩萨与信众心目中的佛菩萨已几无二致。

据说，桑耶寺建成后，在莲花生的主持下，寺院僧俗为这座寺院举行了一场盛大的开光典礼。以至于，这座寺院本身就是一个整体性的神圣物，寺内的一草一木、一花一石、一殿一塔、各类造像均有非同寻常的神圣力。以此为缘起，此后每逢桑耶寺完成大型修缮工程，僧众就会为寺院举行一场开光典礼，以便让那些新建的建筑、新塑的造像、新绘的壁画……凡此种种，均拥有与之前留存的宗教圣物相同的神圣力。

如今所见一年一度的桑耶寺开光大典，究竟兴于何时，已难知晓。但能想见的是，在"开光"从事件性的偶发仪式转变为周期性的年度仪式的过程中，信众似乎接受了这样一个前提：宗教圣物的神圣性，并不是绝对的、恒定的或超自然的，它会有增有减、有多有少，既可以从无到有，也可以从有到无。体现在"物"上，神圣与世俗之间，并不是截然的二元对立，而是有着从量变到质变的交互关联。如此，则应追问的是，一件开过光的圣物为何会慢慢丧失其神圣力？

一位寺院僧人曾告诉我，信众呼出的气息会"污染"圣物，这也是僧人给莲师如我像或释迦牟尼佛像上金时必须佩戴口罩的主要原因。只是，即便做足了防护，在僧众的观念里，这种"污染"也无法避免。此外，拉萨色拉寺的僧人还告诉我，来寺院朝圣的女性信众也会"污染"佛像。所以，寺院要定期举行开光仪式，否则，被"污染"的佛像就不灵验了。

"那么，能不能禁止信众进入佛殿呢？"我问我的僧人朋友们。"这怎么行？大家来寺院就是为了礼佛，为了朝圣嘛！"对方多半会一口否决，然后补充说，"有些护法神殿的确不能对女众开放，但那是为了保护她们。"

由此可见，如果说"开光"是为了让物的神圣力得以"回归"，那么神圣力的消逝则与信众的"污染"有关。而吊诡的是，这种"污染"恰恰伴随着信众的朝圣行为而发生。

（二）桑耶寺的"朝圣圈"

在藏区，任何一项佛事活动都有一个必不可少的内容，即"朝圣"（或说"转经"）。田野考察期间，在桑耶一带，我见过来自五湖四海的朝圣信众，其中不乏身披袈裟的僧侣。

信众的朝圣往往与寺院的法会仪式相呼应。平常，人们多是围绕寺院步行转经；在法会期间，则会增加转寺的圈数，或磕长头转经，或绕转哈布日圣山，乃至朝圣松嘎尔五石塔和桑耶寺周边的修行圣地。信众之所以选择在法会期间集中进行各种朝圣活动，是因为法会的举行时间多是某些纪念日，如佛诞日或初十吉日。在信众看来，这些特定的时日，非同寻常、无比殊胜；此间朝圣，能获得加倍的功德和加持力。因此，随着法会庆典日趋隆重，信众的朝圣行为也渐入高潮。

桑耶寺最隆重的法会是一年一度的多德大典（藏历五月十六日至十八日，一般公历在六七月）。此间，成千上万名信众从四面八方涌来，绕转寺院，礼佛，观看金刚法舞。之后，去哈布日转山，或去松嘎尔转塔。在朝圣的最后一天，信众们一早便顶着夜露，前往聂玛隆修行地；天刚微亮，就已朝圣完毕。大约上午九点，人们返回桑耶镇，稍事休息，再前往青朴圣地。朝圣青朴，需要四五个小时。待重返桑耶，已是下午四五点。吃过晚餐，人们三度出发，前往扎央宗，在日落前抵达。次日，朝圣者上山入洞，顶礼莲师圣迹。之后，那些远道而来的信众不再返回桑耶寺，而是前往其他寺院和圣迹，或是踏上返乡归途。至此，桑耶寺朝圣之旅方才宣告结束。详见图8。

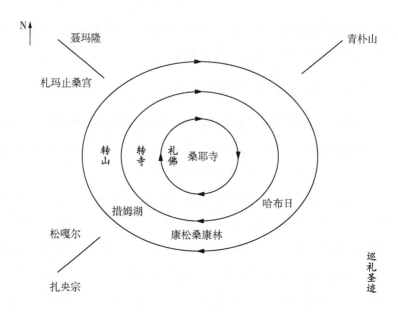

图 8 桑耶寺的"朝圣圈"

这套朝圣线路何时被固定下来，如今已不得而知。朝圣者多是约定俗成的"照章行事"，尽可能完成整个朝圣之旅。按照地理位置，桑耶寺的朝圣空间可大致分为四个层次。

其一，礼佛。礼佛的首发之地是乌孜大殿，其后是大殿四周的十二洲殿、日殿、月殿和四座宝塔。朝圣者循顺时针方向，逐一朝拜每一处宗教建筑、圣迹与圣物，且不用走"回头路"。

其二，转寺。以寺院围墙为界，内外各有一条转寺步道。围墙内的，是一条断断续续的转经廊，沿此廊绕转寺院，可依次经过十二洲殿的正门。围墙外的，是一条经过寺院四门的转经道，夜晚闭寺后，朝圣者便只能走这条转经道了。

其三，转山。沿寺院东门前的马路向东走，可抵达哈布日圣山的最北端。这时，须离开马路，沿山脚线南行，途中经过嘛呢石堆和寂护灵塔。到达圣山的最南端后，转山路线由此往北折返。穿过一片柳树林，可见一座巍峨大殿：康松桑康林。绕过这座大殿的西门，便有一条宽阔的土路，直通桑耶寺的转经道。人们多会顺着这条道，再走回寺院东门，转山方告完成。有些知道措姆湖方位的当地人，则会横越柳林，绕转圣湖后，再折返回土路。桑耶人转山，其实是在用自己的朝圣步履将山、寺、湖联结为一个"整体"。

其四，巡礼圣迹。巡礼的对象主要是三处修行地：青朴、聂玛隆和扎央宗，以及松嘎尔五石塔。这三处修行地，因有莲师修行洞而殊胜。松嘎尔五石塔，是莲师初入藏地时，与吐蕃王臣相逢的地方。这四处圣迹，虽距离桑耶寺较远，却都包含在桑耶寺的"朝圣圈"内。信众中，流传着这样一种说法，"到了桑耶，而不去青朴朝圣，那就跟没在桑耶寺朝圣一样"。可见，桑耶寺朝圣的对象，理应包括寺院及其周边的圣迹。

在整个朝圣过程中，"抵达"是朝圣的第一步。可是话说回来，信众为何要亲自置身于圣迹所在之处？据寺院僧人介绍，在藏传佛教的信众中，广泛流传着"三解脱"这种说法。"三解脱"，具体为"见解脱、闻解脱、触解脱"。信众相信，此生即便没有机会出家修习佛法，但如果能亲眼看见圣迹、亲耳听见佛法、亲手触碰圣物，也一样能由此获得解脱，往生极乐世界。对于多数普通信众而言，"朝圣"几乎是每个人都能践行的，因而是其寻求此生解脱的首要方式。

其后，"接触"是朝圣的第二步，亦是最重要的一步。在桑耶寺，只要对每位朝圣者稍加留意，便能掌握他们的行动轨迹。首先，每个人都会用自己的念珠磨拭陈列在外的佛菩萨造像。这些造像若供奉在佛龛内，人们则会用念珠磨拭佛龛，顶礼佛龛，用酥油涂抹佛龛，以便做到"接触"。其次，在绕转底层佛堂的转经廊时，信众会从壁画脱落后留下的孔隙里抠挖些灰末，放进嘴里吞食。人们相信，这些绘有壁画的墙泥灰，具有非比寻常的加持力。长年累月，那些缝隙被抠挖成大小不一的窟窿。文物普查工作者认为，这种行为会破坏文物，于是在一些壁画前安装上木栅栏和铁丝网，将壁画与信众彻底隔离开。信众无法接触到壁画，便通过拂拭这些隔离物以达到"间接接触"的目的。

或应说明，通过接触圣物的"隔离物"（或称"间接物"）以实现接触"圣物"的这一方式，在朝圣者看来，是可行的。如，信众不能直接接触释迦牟尼佛像，便通过顶礼佛像前的哈达而"接触"佛像。又如，修行地留存有许多高僧大德的足印、头印或手印，这些都是朝圣者热衷"接触"的圣迹。管理者试图保护这些圣迹，但又不能阻止信众的触摸，于是用塑料膜盖住这些圣迹，让人们隔着薄膜摩拭圣迹。

此外，朝圣还有一个重要环节，即"供养"。乌孜大殿内，有几只塑料箱，里面堆满了一角、五角、一元等小面额人民币，朝圣者无须跟僧人打招呼，可自行将大面额的纸币兑换成这些小面额的，以便对寺院里的佛菩萨和圣物逐一作供养。僧人并不担心信众会乘人不备多拿零钱。通常，人们会放一张十元纸币，拿回九张一元的，少拿的一元钱作为供养，就留在塑料箱里——这是随宗教信仰而来的自律行为，因而并不需要额外的管控。闭寺后，大殿僧人把散落在佛像面前的零钱收集起来，整理成匝，重新放入塑料箱，以便下一批信众次日来换取。

与金钱供养同理，有些信众会选用哈达作供养。通常，白色哈达就挂在经堂的入口处，信众自己取用，请哈达的钱就放在换零钱的塑料箱里。请来的哈达，被信众挂在佛菩萨像上或抛进佛龛内。整个过程，看上去只是这些哈达做了一个简单的"位移"：从经堂入口处移到佛菩萨的面前。等到每晚闭寺后，大殿僧人需要逐一"回收"这些散落在四处的哈达。那些品相完好的，会被重新挂在经堂入口处，等待下一次"被请"；但凡有所损伤的，便不能作为供品再次使用了，只能被用作抹布或绳子的替代物。

总之，在信众看来，"朝圣"从不是一段简单的旅程，朝圣的现世意义时刻发生在信众与圣物的互动关系之中："加持"与"供养"、"显现"与"亲见"、"存在"与"接触"……

（三）寺院、经济与社区营造

我在桑耶镇居住的这段时间里，除了办理暂住证，并未与地方官员产生任何联系；对方似乎也默许了我的存在，从未干涉我的研究工作。直到半年后的一个傍晚，偶遇副镇长，他说想请我喝茶。我们才有了第一次比较正式的交流。

坐在茶馆里，对方问我："你还要在桑耶待多久？""还得一两个月吧。"我回答。"你不想自己的家人吗？"我不置可否。对方径自说："我就很想孩子。我把老婆、孩子都送到拉萨去了。拉萨的教育好，从小学汉语。汉语说得好，可以当干部！但我一个人在这里，实在没意思！""怎么会？！大家都说，能生活在桑耶是前世修来的大福报。""话是这么说，但真的没法干。你去看看，镇上最大的宾馆是寺院开的，唯一的客运站是寺院办的，位置最好的餐馆都是寺院的，寺院开的商店，有批发，有零售。寺院还有自己的车队，大工程车！每年还给镇小学捐书、捐钱……寺院有钱，太有钱了，比镇政府有钱多了！想干什么就能干起来。"

"除了寺院，这里就没有更有钱的单位了吗？"我问道。"当然没有了！"对方解释说，"前几年，由乡改镇，政府搞安居工程，把寺院内外的居民迁到较远的安置点，然后在寺院周边搞房地产开发。这些两层楼就是那时候新盖的。可是盖好以后，除了寺院有钱买，没有别人能买。结果，寺院把那些地段好的房子全都买下来了。租的租，经营的经营，全都变成寺产了。我们是一竿子买卖，人家是赚几十年的钱。"

"难道，寺院一年的收入比政府的还要多？""那是当然！镇上最大的经济实体嘛……呵呵呵。"对方似乎是在笑我明知故问。

回到客运站，恰巧遇到楼下餐厅的老板央宗，我便向她求证："桑耶寺是不是特别有钱？"她停下手里的活，认真地说："寺院当然是最有钱的。有一次，我去银行交房租——那天是大家给寺院交房租的日子。您知道吗？银行的地上全是钱，多得没有地方放，直接把钱铺在地上，我们都是踩着钱进去的。"

我虽然没有得到桑耶寺寺产的真实数据，但"寺院最有钱"这一观念早已深植于当地人的心底，则是不争的事实。实际上，桑耶寺僧人并不隐讳寺院从事商业经营的行为。我时常看见次仁拉在客运站给司机们训话；偶尔会溜达到菜店里坐坐，和店主（即其租户）聊天；又或，去银行柜台熟练地办理各类金融业务；此外，他还经常出差到泽当，处理些财务手续上的事。当然，并非所有僧人都能这样行事，只有那些参与寺院经营的僧人才被允许在寺院外的地方从容走动。

然而，值得留意的是，寺院的商业经营并不影响它的神圣性。因为没有信众会认为，一座懂经商、包工程、做房地产投资的寺院就是一座"俗不可耐"的寺院。相反，地方信众总能从这些经营行为中获得庇护与利益。

比如，寺院经营的客运站。票价比较便宜，营运时间稳定，安全也有保障。为改善交通，客运站还自费修建了村庄、桑耶寺和周边寺院，以及各处圣迹之间的道路。这些乡镇一级的交通网络其实非常重要，有了公路和客车，信众才能去到那些偏远的圣迹和寺院朝圣，才会给生活在那里的修行者、僧侣带来些许物资供养。

又如，寺院的门诊部。这间不起眼的办公室，是桑耶镇上最重要的诊所，既能诊病，也能开药打针。大部分求医问药的当地人会来这里求助，而不去镇上的卫生院。当地人告诉我，那家政府办的卫生院，无论你得什么病，都只给你阿司匹林。此外，寺院诊所的费用也不高，无论西药、藏药，都能保真。

再如，寺院经营的商店、超市。店内货品，种类繁多，涉及日常和宗教所需的一切用品。这些商品的定价不高，寺院将销售利润刻意控制在合理的范围内。因此，镇上其他的个体户商店就很难利用信息不对称来哄抬物价，更难以随意造假。在当地人看来，寺院商店的存在，在某种程度上起着平抑物价、稳定市场的作用。

由此可见，桑耶寺的商业经营实际微妙地发挥着"社区营造"的作用，尽管人们从未有意识地运用这一概念。在传统上，藏区的寺院本就兼具这一职能——寺院与它的辖区之间，除宗教关系之外，还涉及经济运营、行政管理，乃至社会服务。如今，随着国家行政体系的逐步下沉，桑耶寺已不再承担地方管理这一职能。但在政策许可的经营范围内，这座寺院很快就找到了自己的位置与权责。从1980年代国家宗教政策恢复，寺院只余下一名僧人（欧珠），发展至今，桑耶寺已是当地最大的经济实体。

桑耶寺恢复初期的经济积累，多是通过它无比殊胜的宗教地位获得的。信众相信，无论这座寺院损毁到怎样惨不忍睹的地步，它的神圣性与加持力依旧延存至今、毫无折损；因此，一旦政策放开，便有大量的供养涌向这座寺院，用于寺院的重建与经营——这一趋势也自然而然地波及寺院周边的村舍与居民。

简言之，桑耶寺的经济活动，并不是建立在以逐利为目的的经济理性之上，寺院的社区营造，也不是建立在以管理为目的的政治诉求之上，而是信众供养与寺院经营相结合之后，水到渠成的结果——信众所喜闻乐见的，是这座寺院的复兴、维护与延存。

（四）寺院景观化的历程

2011年10月底，我结束了在桑耶寺的田野考察，返回北京。此间，达杰的古建队正在热火朝天地修复佛殿；导游米玛在自学英语，希望能向外国游客介绍这座古老的寺院；寺院最年长的僧人欧珠拉，身体越来越差，连走路都需要弟子搀扶；大殿管家塔青辞别工作，进入佛学院学习；次仁拉依旧忙碌于事务性的工作，他已经很久没去大殿诵经了。他告诉我，为寺院做杂事，也是一种修行。

2013年6月，重访桑耶寺，我依旧住在次仁拉提供的那间办公室，唯一不同的是，办公室里多了一棵绿植。简单收拾后，我走进寺院。

桑耶寺的东大殿江白林修葺一新，正敞开大门迎接来客。其后，七层高的展佛楼已建造完成，施工围挡也已移除。展佛楼西边的观经廊，却被拆毁大半，据说，要在那里增设一处供灯室。展佛楼的南边，原本是寺院的旅社和餐厅，如今，已扩建成寺院工作组的办公大楼，毛泽东、邓小平、江泽民和胡锦涛等各位主席的大头像高高悬挂在办公大楼的入口处，其上，五星红旗迎风招展。

走进乌孜大殿，殿内陈设并无太大改观。忽闻法乐阵阵，循声而去，只见僧人们汇聚到外回廊的一角，有的坐在廊前吹号鸣鼓，有的列队排行等待上场，有的在凉棚下跳跃旋转……这情形，与我两年前见到的几无二致。一曲演罢，僧人休息，我走到他们跟前，把前年拍的照片送给大家。僧人们欣喜地翻看着这些照片。其中一人，指着欧珠拉的照片，低声告诉我："欧珠拉圆寂了，在一个多月前；他的遗体送到青朴修行地的天葬台，火化了。"我忍不住哭了起来：桑耶寺里，最德高望重的尊者往生了。

走出乌孜大殿，独自沿着寺院的内转经道，绕转寺院；不知为何，总感觉院内冷冷清清，好像少了些什么。后来我才蓦然意识到，是寺院的放生羊、放生牛、放生狗都不见了。此前，院内总是充满它们的身影。"这些动物怎么不见了？"我问次仁拉。"它们都被轰出去了。""为什么？""因为有人说，这些动物把种在寺院里的绿化树和草坪都啃光了。"

的确，寺院中，那些土生土长的本地植物也不见了。6月，应该正是这些植物恣意生长的季节。有些狼尾草和蒿草，甚至能高得没过膝盖。曼陀罗、米口袋、蒲公英和酸模，也是时常能见到的。但眼下，这些在寺内自然生长了不知多少年的植物却被作为"杂草"除掉了。取而代之的，是在城市里司空见惯的大片草坪，还有一株株瘦弱的宝塔松。为了呵护这些人造的园林景观，施工队在这些草坪与绿植之间铺设了水泥道路，供人行走。之前，信众可以在杂草间自由穿梭，"道路"不过是人们时常经过的地方，并无一定之规。现在，人们不得不在固定的路上行走，为走近道，有些人会选择踩踏草坪。为了保护草坪，管理者又在草坪周边拉起了护栏。于是，整座寺院便被道路和栅栏分割成一小块一小块——这种人为制造的区隔，实际破坏了寺院的整体感。

院内依旧在大兴土木，我却找不到施工队监理达杰的身影。拨通他的电话，告诉他："我回来了。"对方却说："我已经离开寺院啦！""为什么？""因为古建队的工作已经结束了。""但寺里还在盖房子呀！""那是别的施工队在负责别的工程吧！""你在哪里？""在浪卡子！后来考上公务员，我现在是一名交警啦！"

在我结束桑耶寺考察的第二年，2012 年，国家对西藏寺院的管理，又有了新的举措。寺院工作组的人员数量大幅度增加，与僧人的数量几乎达到一对一的比例。工作的责权安排，也由此前的僧人为主变成僧人为辅。在寺院的周边，国家斥资修建了大量的公务员宿舍。为招纳足够的工作人员，西藏的各个机关部门都会举行公务员考试。达杰就是利用这个机会，成功转型为交警。与之相仿，导游米玛也离开寺院，通过公务员考试，成为在扎囊县供职的"国家干部"。

乌孜大殿的北面，工人们正在挖地基。"这是要盖什么？"我好奇地问。印象里，这片空地上从未出现过"古建"。"要盖僧人们的养老宿舍。""可是，僧人都有自己的僧舍呀。""这就不清楚了，我们只管盖房子。"

"就算这些房子盖好了，我也不会搬去住。"对于这些正在建造的宿舍，次仁拉表态说："我想住在自己的僧舍，和我的弟子、弟弟一起，而不是住在新建的集体宿舍。"而更让我忧虑的是，这种大型建筑的出现，势必会改变整座寺院的建筑空间布局；长此以往，那些重要的象征性宗教建筑，终将会淹没在这些后期增建的配套设施之中。

桑耶寺的护法神殿，被整体圈在围挡里。楼上的工人正在拆除神殿的屋顶与墙壁。这座建筑是于 1980 年代由安多红科寺的明色堪布及其僧众捐资兴建的，尚未老朽至无以留存的地步；据说，仅是因为其建筑形制与最初的（实际上，几经翻修后，已很难判定最初的建筑形制究竟为何）不相符而要拆毁重建。几日前，寺院举行了一场法事，将神殿内的神灵们请到整修好的江白林，临时供奉起来。

离开寺院，回到央宗的餐厅，她帮我端来一杯甜茶，坐下聊天。"最近生意还好吗？"我问她。"没有以前好，冬天朝圣的人，来得少。""是……"我回应道。"可是，我们的房租一点没少交啊。赚的钱都被寺院收去了。如果以后还是这样，我就不想在这里做餐厅的生意了……真的不好做。前几天，那个管寺院餐厅的僧人还跟管寺院宾馆的僧人商量好，要把早餐费一起收到房费里，这样的话，客人就不在外面吃饭，都去寺院餐厅吃饭了……"寺院如此经营，是在与民夺利，难怪像央宗这样的本地生意人会有微词。但是，这种直言不讳的指责，却令我隐隐感到吃惊：按照藏族人的习俗，即便对寺院的做法不满，也不该埋怨或诋毁僧侣——这是犯忌讳的，是在造口业，要背业果的。然而，在田野回访期间，相似的抱怨多有发生。

两个月后，我怀着五味杂陈的心情，离开了桑耶寺，田野回访告一段落。

2013年底，接到次仁拉的电话。他告诉我，那间办公室已无法为我保留，上级部门以安全生产防火防盗为由，要求彻底清理与办公无关的用品。于是，他和他的弟子就把我的日用品、书籍和被褥统统打包封存起来。

2014年4月，因胃癌复发并扩散，次仁拉在病痛中圆寂，年仅44岁。

2014年12月，桑耶寺的金刚法舞，被正式列入非物质文化遗产。

2015年1月，我收到寺院僧人发来的一张寺院效果图（见图9）。

图 9　僧人发来的寺院效果图（2015）

图 10　2005 年，我拍摄的桑耶寺

结　　论

（一）整体性圣化

2015 年 8 月，我带着父母回桑耶寺朝圣，短暂停留了三两日。寺院生活一如既往，但我却觉得这里仿佛发生过翻天覆地的变化——这还只是相较于十年前，我初访桑耶时；倘若，相较于建寺之初呢？

千百年间，发生改变的不只是寺院的景观，还有寺院的身份和定位。最初，在吐蕃王朝时期，桑耶寺为赞普的佛寺。其后，吐蕃王朝覆灭，藏传佛教各大教派渐次兴起；此间，桑耶寺既是藏传佛教宁玛派的祖庭，也是各大教派共同信奉的祖寺。如今，随着改革开放与中国式现代化的进程，桑耶寺又被赋予了新的文化身份"全国重点文物保护单位"和旅游定位"国家 4A 级景区"。

或由此因，我在桑耶寺考察期间，所面临的首要问题是厘清寺院的"多重"身份/定位以及"多重"之间的关系。事实上，并未耗时太久，我就意识到桑耶人（包括寺院僧俗与寺外的本地居民）对寺院的记忆是有选择性的。人们非常重视创寺时期和当下生活：前者是寺院神圣性和加持力的来源，后者是寺院内外每个人的现实生活。相较而言，在创寺与当下之间，漫长的千年历史，反而是当地人甚少言及或看似漠不关心的。

如此心态，渐渐形成了一种独特的时间感：犹如沙漏的两端，最初的建寺时期在上端，晚近的现实生活在下端；当地人关于建寺的记忆，不断透过狭窄的瓶颈——这一瓶颈，代表一千多年的时间——直接坠入当下的生活，塑造出当地人的经验与心态。

这种沙漏式的时间感，显然不是均质的。当地人在放大时间首尾的同时，亦极端地压缩了中间过程，进而营造出（或想象出）创寺记忆与现实生活的"直接对接"。当这种"直接对接"作用于当地人对"物"的理解和感知时，人们对"圣物"的建构，便随之出现了。

当地人反复向我强调，桑耶寺是佛教宇宙观图示的形象再现，它代表着"一个世界"。在漫长的历史中，无论这座寺院经历过怎样的损毁和复建，它对原型的遵从，从未改变——这是桑耶寺的建寺缘起，同时是这座寺院"整体性圣化"的开始。

根据我的考察，"圣化"的缘起（即获得神圣力的途径）主要有四种：一，原型殊胜；二，自有殊胜；三，建造者殊胜；四，使用者殊胜。只要具备其中一种，就可完成"圣化"。如，莲花生本身像和护法神白雄鸡是原型殊胜，寂护的头盖骨是自有殊胜，莲花生的印章、手杖等则是使用者殊胜。而桑耶寺是四种殊胜均有：寺院建筑仿造佛教宇宙图式而设，是为原型殊胜；由莲花生、赤松德赞和寂护共同兴建，此为建造者殊胜；建成后，师君三尊为之举行开光大典，使寺院自身得以圣化；寺院由僧宝共同护持和使用，可谓使用者殊胜。

简言之，被"圣化"的物（甚至包括其所在的空间），即"圣物"（或被寺院僧侣写为"文物"），它与物品的材质贵贱、出产年代、工艺繁简、设计优劣、民族属性、文化地域没有本质关联。但微妙的是，信众往往会用价值贵重之物来供养这些"圣物"。给"圣物"贴金（也称刷金），就是在圣物的表面抹上一层金粉；日积月累，圣物的真实形象会被隐藏在厚重的黄金下。又或向寺院供养珍宝（绿松石、珍珠、珊瑚、蜜蜡、宝石等）以装点佛像、灵塔等圣物乃至佛殿的地面。由此，这些"圣物"的商业或文物价值也越来越高，甚至会因一颗供养的稀世天珠而价值连城。

需要强调的是，"圣化"并不是一个静态的单向度的过程：有"圣化"，就有"去圣化"（或称"污化"）。实际上，寺院的大部分仪式都与"圣化"和"去圣化"这两个并立而行的实践过程息息相关。信众通过在寺院朝圣，获得加持与赐福；但同时，信众自身带有的"业力"也在不断地"污化"寺院及其内供奉的各种"圣物"。因此，寺院每年都会举行盛大的开光仪式，用以"去污"，重新"圣化"寺院和这些圣物。

所以"圣物"实际上是联结信众和僧侣的纽带，双方必须相互协作共同完成"去圣化"与"圣化"的实践过程——犹如"往生"与"生"是每个人的生命轮回一样，"去圣化"与"圣化"则是圣物的生命轮回。

由此，我们就不难发现：桑耶人观念中的"圣物"与"文物"（即国家对这座寺院及其重要物品的定义）并不一样。从字面上看，文物是文化之物、历史之物，是一代代传下来的仪式用品，强调对物件之实体的保护——这种保护，往往是以"禁止使用"为基本特征的。

但在桑耶寺，"圣物"的生命力和存在感则恰恰要在使用（实践）中获得，它需要与人互动，而非隔绝。在寺院里，原本只有那些传承不明的物品才会被隔绝，因为它们介于"污""圣"之间，是性质含混且可能带有危险的。但如今，随着现代商业的冲击和文物高昂价格的影响，寺院僧侣不得不将一些古老珍贵的圣物束之高阁，谨防盗窃，仅作展示，而只留下那些在物质层面不那么精贵的圣物，继续在信仰实践中流转和传承。须承认，这种做法实属无奈之举。

传统上，寺院僧侣不会对珍贵圣物进行"防盗"处理，是因为僧俗信众共同享有的一套禁忌观念，认为：佛教圣物是不可以随便或"非法"取用的；不恰当地使用圣物乃至盗卖牟利等行为，一定会给使用者或参与者带来灭顶之灾，如死于非命、死后堕地狱乃至遗祸后代数世。至今，桑耶镇仍流传着各种故事，生动描述着当年那些参与毁寺损佛像的村民如今所遭受的种种恶报。

与这种"圣物"观念相应，由于桑耶寺是"整体性圣化"的，所以在当地人看来，寺院内的砖瓦、草木、牛羊牲畜均是"圣化"的。但显然，做景观规划的设计者并不这样理解。他们会铲除院内的原生植物而代之以草坪和宝塔松，会驱逐放生牛羊，铺设道路，修建广场，设立栅栏。他们力图将桑耶寺打造成一个现代化的旅游景区，同时，仅仅注重留存、保护那些被标记出来的古建文物。

然而，吊诡的是，对于这类景观改造，桑耶人的反应似乎并没有我这个外来者那般抵触。只要象征"原型"的那些主体建筑未被拆毁，人们就不会表现出太多忧虑。

每当我对眼前所见的一切感到焦虑或作抱怨时，寺院僧人反而会安慰我："你看，江白林终于修好了，多好的事情！晒佛台修好以后，寺院就可以举办晒佛节了，多好的事情！地上铺了水泥，下雨时就不用担心泥水打湿鞋底，多好的事情！转经道上安装了路灯，晚上转经也亮堂堂的，多好的事情！……"

渐渐地，我终于意识到，这种平静和包容的背后实际有一种强大的信念在作支撑：无论桑耶寺内的物事如何变化，只要它们经历过一场开光大典，就都会被"圣化"，无一落下，并从此在寺院圣物的生命系统中，生生不息。草坪会被圣化、栅栏会被圣化、路灯会被圣化、道路也会被圣化……总之，"整体性圣化"的达成，并不取决于作为圣化对象的"物"具体是什么（圣物、文物或俗物均可），而在于施行圣化的实践过程和实践者。

或由此因，具有"整体性圣化"观念的桑耶僧俗，才不会如我这般关注于"物"的改变。也许在他们看来，作为"文物"也好，视为"景区"也罢——都不过是皇帝身上的一件新衣，无论在"相"上如何变化，在"名"上如何定义，均掩盖不了这座寺院的精神内核：

桑耶人的当下生活，始终有一部分是超越于现实的，且直接与创寺时期相联结，那才是每个人生命实践的真正的神圣之源。

（二）疯子与"疯智"

在藏地，通常有这样一种说法：欲知前世如何，看看你现在过的生活，便知；想要来世如何，就得留意你此刻在做的事！换言之，藏地僧俗的生命实践，并不只是在这一生（现在）的时间段落中进行规划，而是要置于前世（过去）、今世（现在）和来世（未来）这三世的时间关系中作以理解。

人们不会过多抱怨生活的不公，或急于改变生存的现状——这种做法，往往被看作在"果"上努力，这多半是徒劳的；因为，导致如此现状的原因早已在前世"种"下，就像一个种下桃核的人，通过努力，至多能让果树长得大一点，结的果实多一些，却不可能指望这棵桃树上结出李子。所以此生，当你再次播种时，就须格外谨慎，要选择"好"种子，并守护它成长，以确保来世的收获如你此生的预期：种桃得桃、种李得李。

在桑耶，当地人也因循着同样的生命实践。遇到比自己更智慧、富有的人时，去赞叹他，而不是嫉妒他，因为这一切都是此人前世修来的福报，抢也抢不走的；遇到比自己更悲惨、可怜的人时，应同情并帮助他，而不是唾弃他，因为他已在承受前世的业果，就不必再火上浇油。或由此因，大家在不知不觉间，便理解并接受了个人生存状态的差异和多样性。

田野考察时，我曾遇到一个女疯子，没人知道她从哪里来，她就住在桑耶寺。寺院餐厅的服务员不会赶她走，朝圣信众会请她喝甜茶；她喜欢坐在旅客的对面，口齿含混地聊天；她总能获得一份免费的午餐，为之付费的人日日不同。虽然她的头发凌乱不堪，指甲缝里塞满污垢，衣服脏得看不出原色；但她脸上的笑容一刻也不曾退却，她成天在寺院里游游荡荡，与众生一般忙碌生活。法会期间，她总是挤在人群里，目不转睛地盯着仪式中的一切——谁也逃不脱业力的驱使。在因果和业力的面前，人人平等。借由疯子的存在，人们仿佛看到了一个可能的自己。在寺院里，没有人会因为她的疯癫与肮脏而拒绝承认她是我们（众生）中的一员。

简言之，桑耶僧俗与藏地的多数佛教信众一样，均是坦然接受"现实"（包括自己的和他人的现实）的一群人。但应说明的是，人们并不会因为接受现实而安于现状。实际上，在生活中，人们从未丧失过能动性：通过日复一日的朝圣，试图达到"消业"（消除业力）的目的，但更准确地说，是实现业力的"转移"。

通过进入神圣空间，如寺院，信众的业力会转由寺院承担；通过与上师（喇嘛）确立师徒关系，弟子的业力则被上师承担；通过与圣物接触，信众的业力则转由这些圣物承担——所谓"承担"，实际是一个"去圣化"（即"污化"）的过程。上师需要有消解业力的能量和方法，否则，当他不堪承受弟子的业力时，他自己的身体就会出现病症。与之相应，为了对治寺院与圣物的"污化"，寺院僧俗需要定期举行开光仪式，使其"圣化"——在此意义上，"圣化"与"净化"的意涵几乎同等。

由此，开光仪式，即"圣化"的效用就显得格外重要。在空间确定的情况下，寺院僧侣往往会选择在神圣时间举行仪式；因为，时间的神圣性会令开光仪式的功用"加倍"，达到事半功倍的"圣化"效用。在藏地，时间殊胜的缘起主要有四种：其一，祖师大德的纪念日，如释迦牟尼佛的诞生日、成道日、涅槃日等；其二，佛教经典记载的殊胜日，如藏历初一、十五等均为吃斋、诵经、供佛、朝寺的吉日；其三，祖师大德授记的时日，如莲花生告诉自己的信众，每月初十他会回到藏地为其加持禳灾，"初十吉日"由此而来；其四，护法神（世间护法和出世间护法）的特殊时日，如生肖年或事件日等，这类时日多会发展成地方性节庆，如拉萨每年一度（藏历十月十五日）的"仙女节"，就源于护法神班达拉姆的故事。

与之相应，神圣时间的确立，让信众有了十足的理由（或说信念）能在特定的时间段内暂时离开自己栖身的现实生活，走上朝圣之路，身处神圣空间，并最终在时空叠合的神圣体验中，"看见""接触"和"供养"圣物——通过一系列生命实践，成倍消除前世与今生的业力，同时，也为来世的幸福生活埋下一颗种子。

然而，应特别说明的是：在藏地，还存在着另一类特殊的人物，他们不仅超越了世俗生活，也超越于神圣时空。这类人物有一个形象的称呼，即"疯智"（或称"疯圣"）。

人们耳熟能详的"疯智"，以米拉日巴和竹巴衮烈为尊。此二位都是伟大的瑜伽士，其传记故事在民间广为流传，是在家人与僧侣共同称颂的对象。他们的行踪轨迹不在寺院，而在乡野山林；他们厌恶世间的权贵生活，同样也鄙视寺院的清规戒律。他们嘲笑经院制度和教育体系，却又深谙佛法，其学识不亚于格西（格鲁派学经僧的最高学位）。他们乐于与百姓为伍，为其排忧解难；同时又身具神通，擅长降妖伏魔。他们以口传心授的方式传承法脉，以唱颂道歌的方式广布佛法；或长期在洞穴里闭关，或与空行母修行秘法。他们不在乎神圣时空，因为他们的"存在"就能使时空神圣化；同样，他们也不在乎任何神圣物，因为他们的"实践"本身就能圣化一切实在物。但吊诡的是，他们时常嘲弄一切神圣的人、物、时间和空间，希望以此破除信众对"神圣"的痴迷与执着。

总之，"疯智"既不受世俗观念的束缚，也不被佛法教义所制约。在"疯智"的生命体验中，一切限定与之无碍，二分法则实为一体：神圣即世俗、肮脏为洁净、愤怒是慈悲、在家与出世无异。如是，从其为人处世的态度与方式来看，似与疯子无异；但与疯子不同的是，在这些看似癫狂的行为中，实际蕴含着就连高阶僧侣也无法企及的大智慧——这是超越"圣""俗"二分的智慧，已经无法用世俗常识和佛法教义来判断或甄别了。

想必是由于这类人物的存在，在藏族地区，人们即便遇到疯子，也不敢妄加评论。因为，谁也不敢断言：眼前这位行迹诡异的人，是一个疯子，还是一位"疯智"。

藏传佛教史上，"疯智"屈指可数。所以在经验层面上，他们的出现确有偶发性，既无法构成世俗社会的某一特定阶层，也算不上信仰体系中的某个主导者；总之，人们无法在世俗或神圣的经验里将之规则化（即固化）。但在智识层面上，"疯智"一旦存在，哪怕仅仅一例，也能彻底颠覆神圣与世俗的二元分立结构——二者之间，甚至不再需要漫长的圣化过程，即可完成从凡入圣的“反转”，其情形易如反掌。但微妙的是，这一“反转”似乎是不可逆的；因为我们从未听说过“疯智”会由圣入凡——若真有由圣入凡者，他就会被称为“疯子”而非“疯智”了。

“疯智”的存在，使我们对藏传佛教中“神圣”与“世俗”观念的理解得以圆满；尽管，这可能是我们最不易察觉的藏族人精神深处的一丝底色。

如果说“整体性圣化”提供给藏文明的，是一个完整且闭合的经验结构；那么“疯智”的存在，则仿佛是在这个结构之上凿出一个用以呼吸的“裂缝”，使之不会因其完整而失去了生命力，不会因其闭合而丧失了开放性。或许，唯有如此才可称得上“圆满”。

（三）无可不可的“保护”

倘若再度将目光转回桑耶寺，扪心自问：

诸佛菩萨、护法金刚、师君三尊、祖师大德……需要我们的保护吗？其实并不需要。与之相反，往往是众生在祈求，需要其庇佑和加持。

阿弥陀佛的极乐世界、莲花生大师的邬金刹土……需要我们的保护吗？似乎也不需要。与之相对，反而是信众在希求往生至佛国净土。

那么，当我们以“全国重点文物保护单位”之名，行使保护之权责时，我们究竟在保护什么呢？在桑耶寺，我曾耗费大量的时间来观察大殿管家的每日执事，以便了解僧人们日复一日在寺院里做些什么。

拂晓时分，乌孜大殿的管家塔青拉趁着尚未退去的夜色，打开大殿的侧门，快步走入经堂，点燃供奉在佛像前的银质酥油灯，擦拭温润平滑的阿嘎土①地面，整理挂在走道一侧的白色哈达；接着，他在

---

① “根据史料记载，‘阿嘎’土夯技术最早可以追寻到公元8世纪吐蕃王朝赞普赤松德赞修建桑耶寺时期，在桑耶寺乌孜大殿二层地面运用了该技术。”（西藏拉萨古艺建筑美术研究所，2007：212—214）

铜质香炉里点燃藏香粉，刹那间，一股植物的馨香伴着淡蓝色烟雾，升腾而起。塔青拉提起铜炉，一边在大殿中疾行，一边轻轻晃动铜链，炉中香雾均匀地散布在大殿各处。之后，他又在殿中巡视一番，确认一切已安排妥当，才打开乌孜大殿外围墙的正门，迎接此日到访的首批信众。

与信众接触，为其答疑解惑，是大殿管家的首要职责；同时，还要提防某些游客任性且不合理的行为，如在殿内高声喧哗。此外，还要见缝插针地剪灯芯，酥油灯的灯芯一旦烧得过久，就会生出青烟熏黑殿顶。早晨供养的净水，在傍晚都要收回去，倒掉。净水碗要擦拭干净，摆放整齐，留待第二天再使用。每日收到的供养财物都要清点清楚，登记造册，那是属于寺院的。此外，还有林林总总的琐碎事，如为佛菩萨造像更换佛衣，协调各殿管家的事务，人手空缺时安排轮岗，跳金刚法舞时要参加练习，举行法会时要制作朵玛和措……这些"工作"都是在一种谦卑恭敬的态度中完成的，尽管我时常看见他脸上挂着疲惫，却从未夹杂过愤怒或埋怨。

起初，我以为这种谦恭的心态是长时期的修行所养成的一种惯性；但后来我才意识到，如此心态实际生发自大殿管家对自己所作所为的理解——他认为，自己在乌孜大殿里所做的一切都是对诸佛菩萨的"供养"，这与信众供养哈达和金钱的性质一样，只是供养的内容或方式不同。这种供养为塔青拉带来的功德，远比寺院开给他的劳务所得（工资）更令他珍重与舒心。

然而，在政策语境中，我们又该如何理解大殿管家在"全国重点文物保护单位"里的工作？这是否属于一种保护性行为？就行为的方式与效果而言，的确有保护的功能；但，从行动者的认知来看，与其说是"保护"，倒不如说是"守护"。因为"保护"一词所暗含的权力关系与话语（保护者与保护对象、主动施授者与被动接受者）显然不适用于我在桑耶寺看到的情形。坦率地说，我并不认为桑耶寺——这座会周期性经历"整体性圣化"的寺院——需要任何额外的"保护"。

现代性指征之下的保护措施，往往是以隔绝人与物的交流和互动为前提的。但在桑耶人看来，"保护"的真正意涵并不只是要留存文物，而更是要让文物具有持久的神圣力。此间，人与人、人与物的交融和互动，恰恰是"整体性圣化"中不可或缺的一环。从外介入的刻意"保护"，在某种程度上，很可能会产生适得其反的效果——对文物之物性（即实质性）的强调，在不断挑战"整体性圣化"的经验和心态。

然而，若有一天，就连"整体性圣化"的实践结构也被现代性所彻底碾碎；那么，桑耶寺及其信众的生活，又将如何？——想必，也不会如何。

早在建寺之初，莲花生大师就曾预言：终将有一天，桑耶寺会被黄沙掩埋，消失得了无痕迹。若神圣空间不在，神圣时间和仪式也就失去了展演的场域。"整体性圣化"终究不过是黄沙一抔——"疯智"，这抹隐隐的文明底色，在莲花生大师做此预言时，即已开启。

换言之，无论众生怎样供养、守护，乃至实施各种"保护"，其结果最终都是一样的。桑耶寺的每一位僧人想必都清楚这一点：因为他们既是"整体性圣化"的忠实执行者，也是"圣""俗"二分结构的颠覆者——似乎唯有如此，桑耶僧俗才可能坦然地面对和接受桑耶寺的兴衰变迁。古往今来，那些随时而来而去的"保护"之责，在其理解，或也无可不可。

参考文献

巴珠、黄金刚，2011，《扎囊：坚定的步伐光辉的历程》，《山南报》7 月 22 日第 36 版。

比尔，2007，《藏传佛教象征符号与器物图解》，向红笳译，北京：中国藏学出版社。

何贝莉，2022，《仪式空间与文明的宇宙观：桑耶寺人类学考察》，拉萨：西藏
　　藏文古籍出版社。

何周德、索朗旺堆编著，1987，《桑耶寺简志》，拉萨：西藏人民出版社。

列谢托美主编，堪布多杰、达瓦坚增编辑，约1990年代，《吉祥桑耶寺略志》，
　　青海佛教彩印有限责任公司。

山南报社，2011，《打造雅砻河国家级风景名胜区》，《山南报》7月22日第
　　52版。

孙林，2006，《藏族史学发展史纲要》，北京：中国藏学出版社。

王尧，1989，《吐蕃文化》，长春：吉林教育出版社。

王尧、陈庆英主编，1998，《西藏历史文化辞典》，拉萨：西藏人民出版社、杭
　　州：浙江人民出版社。

西藏拉萨古艺建筑美术研究所编著，2007，《西藏藏式建筑总览》，成都：四川
　　美术出版社。

伊利亚德，2022，《永恒回归的神话》，晏可佳译，上海：上海书店出版社。

中国藏语系高级佛学院研究室编，1990，《莲花生大师本生传》，洛珠加措、俄
　　东瓦拉译，西宁：青海人民出版社。

（作者单位：中央美术学院实验艺术与科技艺术学院）

新全球化背景下的界限与空间

流动、跨越与重构

李雪石　　张劼颖

　　摘　要　"界限"概念表述了知识、空间、组织、群体等社会范畴的基本建构过程及相关实践。在新全球化背景下，随着不同主体、文化、族群、组织的迁移流动密切互动，象征性的、社会性的乃至物理的、空间的界限持续受到冲击或强化，此消彼长，不断重构。"界限"概念及其相关理论为理解新全球化背景下的诸多现象——特别是地缘政治与文化现象——提供了重要的视角。以往的人文社会科学研究中，应用界限理论所探究的现象大体可分为三类：（1）群体，即社会群体的界限建构，包括各类群体的主观集体认同，以及相关的社会阶层、种族和性别不平等等现象。（2）知识，包括职业、科学和知识的分界。（3）空间，包括家庭、社区乃至国家的划定，以及相应行动者的跨界和流动。以上三类现象互有交叠。界限概念捕捉了其中的基本社会过程和实践，即从微观到宏观层次上的，不同主体的互动、关系的建构，以及空间、符号的边界的划定与再划定。本研究提议将界限理论作为一种新的理论框架，研究界限主体的"纳入"和"排除"；与空间研究结合后，二者可互为补充，有助于在具体空间中分析新全球化背景下相互交织的个人、组织，以及群体的关系。在梳理界限所研究的三大类现象的文献的基础上，本文融合国内外人类学、社会学领域有关界限的最新文献，具体综述从微观到宏观层面界限可以应用的空间场景，并尝试探讨此概念的中国化及其在中国的应用。

关键词 新全球化；界限；空间

在今天，全球化呈现了一系列新的气象，而这些新气象被一些学者归为"新全球化"（Baldwin，2012；Vlados，2019；Vlados & Chatzinikolaou，2022）。一方面是数字信息技术特别是计算机网络、人工智能的突进，另一方面是生态环境恶化、地方政治经济变革、局部战争等因素带来的移民潮这一背景下全球大流行疫病的迸发。在新全球化的背景下，跨界、流动、划界、变换与重组的现象相互交织、层出不穷，以前所未有之势展开。例如，随着流行病的肆虐，疫情及防疫作为全球性问题为社会科学提出了一系列重要又常新的课题。如，病毒的界限。病毒本身无国界，但病毒的流动、传播、防治——从人与人、人与动物的隔离，社区和地区的封闭，到国际航班、国界线之间的流通限制——无不牵涉复杂的"界限"问题。"病毒溯源学"将新冠疫情归因于人与动物的不当跨界接触，或病毒没能被隔绝在实验室环境内。而疫情防控的主要工作就是界限的重新划定。与此同时，人与人、人与自然的界限重建也在公众视野中推进。

在学科历史上，"界限"（boundary）概念一度在西方社会科学领域成为颇受关注的跨学科的概念。例如，2006 年美国社会学年会（American Sociological Association，ASA）即以"界限"为主题展开了一系列话题研讨。近年来，伴随着新全球化背景下各种趋势的展开，"界限"再次成为一个颇具潜力的概念工具，例如项飙主持的 MoLab（Mobility，Livelihood and Health Lab）项目就涉及界限框架的应用。[①]作为一种理论视角，界限可以呈现不同主体之间的互动关系，并反映从微观到宏观层次上不同主体的社会互动的共同特点。事实上，如果从不同社会范畴的关系及其界限的角度来看，经典社会学理论可被看

---

① 参见 https://www.compas.ox.ac.uk/project/the-coronavirus-and-mobility-forum。

作对各种界限形成和维持的论述：涂尔干的《宗教生活的基本形式》研究了神圣与凡俗的界限如何确立的问题，而马克思和韦伯的著作则是对阶级和阶层界限形成的论述（Lamont & Molnár，2002）。简言之，"界限"这一经典社会科学的概念工具表述的是社会范畴之间的互动，及其相互关系建构的过程。社会关系的建构是一种最基本的社会过程（Somers，1994；Emirbayer，1997）。界限的理论视角有助于探究社会科学中的核心问题，即社会范畴的区分和互动的关系性过程，解释不同文化、族群、共同体，乃至现代民族国家之间关于界限建构的诸多相关现象。

1970 年代后期在社会学和人文地理领域出现的"空间转向"，有着相似的认识论：在此转向里，空间由经历彼此相关的物体在互动中产生（Hubbard & Kitchin，2010）。在这种认识论下，学者们都尝试用"一种综合的方法，来跨越结构和能动的二元性，以在社会空间表达的规范中结合起来"（Gottdiener，1985：218）。沿此理论径路，本研究提议将界限理论作为一种新的理论框架，研究界限主体的"纳入"（inclusion）和"排除"（exclusion），并进一步将此应用到空间研究中。

当今新全球化背景下，随着不同主体、文化、族群、组织的迁移流动与密切互动，象征性的、社会性的乃至物理的、空间的界限持续受到冲击或强化，此消彼长，不断重构。"界限"理论为理解这些新全球化背景下的复杂现象——特别是后疫情时代的地缘政治与文化现象——提供了重要的视角。在梳理界限所研究的三大类现象的文献的基础上（Lamont & Molnár，2002；Pachucki，Pendergrass & Lamont，2007），本文融合国内外人类学、社会学领域有关界限的最新文献，并结合我国的语境，在群体、知识和地域的界限三个领域当中，对从微观到宏观层面的相关研究进行综述和评价。

米歇尔·拉蒙特（Michèle Lamont）、维拉格·莫尔纳（Virág Molnár）将界限所研究的现象整理成四大类，分别为：（1）社会和集体认同；（2）阶层、种族和性别不平等；（3）职业、科学和知识分界；（4）社区、国家认同，以及空间划分（Lamont & Molnár, 2002）。在本文中，我们借鉴了这一分类，并结合更为晚近的一些文献，对其做出发展和更新。我们将既往研究中应用界限所分析的现象归为三类：（1）群体，即社会群体的界限建构，包括各类群体的主观集体认同，以及相关的社会阶层、种族和性别不平等等现象；（2）知识，包括职业、科学和知识的分界；（3）空间，包括家庭、社区、国家的划定，以及相应行动者在诸多空间中的跨界和流动。如此划分的依据是，界限所涉及的诸多社会事实，在现象层次上往往互有重合交叠，因此适宜采取更为简洁和宽泛的分类。另外，具体而言，社会和集体认同区分是认知性的和主观性的，而阶层、种族和性别等范畴的建构也是社会性的。群体的建构，即其界限的划分过程中，主观认知与客观建构是相辅相成、密不可分的。故而，我们将社会群体的界限研究归并为一个大类。接下来，本文将在群体、知识和空间这三个领域中，探讨界限的概念以及相关研究。最后，以大流行病研究为例，检视新全球化背景下的界限跨越与重构之问题。在此基础上，本文将试图讨论，在学理上，界限这一概念如何有助于增进我们对于空间的理解。一方面，理论层次上，结合了空间视角的界限，如何为新全球化出现的诸多变化提供有效分析路径；另一方面，现实层次上，在全球化、大流行病肆虐以及生态退化的今天，与界限相关的实践，如流动与隔离、越界与划界，如何丰富了我们对于空间建构和重建的认识。

一、群体的界限：社会、族群和集体的认同区分

在对群体的研究中，界限这一概念可区分为主观性界限和客观性界限。对群体客观界限的研究关注不同的社会群体、团体或阶层之间的既存界限，例如不同种族的雇佣（Zwerling & Silver, 1992）、住宅

种族隔离的程度（Massey & Denton，1993）、阶级界限的相对可渗透性（Wright & Cho，1992）以及专业界限的创建过程（Abbott，1995）。而主观界限的研究关注"象征性界限"的建立及其作用。"象征性界限"可定义为"由社会行动者制造以用于区分物、人、实践、时间和空间的概念"（Lamont & Molnár，2002），是用于维护集体认同、文化分类和建构道德界限的工具。对于象征性界限，拉蒙特、莫尔纳（Lamont & Molnár，2002）试图说明象征性资源（如文化传统、概念、解释性策略等）何以使社会群体被区分，进而形成正式制度，成为社会性界限（如阶层、性别、种族和地区）：象征性的界限是创造客观社会界限的一个必要而非充分条件，即象征性界限可能维持、促进，也可能瓦解社会界限。

在人类学研究中，弗雷德里克·巴特（Fredrik Barth）"族群界限"理论的提出为后来的族群、种族、民族研究奠定了基础。"界限"是理解族群的关键之所在，而族群性正是在界限上互动的结果。范可（2020：53）指出，巴特的启示在于，他指出了族群性的可操控性，"人们可以在'压力'下改变他们的族群认同，或者如生态变化的结果，或者如同少数族群的印象管理，以此来掩盖显而易见的文化差别，因为这种差别会被给予'族的'（ethnic）的意义"。因此，此研究传统关注的是"族群"的过程性：族群性产生于族群间的互动，而界限正是族群之间互动的结果，是变动不居的。因而，研究族群认同、族群性的问题就需要研究界限的形成、制造与变化。

拉蒙特、莫尔纳的分类方法将阶层、种族和性别作为社会群体之间不平等的界限。具体而言，相关研究关注文化消费、格调、品位产生的象征性界限如何与阶层、种族、性别相联系，而后被转化为实在的社会界限，从而实现不平等的再生产。例如，"芝加哥的白人工人阶级通过精心保持家园的清洁、花园的耕种、财产的维护、对邻里的保护以及对国家的赞美以在他们所认为的岌岌可危的世界中定义和保护自己（主要是反对黑人）"（Lamont & Molnár，2002：171）。因此，看似只具象征性的界限，通过社会实践的转化，可以成为客观实在的社会界限。

界限的建立帮助生成和维系社会阶层的不平等。布尔迪厄的《区分》是研究文化资本的经典著作，论述了文化界限如何生成阶层不平等。他将文化品味看作象征性暴力，而这种象征性暴力正是通过"划分界限"实现的。"惯习"作为文化区隔，帮助生成了社会阶层之间难以跨越的界限。"场域"则指基于社会关系网络的各种利害关系的集合。在学术、艺术和文学的场域中，拥有社会资本的声望者可以将某一种世界观的优越性强加于他人。布尔迪厄过于强调文化界限的排他性和稳固性，这在后来受到了其他学者的挑战。这些试图超越布尔迪厄的研究被称为"后布尔迪厄"范式。这一取向将文化资本看作是有多种类型的，因此象征性界限也是可渗透并有流动性的（Lamont & Annette，1988；Hall，1992）。最近的研究则强调文化界限的双重性：有流动性但并非随意，且仍然与阶层区分有着密切联系。例如，对美国饮食文化变迁的研究表明，和以往法国食品强调区隔的精英主义特点有所不同，美国新精英阶层受到民主意识形态的影响，提倡饮食文化的杂食性；但"杂食性"并非任意的，只有符合特定的品味才能算作"杂食性"。因此，杂食性并未消弭饮食文化的阶级性——阶级地位差别只是经由一个更微妙的过程在饮食文化上体现出来了（Johnston & Baumann，2007）。

国外关于种族的界限研究聚焦于种族界限划分的制度化过程，以及种族界限和分层、制度化、移民的关系。此类研究尤其关心种族间的界限如何参与生成了种族间的不平等。在美国，由国家资助的关于种族分类生成的研究（在人口普查类别的层面）已成为一门迅速成长的产业，因此也在社会界限形成方面取得了丰厚成果（Davis，1991）。在社会分层方面，学者关注不同族裔如何通过象征性界限来巩固或弥补种族界限产生的社会阶层差别，如非裔精英如何通过宗教、文化等象征性界限与白人建立对等关系（Lamont & Fleming，2005）。一些学者（Brubaker et al., 2006）指出，种族是被建构出来的，即是一种"看待世界的方式，而不是一种世界存在的方式"。制度设置、权力分布以及政治网络在定义种族的界限中起着关键作用——这能解释种族界限如何受到特定价值标准的约束，又何以产生变化。正是通过参与者的协商和互动，种族界限才逐渐变成一种自然设置（Wimmer, 2008）。

在中国人类学、民族学的民族研究中，对于民族界限的探讨颇为丰富。这些研究注意到，在我国，不同民族地区存在着多重的、动态的民族界限，对界限划分、跨越与重构的实践既可能发生在民族之间，也可能发生在民族内部，并最终作用于族群的整合与民族的融合。例如，河西走廊作为区域文化的界限，同时也是各个民族多元互动、耦合的区域：界限地带的互动，形成了一个西北多民族共同体（李建宗，2018）。在川甘交界的郎木寺，不同民族在多元交往中展开跨越生态界限的生计互补与经济共生、跨越行政界限的资源竞争与利益共享、跨越民族界限的社会互动与文化融合、跨越宗教界限的适应与调适（朱金春，2019）。在新疆塔城，柯尔克孜人内部存在着因宗教实践差异而形成的界限：各方成员持续对此界限进行接触、协商，最终跨越民族内部不同宗教信仰，实现社会整合与民族认同（路哲明，2017）。在民族旅游（宋河有、张冠群，2019）、地方节庆（马小娟、杨红娟，2020）的实践当中可发现，既存在民族的"划界"，又存在民族的"跨界"；既保持了传统，又不断突破固有界限，促成了社会与文化关系的聚合。在对"划界"实践的研究中，巫达（2019）提出，对于包括嗅觉、听觉、视觉、味觉、触觉在内的不同感官的认识和表达是文化性的——族群共享了一套感官文化，感官文化可以用来划分族群界限。

界限研究还是性别研究的重要领域。对性别界限的研究重点关注"复杂的结构、生理、社会、意识形态和心理，这些造成了女性和男性、女性群体内部和男性群体内部的异同，如何塑造和约束不同性别人群的行为和态度"以及这些差别如何生成社会不平等（Gerson & Peiss, 1985）。例如，在职场和组织中，性别界限成为由主导权者边缘化其他群体甚至阻止其获得资源的手段（Tilly, 1998）。对性别角色的不同预设划定了性别界限，而那些在工作场所和家中违反性别身份、跨越性别界限的人就会受到惩罚或者被污名化（Epstein, 1988, 2000）。在当今社会，性别界限日益模糊、饱受争议，而性别界限的模糊化、重新构建、再扩散与制度化的过程可理解为界限转移（boundary shifting）——这个过程反映了不同社会范畴之间的权力关系变化。

我国的性别研究中也不乏有意识地使用"界限"作为分析框架和解释维度的研究，例如从界限视角出发去检视女性的"工作-家庭"关系及二者之间的界限（杨菊华，2018）。研究表明，在工作/职业领域也存在性别界限，以女 IT 程序员为例，女性程序员会通过"凸显—弱化"的技术边界和"加强—淡化"的性别气质来协调自身的社会性别界限（孙萍，2019）。而在家庭/私人领域内，我国女性家务劳动时间远超男性：如果从家务分工来看私人空间的性别界限可以发现，界限的建立很大程度上取决于性别角色观念、时间、资源等因素，同时受到宏观经济环境的影响（杨菊华，2006）。

身份政治、界限的研究与部分群体的空间流动密不可分。如，马嘉兰（Fran Martin）在《远走高飞之梦：中国女性留学生在西方》一书中，探讨了远赴澳大利亚的女性留学生自我认同与地理空间之间的关系。受访人绘出的地图远远延伸至墨尔本南北郊区，她们的"归属感"并不是文化、社群意义上的，而更像是自我认同与空间生产的混合物（Martin, 2021）。因此，界限理论结合空间维度，可以对新全球化中变动的集体身份进行分析，尤其是探索个体如何通过内部认同和外部定义的辩证互动过程形成有效身份。

二、知识的界限：专业、科学和学科的划界

专业、科学、学科之间的界限也是社会学研究的一个经典话题，其核心问题是：区分是如何形成的？专业"职业化工程"（professionalization project）指将职业化看作一种社会意识形态的控制（Larson，1977）。教育中的凭证审发系统可被视作实现专业垄断闭合的机制，而社会不平等就是通过这样的闭合机制再生产出来的——象征性界限在这一过程中被转化为社会界限，社会不平等随之生成。

界限具有专业与分工区分的功能。因此，界限作为一个概念工具能有效研究知识扩散和促进沟通的过程，并在更广泛的层面通过政策影响社会。例如，关于转基因的研究就认为，科学知识和"转基因"界限的建构，与风险政策的制定之间密切相关（Sato，2007）。

知识社会学研究关注界限的知识生产作用。更具体地说，知识社会学关注各种界限是如何与相应的知识权力结合而取得合法性，并最终被构建出来为社会生活设立秩序的；此外，知识社会学也关注权威性知识和普通知识是如何分界的。关于学科界限的确立在科学史上有大量的研究，并形成了界限物（boundary object）、界限工作（boundary work）、界限组织（boundary organization）等概念工具，均被学者应用于知识社会学和农业社会学等研究领域。界限物用来表述在不同社会世界的界限中流通和穿梭的某些物品，它们有助于维护不同社会世界的聚合，以促进知识生产（Star & Griesemer，1989）。界限物可以是某种集体实物、组织形式，也可以是概念上的空间或程序。如，伊曼纽尔·加西诺（Emanuel Gaziano）就将界限物的概念用于研究"人文生态学"这一学科产生的过程。他指出，历史上社会学和生物学两个学科领域的持续互动产生了科学创新，并最终走向了新

学科的诞生（Gaziano，1996）。

"界限工作"主要研究科学家的工作与实践。它最初用于研究科学和非科学之间的界限是如何通过参与其中的社会行动者不断互动和协商而设定的（Gieryn，1983）。托马斯·吉伦（Thomas Gieryn）最早提出用"界限工作"概念来解释科学与非科学的划分。"科学"不完全由科学本身的内部属性/真理赋予知识权威，而是科学家不断努力商议界限的结果。科学家们对于"科学"的定义和划分，不限于学理分析——这更是一个实践问题，因为他们需要构建起作为门槛的意识形态和专业权威，用以保护作为其职业领域边界的科学界。界限工作强调界限的分离和排他作用，以确定专业的界限（Gieryn，1983，1995，1999；Kinchy & Kleinman，2003；Gaziano，1996）。

"界限组织"则被广泛应用于与治理相关的研究。界限组织是在不同社会世界的界限中协调的组织，可以提供"社会行动的对象，和如何与该对象互动的一套稳定而灵活的规则"（Guston，1999：90）。界限组织不是由其成员或级别来定义的，而是根据它的功能来定义的。例如，各种农业组织都可被看作界限组织（Moore，1996；Guston，1999；Cash，2001；Kelly，2003；Clark，2001；Fogel，2002；Goldberger，2008）。大卫·古斯顿（David Guston）认为，界限组织具有三大主要功能：保持某方在不同社会世界中的可信度，为参与的行动者充当中介，以及促进不同世界间"界限物"的合作（Guston，1999，2000）。大卫·卡什（David Cash）应用古斯顿（1999）的概念框架，将美国农业机构作为一种界限组织，检视了作为美国农业部分支机构的州际研究、教育和推广合作局（Cooperative State Research，Education，and Extension Service，CSREES）是如何联动多个级别部门并开展合作的。CSREES 是动态的、不断变化的，能及时对界限不同侧的行动者不断变化的利益做出反应。在卡什的研究中，作为边界组织的 CSREES 提供了一个制度化的空间：正是在这个空间里，长期的关系和双向交流得以发展和演变，管理的工具（如模型）也得到促进和利用，问题的边界本身也因此得以不断协商。虽然卡什关注的是科学和决策的单一案例，但他用界限组织观察了全球科学家、当地科学家和决策者的制度化纽带，即如何动态地发展分布式研究、评估和决策支持系统以解决可持续发展的问题（Cash，2001）。与常规组织研究不同，在"界限组织"的分析当中，权力常常被看作社会行动者在稳定网络中互动的动态结果，而不是某种固定、单一的拥有物：权力是在社会互动实践中产生并转移的，而非组织结构事先预判的（Latour，1987）。因此，对于组织研究而言，相较于国家、市场等宏大的结构分析单位或"国家与社会"等固化的结构框架，界限组织作为分析单位有其优势：可以对一系列跨级别的合作、互动和传播现象做出更为恰切而灵活的分析，并观察到其中动态实践产生的权力关系。例如，"界限组织"可用于研究自发达国家到发展中国家的知识传播与技术转移、扩散，譬如有学者将界限组织的概念用于分析非政府组织在肯尼亚有机农业技术传播科学化中发挥的作用（Goldberger，2008）。

在科学社会学中，研究技术科学知识的生产、界限和地理空间的关系涉及以下两个主要问题（Gieryn，2019）：（1）知识生产的空间是什么样的（Law & Mol，2001）？如，有哪些特定的建筑类型、机器和设备等。（2）在一个空间生产出来的知识如何在全球传播（Shapin，1998）？在这一维度上，关于新全球化背景下出现的新实证案例如何融合界限和空间框架，我们将进行更深入的探讨和说明。

三、空间的界限：家庭、社区、国家的边界

在既有研究中，对于空间的边界研究，主要集中在社区研究和国家研究这两大主题上。目前，对于家庭边界本身的研究尚不多见。对于家庭界限的关注，一般而言多融合于家庭结构、代际关系，乃至个人化、性别、育儿等家庭研究的具体经典议题当中。我们认为，对于

家庭的边界之研究，应当作为边界研究的一个重要议题。对此议题，中国的家庭研究可提供丰富的理论和经验研究之资源。事实上，我国对于乡村家庭边界收缩的研究传统由来已久，如果从界限的角度来看，对于差序格局、丧服制度、礼俗的研究，都可以视为对从个人到家庭的边界的考察（吴飞，2011；华琛、华若璧，2011）。一个新近的例子是对于农村酒席的考察，研究呈现了我国乡村社会变迁的背景下，家庭作为人情关系往来的范畴之嬗变（周飞舟、任春旭，2023）。具体到家庭空间的研究，一个颇具启示的研究来自劳拉·戴尔斯（Laura Dales）和诺拉·科特曼（Nora Kottmann）对日本的独居现象的考察。通过揭示居住、关系和归属等界限变化，观察生活安排的多样化，戴尔斯、科特曼发现，"新"的关系和归属的空间——个人的自我空间（不集中地）嵌入在朋友、共居（cohabiting）家庭的空间之中。这些新空间安排打破了传统的性别界限配置，是不稳定的、可能矛盾和含糊不清的，但它们可以逐渐改变"家"和"归属"的界限（Dales & Kottmann，2021）。无独有偶，亦有研究通过考察中国城乡二元结构下家庭居住空间的安排，分析了近年来中国家庭结构、家庭分工乃至相应伦理观念的变迁（白美妃，2021；林叶，2020a，2020b）。此类研究结合空间分析的视角，考察了居住空间、家庭成员关系以及家庭边界的变迁，对于我国一系列新兴家庭现象，如空巢青年、独居老人、宅文化以及新型家庭主义（阎云翔，2021）等，均颇具启示。

和家庭研究不同，关于社区界限的研究，近年来在西方文献中较为丰富。拉蒙特、莫尔纳（Lamon & Molnár，2002）将其分为四类：（1）承接芝加哥学派传统的社区研究。这涉及社区内部的象征性界限，强调了标签和分类，如街区的界限如何与"体面人"的标签相联系（Anderson，1999）。（2）对社区网络和意义系统的研究。社区的界限对于成员而言有相当的参考意义，当且仅当界限反复被它外部成员攻击而同时被内部成员所维护时，它对于成员而言才有更加显著的参考意义（Stein，1997）。（3）关于虚拟（非面对面）社区的界限和社会网络在线社区（online communities, OCs）的研究。对网上社区组织形态的研究，将有助于从根本上改进现有理论对更广泛的组织中成员间知识协作的研究。（4）关于包容和排斥的认同政治过程的研究。政治团体如何通过界限来实现排他性的过程，并在团体内部成员中形成凝聚力。

在中国社区界限研究方面，则不乏经典的人类学著述。在《跨越边界的社区》中，项飙描绘了浙江温州人作为流动群体如何跨越地理、空间、行政、户籍、文化甚至性别的界限，在北京聚居并形成一个规划之外的、非正式的又极富生命力的"浙江村"（项飙，2018）。这个社区中，既有对界限的刺探、打破、跨越，又有通过关系、老乡认同对于界限的塑造。在这本著作中，"界限"概念被置于核心位置，有助于理解社区的生成和变迁。而针对城市社区，张鹏在其著作《寻觅天堂》（*In Search of Paradise*, 2010）中则描绘了中国的新兴商品房社区如何通过建立边界来实现其文化认同和消费想象（Zhang, 2010）。在作者的分析中，社区的围墙不仅构成了中产社区地理空间的边界，也参与建构了中产的生活方式乃至中产阶层的主体本身。

对国家界限的研究则是现代国家研究的一个重要领域。国家的界限，一方面取决于相对固定和客观的国家地理疆域，另一方面取决于有弹性的、作为象征性界限的国家认同。在全球范围内看，被疆域限定的国家，和被象征性界限圈定、作为道德共享社区的国家，并非总是一致的（Herzfeld，1996）。"在可见的位置和空间状态，身份和文化的象征界限使得民族国家和国家是两个非常不同的实体。"（Wilson & Donnan，1998）例如，在罗马尼亚克卢日的特兰西瓦尼亚城，匈牙利和罗马尼亚之间的关系相对缓和，并不像其他地区那么紧张——这是因为两国普通民众的国家认同和对民族的建构，与政治精英使用的民族主义论调大相径庭（Brubaker et al.，2006）。另一个例子是关于东西德的。在1945年后的国家建设主要叙述（the master narratives of nation building）方面，西德成功地构建了一个具有凝聚力的富国强民的"国家",而东德却没有,因此"不同民族的产生是他们主张合法国家地位的先决条件"(Borneman,1992)。之后前东西德领土的界限消失,却没有带来双方分歧的完全消失——东西德的差别继续通过象征性的界限不断生成。安德烈亚斯·格莱泽(Andreas Glaeser)分析了东西德人区分自己和对方的象征性界限工作的基本机制是如何通过"自我认同"隐喻完成的(Glaeser,2000)。

全球有上百个处在边界的政治区域,而美国关于界限最早的社会科学研究文献源于对墨西哥和美国界限的研究。一方是作为世界经济政治强国的美国,另一方则是第三世界的墨西哥,在这个两侧权力、经济等都有着天壤之别的边界区域,生活着印第安人、奇卡诺人、墨西哥裔美国人、墨西哥人、盎格鲁人,以及其他代表不同历史背景和文化行为的人群。大量对墨西哥和美国界限社区的研究表明,国界地带可能是来自不同背景的人群互动的场域。相关研究关注去殖民化、全球化、跨国和去国界融合的过程,以及相应产生的混合国家认同(Alvarez,1995;Gupta & Ferguson,1992;Kearney,1991;Kearney,1995;Levitt,2005)。另一些学者则强调,在全球化的时代,国界仍然固不可摧(Lamont,2001)。例如,在法国,无论是职业人士还是行政管理人员都普遍表现出反物质主义和反美态度,国家仍以文化为聚合的象征性界限形式存在着,并因此产生国与国之间的区隔,而这种区隔也影响着国家政治决策。

移民、难民等问题已经成为今天美国和欧洲的一大经济社会问题。"界限"分析有助于增进对相关问题的理解。移民、难民等的相关问题同时涉及国家领土界限、公民的政治界限,以及族群、社区的文化符号界限。当今世界,移民、难民和无国籍人士在世界人口中所占比例越来越高(Kearney,1995;Hannerz,1992)。在移民社会中,移民、第二代移民与当地人之间的社会区分是一个复杂的社会问题,而界限作为一种理论概念工具能充分阐释这种区分的过程和后果。例如,通过对美国第二代墨西哥裔移民和法国北非移民、德国土耳其移民的比较研究，研究者发现墨西哥裔移民所面临的区分比较模糊，而欧洲范围内穆斯林团体的界限却很清楚（Kearney，1991；Lamont & Duvoux，2014）。

　　另外，对国家界限以及跨国移民的研究有助于动态地分析跨越国界、相互交织的社会文化关系（Gutiérrez，1999；Levitt，2005）。鉴于全球自由市场的日益强大所带来的生产过程、金融市场以及劳动力资源等的跨国化，人类学家迈克尔·卡尼（Michael Kearney）所说的特定群体身份认同"跨国化"（transnationalizing）应运而生，"当个人自我认同某特定的身份时，他们可能会与志同道合的人相互联结，创建一个社交场。当此跨国社交场获得创建和命名，就会成为一个跨国的社会空间"，由此产生的影响对全球化日益重要（Levitt，2005）。

　　对于"边疆""边境""口岸""边民"的研究则一直是我国人类学、民族学以及边疆治理与地缘政治研究的焦点，近年来边境民族志研究的成果颇丰。界限、边民与国家共同构成了跨国民族研究的三个面向（周建新，2017）。对新疆霍尔果斯口岸的研究可见，国家的边境并不仅仅是地理上的领土界限，更是经济、政治、社会、文化的界限：其经由国家政策、经济活动整合形成，并不断经历移动、再生、分化（赵萱，2018a）。而中国和老挝的界限，在历史上既有中断和差异，又有联结和延续，界限上的通道与边界交叉而成的口岸，既是分界，又是中介（朱凌飞、马巍，2016）。边境本身也并非同质的。以中越边境为例，沿线城镇就呈现出不同形态，包括口岸与城市融合、前岸中区后市、口岸小镇三种发展模式（秦红增，2017）。其他研究则试图在更为微观的层次，或者日常生活及主观认同角度上理解国家界限与边民的互动。对于云南跨境民族的实证研究表明，边境居民"国家观念淡漠"确属实情，不过这一抽象简化的论断并不能充分涵盖边民复杂的民族认同与国家认同（李立纲，2013）。而更为丰富深入的、有关中越界限的边民生活史的研究则指出，边民的价值判断、情感体验与社会文化、国家政策、全球流动等要素相互交织，在其身份建构中体现出文化、政治、经济的多重属性（朱凌飞、段然，2017）；此外，边民的国家意识是在国家边疆建设的过程中逐渐被清晰化的界限和差异化的国家力量所形塑的——在此过程中，边民的国民身份认同得以形成（杨丽玉，2020）。同时，已有学者受界限建构的启发，以东京池袋华侨经营者为例，探讨中国移民如何在国外不同关系情境下利用各种象征符号建构自我认同的边界。这项研究指出，对流动的、多样化的移民身份建构的研究，是对移民研究"同化-多元化"之二元论的有益补充（吕钊进、朱安新、邱月，2022）。

近年来，还有学者提出整合我国的边疆研究，建立一门"中国边疆学"（周平，2015；何明，2016；马大正，2016；孙勇，2016；杨明洪，2018）。研究者进一步指出，我国边疆学建设虽有一定成果但进展缓慢，其主要原因在于核心概念没有形成：更具体地说，"界限"是边疆学的核心概念，边疆的结构、功能、形态都基于"界限"而出现；因此，要建立"中国边疆学"，首先需要进一步理解此核心概念，例如不再混用"界限"和"边疆"，而是进行明确界定（杨明洪，2019）。初步的理论化尝试，如"界限人类学"径路，将政治界限从一个消极的地理标志物转向积极的过程和制度构建，强调其弥散性和生产性的视角——这有助于进一步理解全球化流动冲击下的民族国家（赵萱，2018a，2018b）。在新全球化的时代背景下，界限与空间文献的结合，正是因应大量跨界流动，界限消融、加强、再界定之实践的不断发生对于新理论分析框架的需要而生的。

四、新全球化背景下的边界跨越与重构：以大流行病研究为例

全球疫病时代见证了人与人、群体与群体、人与自然之间各种界限的打破和重构。诸如不同的界限为何应该维系、何种程度的维系是

恰切的，这一类问题也在疫情的冲击下被反复探讨和追问。已有人类学家将界限概念应用于流行病的研究。2007 年，H5N1 禽流感暴发时期，人类学家莱尔·费恩利（Lyle Fearnley）跟随世界卫生组织（WHO）的专家来到鄱阳湖——这里生活着大量的野生禽类，被认为可能是人和野生动物接触并交叉感染的一个界限。不过这群脑海中带着既定科学模型的专家随后发现，在中国，人—动物、家养—野生的界限并不像科学家想象得那样泾渭分明，科学家想象的"家养—野生"之分，在中国的养殖和消费实践中都颇为模糊（Fearnley，2015）。世卫专家的中国之旅，反作用于他们的想象，使其重新修改了科研模型和疾病传播之假说。

人类学家凯瑟琳·梅森（Katherine Mason）则研究了后非典时代中国公共卫生系统的建设及其对全球疫情的应对，并发现疫情背景下的公共卫生工作本身就是一个多重界限划定的实践。疫情防控工作就是一个划界的实践，其目的在于阻止病毒跨越界限流动。隔离就是对潜在的病毒携带者划定物理界限，而在国境线上的首要工作就是守卫住"第一线"，即把病毒防守在界限之外。梅森进而观察到，虽然以WHO 为首的全球公共卫生系统旨在消除国家之间的隔膜、从人类命运共同体的角度出发共同对抗病毒的传播，但是事实上，疫情的防控往往是建立甚至加深，而不是消除 WHO 成员国之间的界限（Mason，2016）。

放眼全球社会，从华盛顿共识到数轮全球大流行病的暴发，流行病不但冲击着当地社会，同时也给地缘政治带来了深远的影响。一方面，为了阻击病毒，人的流动被不同程度地限制，国界线再次变得重要；另一方面，有关病毒的信息，如样本、基因序列则更加活跃地跨越国界，持续地交换、累积。而民众的认同感，对他人和自我之边界的认知，也在随着疫情的发展而不断变化。同时，疫情也给与界限相关的社会科学研究提出了新的问题：疫情将会给国境线控制、国际流动的治理带来什么样的新变化？基于电子化的大数据身份认证（包括健康认证）可能会持续构成移动"界限"的一个部分，而这可能会改变全球化下的新"主体性"（subjectivities）。

正如上所述，对病毒的溯源涉及人与动物、家养与野生的界限，而对病毒的控制则涉及个人、群体、国家之间的界限划定与协商。类似的现象还有气候变化、生态环境恶化背景下人类的应对（Lara，Feola & Driessen，2024）。在不断更新的治理体系中，人类决心重新定义人类群体之间（Morgan，2020；Neves，2024；Shor & Filkobski，2024）、人类与自然的界限。这一努力未必成功，但尚未完结，有待持续的观察。事实上，与其说"界限"这一概念适用于全球大流行病背景下的社会分析，不如说在新全球化的大背景下，有关"界限"的讨论变得非常显著，而令研究者不得不认真对待这一议题。

结论与余论：界限分析的启示

如前所述，一方面，界限已成为描述人们归属和身份的常见概念，因而通常与类似社区、认同和邻里等描述归属和身份的概念相关；也可以被认为是通过特定人类经历塑造的某些空间，即"不同的人类实践如何创造并利用独特的空间概念？"（Harvey，2010：14）。另一方面，我国的界限研究有着自己独特的脉络和问题意识。如果本土的视角和观照可以进一步结合前述理论工具，则无论对于理论的推进还是现实的治理而言都可能产生更具价值的贡献。要在国内进一步发展"界限"研究，我们首先需要反思和批判界限在中国语境下的适用性，并在此基础上有意识地使用界限概念及其分析框架去研究更广泛的社会现象，例如对道德、伦理、法制或者个人隐私的界限的探讨。此外，还可将其应用于对一些当代中国特色现象的关注和解释，例如由"代际"组成的社群界限（"90后"），甚至对"饭圈"一类新兴现象的认同、形成与界限建构的探讨。

同时，界限理论可以作为新理论框架，研究界限主体的"纳入"

和"排除"；与空间研究结合后，二者可互为补充，有助于在具体空间中分析新全球化背景下相互交织的个人、组织，以及群体的关系。阿根廷思想家内斯托尔·加西亚·坎克里尼（Néstor García Canclini）呼吁重塑全球化话语，使之远离单纯的经济政治视角，跳出欧美中心主义叙事（坎克里尼，2022）。界限正是一种帮助我们超越欧美中心主义的理论框架。作为一个概念性工具，它把握住了社会过程最基本的关系性（Somers，1994；Emirbayer，1997），能抓住并切入全球化背景下的诸多核心问题，弥补宏观和微观社会学的分歧，有助于观察相互交织的个人、组织以及群体的关系。新全球化导致了象征性和社会性界限的变化——无论是微观层面的集体认同还是宏观层面的国界——而对变迁中界限合法性的研究将有助于动态地分析新全球化过程中权力的变化及其产生的影响。

参考文献

Abbott, Andrew 1995, "Things of Boundaries." *Social Research* 62 (4).

Alvarez, Robert R. 1995, "The Mexican-Us Border: The Making of an Anthropology of Borderlands." *Annual Review of Anthropology* 24 (1).

Anderson, Elijah 1999, *Code of the Street: Decency, Violence, and the Moral Life of the Inner City*. New York: Norton.

Baldwin, Richard 2012, *The Great Convergence: Information Technology and the New Globalization*. Cambridge: Harvard University Press.

Borneman, John 1992, "State, Territory, and Identity Formation in the Postwar Berlins, 1945 – 1989." *Cultural Anthropology* 7 (1).

Brubaker, Rogers et al. 2006, *Nationalist Politics and Everyday Ethnicity in a Transylvanian Town*. Princeton & Oxford: Princeton University Press.

Cash, David W. 2001, "" In Order to Aid in Diffusing Useful and Practical

Information': Agricultural Extension and Boundary Organizations." *Science, Technology & Human Values* 26 (4).

Crang, Mike & Thrift, N. J. (eds.) 2000, *Thinking Space*. London & New York: Routledge.

Dales, Laura & Kottmann, Nora 2021, "Surveying Singles in Japan: Qualitative Reflections on Quantitative Social Research during COVID Time." *International Journal of Social Research Methodology* 26 (3).

Davis, James 1991, *Who's Black? One Nation's Definition*. University Park: Penn State University Press.

Emirbayer, Mustafa 1997, "Manifesto for a Relational Sociology." *American Journal of Sociology* 103 (2).

Epstein, Cynthia 1988, *Deceptive Distinctions: Sex, Gender and the Social Order*. New Haven: Yale University Press.

Epstein, Cynthia 2000, *Border Crossings: The Constraints of Time Norms in the Transgressions of Gender and Professional Roles*. The American Sociology Association.

Fearnley, Lyle 2015, "Wild Goose Chase: The Displacement of Influenza Research in the Fields of Poyang Lake, China." *Cultural Anthropology* 30 (1).

Fogel, Cathleen 2002, *Globalization and the Production of Knowledge for Policy: The Case of Biotic Carbon Sequestration and the Kyoto Protocol*. The 43rd Annual Convention of the International Studies Association.

Gaziano, Emanuel 1996, "Ecological Metaphors as Scientific Boundary Work: Innovation and Authority in Interwar Sociology and Biology." *American Journal of Sociology* 101 (4).

Gerson, Judith & Peiss, Kathy 1985, "Boundaries, Negotiation, Consciousness: Reconceptualizing Gender Relations." *Social Problems* 32 (4).

Gieryn, Thomas 1983, "Boundary-Work and the Demarcation of Science from Non-Science: Strains and Interests in Professional Ideologies of Scientists." *American Sociological Review* 48 (6).

Gieryn, Thomas 1995, "Boundaries of Science." In Sheila Jasanoff, Gerald Markle, James Peterson & Trevor Pinch (eds.), *The Handbook of Science and Technology Studies*. Thousand Oaks, London & New Delhi: Sage.

Gieryn, Thomas 1999, *Cultural Boundaries of Science: Credibility on the Line*. Chicago: University of Chicago Press.

Gieryn, Thomas 2019, *Truth-Spots: How Places Make People Believe*. Chicago: University of Chicago Press.

Glaeser, Andreas 2000, *Divided in Unity: Identity, Germany and the Berlin Police*. Chicago: The University of Chicago Press.

Goldberger, Jessica R. 2008, "Non-Governmental Organizations, Strategic Bridge Building, and the ' Scientization' of Organic Agriculture in Kenya." *Agriculture and Human Values* 25 (2).

Gottdiener, Mark 1985, *The Social Production of Urban Space*. Austin: University of Texas Press.

Gupta, Akhil & Ferguson, James 1992, "Beyond ' Culture' : Space, Identity, and the Politics of Difference." *Cultural Anthropology* 7 (1).

Guston, David H. 1999, "Stabilizing the Boundary between US Politics and Science: The Role of the Office of Technology Transfer as a Boundary Organization." *Social Studies of Science* 29 (1).

Guston, David H. 2000, *Between Politics and Science: Assuring the Integrity and Productivity of Research*. Cambridge: Cambridge University Press.

Gutiérrez, David 1999, "Migration, Emergent Ethnicity, and the ' Third Space' : The Shifting Politics of Nationalism in Greater Mexico." *The Journal of American History* 86 (2).

Hall, John 1992, "The Capital (s) of Cultures: A Non-Holistic Approach to Status Situations: Class, Gender, and Ethnicity." In M. Lamont & M. Fournier (eds.), *Cultivating Differences: Symbolic Boundaries and the Making of Inequality*. Chicago: University of Chicago Press.

Hannerz, Ulf 1992, *Cultural Complexity: Studies in the Social Organization of Meaning*.

New York: Columbia University Press.

Harvey, David 1990, *The Condition of Postmodernity: An Enquiry into the Origins of Cultural Change*. Cambridge: Blackwell.

Harvey, David 2010, *Social Justice and the City* (*I*). Athens: University of Georgia Press.

Herzfeld, Michael 1996, *Cultural Intimacy: Social Poetics in the Nation-State*. London & New York: Routledge.

Hubbard, P. & Kitchin, R. (ed.) 2010, *Key Thinkers on Space and Place*. London: Sage.

Johnston, Josée & Baumann, Shyon 2007, "Democracy Versus Distinction: A Study of Omnivorousness in Gourmet Food Writing." *American Journal of Sociology* 113 (1).

Kearney, Michael 1991, "Borders and Boundaries of State and Self at the End of Empire." *Journal of Historical Sociology* 4 (1).

Kearney, Michael 1995, "The Local and the Global: The Anthropology of Globalization and Transnationalism." *Annual Review of Anthropology* 24 (1).

Kelly, Susan E. 2003, "Public Bioethics and Publics: Consensus, Boundaries, and Participation in Biomedical Science Policy." *Science, Technology, & Human Values* 28 (3).

Kinchy, Abby & Kleinman, Daniel 2003, "Organizing Credibility: Discursive and Organizational Orthodoxy on the Borders of Ecology and Politics." *Social Studies of Science* 33 (6).

Lamont, Michèle 2001, "Symbolic Boundaries." In N. J. Smelser & B. Baltes (eds.), *International Encyclopedia of the Social and Behavioral Sciences*. Oxford: Elsevier.

Lamont, Michèle & Annette, Lareau 1988, "Cultural Capital: Allusions, Gaps and Glissandos in Recent Theoretical Developments." *Sociological Theory* 6 (2).

Lamont, Michèle & Molnár, Virág 2002, "The Study of Boundaries in the Social Sciences." *Annual Review of Sociology* 28 (1).

Lamont, Michèle & Fleming, Crystal 2005, "Everyday Anti-Racism: Competence and Religion in the Cultural Repertoire of the African American Elite." *Du Bois Review* 2 (1).

Lamont, Michèle & Duvoux, Nicolas 2014, "How Neo-Liberalism has Transformed

France's Symbolic Boundaries?." *French Politics, Culture and Society* 32 （2）.

Lara, Leonie Guerrero, Feola, Giuseppe & Driessen, Peter 2024, "Drawing Boundaries: Negotiating a Collective 'We' in Community-Supported Agriculture Networks." *Journal of Rural Studies* 106 .

Larson, Magali 1977, *The Rise of Professionalism: A Sociological Analysis*. Berkeley: University of California Press.

Latour, Bruno 1987, *Science in Action: How to Follow Scientists and Engineers through Society*. Cambridge: Harvard University Press.

Law, John & Mol, Annemarie 2001 "Situating Technoscience: An Inquiry into Spatialities." *Environment and Planning D: Society and Space* 19 （5）.

Lefebvre, Henri 1991 ［1974］, *The Production of Space*. Donald Nicholson-Smith （tr.）. Oxford: Blackwell.

Levitt, Peggy 2005, "Building Bridges: What Migration Scholarship and Cultural Sociology have to Say to Each Other." *Poetics* 33 （1）.

Martin, Fran 2021, *Dreams of Flight: The Lives of Chinese Women Students in the West*. Durham: Duke University Press.

Mason, Katherine 2016, *Infectious Change: Reinventing Chinese Public Health After an Epidemic*. Stanford: Stanford University Press.

Massey, Douglas S. & Denton, Nancy A. 1993, *American Apartheid: Segregation and the Making of the Underclass*. Cambridge: Harvard University Press.

Miller, Clark 2001, "Hybrid Management: Boundary Organizations, Science Policy, and Environmental Governance in the Climate Regime." *Science, Technology, & Human Values* 26 （4）.

Moore, Kelly 1996, "Organizing Integrity: American Science and the Creation of Public Interest Organizations, 1955－1975." *American Journal of Sociology* 101 （6）.

Morgan, Marcus 2020, "Why Meaning-Making Matters: The Case of the UK Government's COVID-19 Response." *American Journal of Cultural Sociology* 8.

Neves, Marta 2024, "Living Together Apart: The Effect of Boundary-Salience on the Stability of Contact: Evidence from Two Portuguese Neighborhoods." *Geografiska*

Annaler: Series B, Human Geography, https://doi.org/10.1080/04353684.2023.2295845.

Pachucki, Mark A., Pendergrass, Sabrina & Lamont, Michèle 2007, "Boundary Processes: Recent Theoretical Developments and New Contributions." *Poetics* 35 (6).

Rose, Gillian 1999, "Performing Space." In D. B. Massey, J. Allen & P. Sarre (eds.), *Human Geography Today*. Cambridge: Polity Press.

Sato, Kyoko 2007, "Meanings of Genetically Modified Food and Policy Change and Persistence: The Cases of France, Japan and The United States." In ProQuest Dissertations & Theses Global A&I: The Humanities and Social Sciences Collection.

Shapin, Steven 1998, "The Philosopher and the Chicken: On the Dietetics of Disembodied Knowledge." In Christopher Lawrence & Steven Shapin (eds.), *Science Incarnate: Historical Embodiments of Natural Knowledge*. Chicago: University of Chicago Press.

Shor, Eran & Filkobski, Ina 2024, "Symbolic Boundary Work: Jewish and Arab Femicide in Israeli HebrewNewspapers." *The British Journal of Sociology*, https://doi.org/10.1111/1468 − 4446.13080.

Soja, Edward W. 1990, *Postmodern Geographies: The Reassertion of Space in Critical Social Theory*. London & New York: Verso.

Somers, Margaret 1994, "Reclaiming the Epistemological 'Other': Narrative and the Social Constitution of Identity." In C. Calhoun (ed.), *Social Theory and the Politics of Identity*. Cambridge: Blackwell.

Star, Susan L. & Griesemer, James R. 1989, "Institutional Ecology, 'Translations' and Boundary Objects: Amateurs and Professionals in Berkeley's Museum of Vertebrate Zoology, 1907 − 39." *Social Studies of Science* 19 (3).

Stein, Arlene 1997, *Sex and Sensibility: Stories of a Lesbian Generation*. Berkeley: University of California Press.

Thrift, Nigel 2003, "Space: Fundamental Stuff of Human Geography." In S. L. Holloway, S. P. Rice & Gill Valentine (eds.), *Key Concepts in Geography*. London: Sage Publications.

Tilly, Charles 1998, *Durable Inequality*. Berkeley: University of California Press.

Vlados, Charis 2019, "The Phases of the Postwar Evolution of Capitalism: The Transition from the Current Crisis into a New Worldwide Developmental Trajectory." *Perspectives on Global Development and Technology* 18 (4).

Vlados, Charis & Chatzinikolaou, Dimos 2022, "Mutations of the Emerging New Globalization in the Post-COVID-19 Era: Beyond Rodrik's Trilemma." *Territory, Politics, Governance* 10 (6).

Wilson, Thomas M. & Donnan, Hastings (eds.) 1998, *Border Identities: Nation and State at International Frontiers*. New York: Cambridge University Press.

Wimmer, Andreas 2008, "The Making and Unmaking of Ethnic Boundaries: A Multilevel Process Theory." *American Journal of Sociology* 113 (4).

Wright, Erik O. & Cho, Donmoon 1992, "The Relative Permeability of Class Boundaries to Cross-Class Friendships: A Comparative Study of the United States, Canada, Sweden and Norway." *American Sociological Review* 57 (1).

Zhang, Li 2010, *In Search of Paradise: Middle-class Living in a Chinese Metropolis*. Ithaca: Cornell University Press.

Zwerling, Craig & Silver, Hilary 1992, "Race and Job Dismissals in a Federal Bureaucracy." *American Sociological Review* 57 (5).

白美妃，2021，《撑开在城乡之间的家——基础设施、时空经验与县域城乡关系再认识》，《社会学研究》第 6 期。

范可，2020，《田野工作与"行动者取向的人类学"：巴特及其学术遗产》，《民族研究》第 1 期。

何明，2016，《边疆特征论》，《广西民族大学学报（哲学社会科学版）》第 1 期。

华琛、华若璧，2011，《乡土香港：新界的政治、性别及礼仪》，张婉丽、盛思维译，香港：香港中文大学出版社。

坎克里尼，2022，《想象的全球化》，陈金梅译，南京：南京大学出版社。

李建宗，2018，《走廊地带多重边界叠合与多民族共同体生成——兼论河西走廊区域研究范式与民族学意义》，《思想战线》第 4 期。

李立纲，2013，《云南跨境民族的民族身份与国家认同实证研究——中越、中老、中缅边境的调查分析》,《西部学刊》第 11 期。

林叶,2020a,《"废墟"上的栖居——拆迁遗留地带的测度与空间生产》,《社
　会学评论》第 4 期。

林叶,2020b,《拆"穿"的家庭:住居史、再分家与边界之争——货币化征迁
　的伦理政治化》,《社会》第 6 期。

路哲明,2017,《族内界限与社会整合:塔城柯尔克孜人的民族认同研究》,
　《民族论坛》第 4 期。

吕钊进、朱安新、邱月,2022,《跨国移民多维度认同边界的建构——以东京池
　袋华侨经营者为例》,《开放时代》第 2 期。

马大正,2016,《关于中国边疆学构筑的学术思考》,《中国边疆史地研究》第
　2 期。

马小娟、杨红娟,2020,《边界与聚合:社会互动视角下的云南回族圣纪节考
　察》,《云南民族大学学报(哲学社会科学版)》第 3 期。

秦红增,2017,《中越边境口岸型城镇化路径探析》,《云南师范大学学报(哲
　学社会科学版)》第 3 期。

宋河有、张冠群,2019,《民族旅游场域中的东道主族群符号边界变动》,《北
　方民族大学学报(哲学社会科学版)》第 6 期。

孙萍,2019,《技术、性别与身份认同——IT 女性程序员的性别边界协商》,
　《社会学评论》第 2 期。

孙勇,2016,《建构边疆学中跨学科研究的有关问题探讨——如何跨通边疆研究
　学术逻辑与事实逻辑的一致性》,《中央民族大学学报(哲学社会科学
　版)》第 3 期。

巫达,2019,《感觉、文化与族群边界:感官人类学的视角》,《西南民族大学
　学报(人文社会科学版)》第 11 期。

吴飞,2011,《从丧服制度看"差序格局"——对一个经典概念的再反思》,
　《开放时代》第 1 期。

项飙,2018,《跨越边界的社区:北京"浙江村"的生活史(修订版)》,北
　京:生活·读书·新知三联书店、生活书店出版有限公司。

阎云翔,2021,《"为自己而活"抑或"自己的活法"——中国个体化命题本土

化再思考》，《探索与争鸣》第 10 期。

杨菊华，2006，《从家务分工看私人空间的性别界限》，《妇女研究论丛》第 5 期。

杨菊华，2018，《边界与跨界：工作-家庭关系模式的变革》，《探索与争鸣》第 10 期。

杨丽玉，2020，《边界与国民：现代国家边疆建设中的双重型构》，《广西民族大学学报（哲学社会科学版）》第 1 期。

杨明洪，2018，《关于"边疆学"学科构建的几个基本问题》，《北方民族大学学报（哲学社会科学版）》第 6 期。

杨明洪，2019，《论"边界"在"边疆学"构建中的特殊意义》，《云南师范大学学报（哲学社会科学版）》第 5 期。

赵萱，2018a，《国门与道路：边界的分化、整合与超越——基于新疆霍尔果斯口岸的人类学研究》，《云南民族大学学报（哲学社会科学版）》第 4 期。

赵萱，2018b，《全球流动视野下的民族国家转型——基于海外边界人类学政治路径的研究》，《中央民族大学学报（哲学社会科学版）》第 1 期。

周飞舟、任春旭，2023，《情礼相称：一项关于农村酒席的研究》，《中央民族大学学报（哲学社会科学版）》第 5 期。

周建新，2017，《边界、边民与国家——跨国民族研究的三个面向》，《广西民族研究》第 3 期。

周平主编，2015，《中国边疆政治学》，北京：中央编译出版社。

朱金春，2019，《跨越多重边界的共生、互动与融合——川甘交界郎木寺的族际互动与民族关系》，《青海民族研究》第 4 期。

朱凌飞、段然，2017，《边界与身份：对一位老挝磨丁村民个人生活史的人类学研究》，《云南师范大学学报（哲学社会科学版）》第 2 期。

朱凌飞、马巍，2016，《边界与通道：昆曼国际公路中老边境磨憨、磨丁的人类学研究》，《民族研究》第 4 期。

（作者单位：香港中文大学［深圳］人文社科学院；
中国社会科学院社会学研究所）

作为实验室与转译者的博物馆

吴　洁

　　摘　要　本文以博物馆为田野调查的对象，并与拉图尔的实验室研究进行对比分析，观察在民族类博物馆中人与物如何交互、生产知识再向大众进行转译，以此讨论"行动者网络"在博物馆中如何发挥作用。本文认为，博物馆与实验室都是处在社会（主体）和自然或是创造物（客体）之间的地带。博物馆中的研究人员对物的知识进行分析、梳理，并选择其表征方式，建构其语境的过程，亦如实验室中的知识生产过程，聚集了多方人与非人的行动者，并最终影响博物馆知识生产的呈现方式。

　　关键词　博物馆；实验室；行动者网络；转译；知识生产

　　博物馆的知识生产受到哪些因素的影响？博物馆是一个封闭的空间吗？如何理解博物馆中人与物的关系？布鲁诺·拉图尔认为，想要定义"知识"，就必须理解得到知识的工具方式，而"知识"应该被理解为一整个积累的循环（a whole cycle of accumulation）（Latour, 1987：220）。受此启发，本文将博物馆与科学实验室进行类比，引入行动者网络理论，关注对博物馆知识生产造成实际影响的广泛的社会多元行动者。本文指出，博物馆作为生产知识的空间场域，聚集了多方人与非人的行动者。反思博物馆知识生产的路径，突破学科界限，将为博物馆带来新的可能性。

一、像实验室一样生产知识

当我们把博物馆作为田野调查对象就会发现，博物馆与实验室一样，都是处在社会（主体）和自然或是创造物（客体）之间的地带。对于博物馆中的科研人员和实验室中的科学家们而言，技术、话语体系和相应的支持机制如同各自的"习俗性存在"，而物（藏品）与物质条件（实验室设备）皆是知识生产的重要基础。

拉图尔对科学领域的分析是从实验室开始的，实验室作为拉图尔"行动者网络"概念的节点（knot）（拉图尔、伍尔加，2004），或者说，必经之点（obligatory point of passage），[①] 具有诸多与博物馆相似的特征。实验室内部进行的自然科学知识建构的操作过程，就如同博物馆中的研究人员对物的知识进行分析、梳理，并选择其表征方式，建构其语境的过程。实验室里的设备、器材与博物馆里的物，都是知识生产的重要基础。对博物馆而言，除了自带具体物质形态的藏品本身，与文物保护和分类、技术修复、价值阐释、展示与陈列等相关的技术也同样重要。无论是在博物馆还是在实验室中，建构知识的行动都不仅仅产生于人与人之间的联系（human-to-human connections），也必然是物与人之间的异质性联系。但同样需要看到，知识是实验室或博物馆叙事的产物，却并不以博物馆或实验室为终点——受众并非简单的接收器。我们或许可以尝试采纳行动者网络来理解博物馆知识生产的整个过程。

行动者网络理论由三个核心概念组成：行动者、转译和网络。行动者可以是人，也可以是非人的物、技术、自然、观念等等。"转译"

---

① 在拉图尔、卡隆等人看来，行动者网络通常具备共享的关系性介质，只有在经过必经之点后，这一网络才能实现，知识才会发生变化，实验室即是这样一种介质（Latour，2006：21—27；Callon，1986：196—229）。

（translation）是行动者所组成的网络的联结方式（Callon，1986），所有的行动者也都是转译者。网络是节点，每一个行动者依托于这个网络和其他行动者发生互动，构建关系。行动者网络理论始终关注知识建构的问题。① 以行动者网络理论来重新理解博物馆的知识生产，有助于发现其中物、技术、交换、政策、机构、地点、关系等各种因素相互交织，在联结互动中生成集合性的论域，并输出可用于大众传播的知识的复杂过程。

举例而言：一件从村寨里征集的纺织物，不仅是精湛的工艺品，更可传递出传承关系、时令节气、文化交流，抑或反映生命观和宇宙观。在这个阐释过程中，研究者、纺织物（材料、技法、图案）、传承人以及展示技术都在为相关知识的生产发挥作用。与此同时，当物与技术在当下联结起各自保留能动性和主体性的行动者网络时，我们发现，博物馆作为地点成为网络中的一环，或者所谓必经之点，也是卡隆所谓再界定问题（problematization）的场所。博物馆在此过程中，或许是一个特殊的必经之点，也可能是行动者之一，转译者之一。

2019 年，中国民族博物馆在杭州举办了一场服饰展览，其中展示了一件海南黎族的"踞腰织机"。展签上来源地的标注引起了一位观众的质疑。这位观众是来自海南的非遗传承人，彼时正在杭州参加非遗培训，他认为这件织机属于海南省"东方县"，而展签标注的"陵水县"应为谬误。策展团队立即检索馆方的藏品数据库，其中清楚地登记着"海南陵水县××区××村"，征集时间是"1986 年"；同时翻阅了原始纸质档案，里面也记录着同一个地址，以及更为详细的信息——被征集人的姓名。慎重起见，策展团队还咨询了海南的黎族纺织专家。专家的回复非常耐人寻味："历史上，这种类型的织机在海南东方、陵水地区通用，但是自 21 世纪后出版的'非遗'宣传图录

---

① 尽管拉图尔本身曾经一度试图否认"行动者网络"理论，并于 1999 年发表"On Recalling ANT"一文，但从《实验室生活》（与伍尔加合著）到《重组社会》，不可否认的是这一概念的发展始终与知识建构相关。

里，大多数将这种类型的织机归入'东方县'的代表性器物。流传的非遗图录，一定程度上成为了'教科书'，广为当下的非遗传承人所知。"[1] 提出问题的观众（非遗传承人）接受了最新学到的知识，并将之用以挑战博物馆输出的知识。

这个案例中，展览、织机、研究者、观众（非遗传承人）、专家、非遗图录、培训课程都成了参与知识磋商的行动者，最终帮助我们去理解物、人以及各种因素如何织造关系网络，并重新发现知识生产的多元路径。行动者网络的观察视角一举囊括了博物馆工作中涉及的人和物，并关注了无数的过程与实践（Morse，Bethany & Richardson，2018）。

博物馆研究者，如努阿娜·茂斯等，鼓励研究者突破将博物馆惯性地视为组织的研究方式，提议将博物馆作为一个集合体进行分析：通过以各类正式与非正式网络为基础的实践，分析博物馆中的实践与决议，了解博物馆表述形成背后的关系（Morse，Bethany & Richardson，2018：112—123）。

二、突破前台与幕后：知识的转译

博物馆知识生产是不同人群、观念、技术、政策、社会环境等多元行动者共同参与，多重话语、权力互动与商榷下的集体成果。可以说，博物馆是一个知识生产的"必经之点"：不同的知识在博物馆空间里发生"转译"，通过博物馆建构与输出后，知识生产的进程并未终止，知识的再建构仍将持续进行。因此，博物馆不是一个自上而下、由内向外进行知识传播的终点，也不仅仅是一个不同文化的"接触地带"，而更应被视为一个知识的"转译者"。这个"转译者"是如何工作的？我将通过民族类博物馆的征集、收藏、展示三个主要业

---

① 访谈信息：2019 年 4 月，蒋先生，北京。

务链条的日常实践与动态过程进行说明。

（一）征集与知识的入藏

征集是各种知识跟随"物"进入博物馆的第一道程序。田野调查式征集是民族类博物馆获取民族知识最为根本的工作方式和重要渠道之一。田野征集对人力、时间、组织、协调、专业性都有较高的要求，最终目的是使博物馆获取全面而系统化的民族知识。民族类博物馆构筑知识，不仅关心物的制作技术与流动过程，更关心物所展现的各民族的优秀传统文化，地方社会、族群与国家的历史和现实关系。因而对其知识的采集，从不限于物本身，而是涉及物所表征的历史、习俗、观念等方方面面。尽管当下以田野调查方式进行征集，试图在有限时间内积累大量民族文物的效果并不令人满意，但田野调查仍是民族类博物馆获取物的知识的重要且必要的环节。

以中国民族博物馆为例，该馆最大规模的一次田野调查征集发生在 1985 年，集全馆之力在当时的海南黎族苗族自治州开展了为期 3 个多月的民族学、人类学田野调查。在征集之前，中国民族博物馆开设了培训班，授课人包括了林耀华、吴汝康、杨堃、杨成志、宋兆麟等中国第一代民族学人类学家、民族博物馆学家，也有从民族地区院校、博物馆和考古队请来的有实践经验的老师。培训内容包括民族学概论、民族博物馆学、民族地区考古、古代物质文化史、中国少数民族志、民族理论与政策、原始艺术等七八门课程，旨在让学员掌握田野调查的基本工作方法。在进入田野之前，学员做了充分的准备工作，包括查阅相关资料、制定工作计划和调查守则，还各自写了调查提纲（李吉阳，2007：184）。到了当地，正式进入田野之前，征集组专门安排了地方干部和有经验的调查者培训注意事项，例如文物征集的重点方法、当地主要民族的文物特点，以及如何解决衣食住行、如何与当地民族干部建立联系等等。其间，费孝通曾两次对参与田野调查的工作人员进行培训。① 根据领队王庆恩（2007：147）的笔记，费先生在这次行前培训里专门谈到了 1950 年代民族社会历史大调查与民族识别过程中，收集民族文物时忽视的关键问题：

> 一件文物从哪里来，怎么使用，都不知道，甚至属于哪个民族都不知道，这是一个教训……这对国家是个大损失。

同时，他更加强调了田野征集的重要性，从人类学方法出发，指导队员们应该获取哪些方面的民族知识：

> 我们下去收集哪些民族文物呢？我认为应收集那些能说明这一民族历史、生活、劳动、风俗习惯的器物。从这些文物中能看到这一民族的过去和现在，知道他们的生活形况。绝对不能抱着猎奇好玩的思想去干这项工作，不能越怪越好，越漂亮越好，那不是科学的态度……每收集一件文物，都要搞明白它的来源，使用方法，收集前呈何种状态，收集时又呈何种状态；它在生活中起什么作用；有几种用途等。越详细越好，要彻底弄清它的来龙去脉……五十年代，我们曾收集了不少的服饰，就是没有弄清它们的来源、用途、使用情况等一套道理，以至于我们现在都不认识它们了。

本次征集队伍专业背景相对丰富，以期采集更为全面的民族文物知识。田野式征集既注重器物的生态地理特殊性，又注重不同地域、

---

① 1985 年 10 月，费先生正在广州考察，听闻将要前往海南的中国民族博物馆征集队也抵达了广州，特意要求接见，希望能对队员们"讲一讲"。所述内容来自中国民族博物馆档案：费孝通教授 1985 年 11 月 1 日在广州接见中国民族博物馆海南工作队全体队员时的讲话（记录稿）。此后征集队在海南开展工作期间，费先生也到海南考察，又将领队王庆恩接到通什，询问工作进展情况，更深入讨论了文物征集和此后的科学整理方法。此外吴泽霖、苏秉琦两位老先生也都先后安排有经验的研究人员协助征集队工作。

人群的文化交流和当代变迁；既征集民族文物，又涵盖革命文物；既注重物质遗产，又观察与采集非物质文化遗产；除了收集文物，还制作关于传统历法、传说、占卜等专题采访，对黎族的节日、庆典、宗教仪式、民歌进行音频采集和纪录片拍摄，并绘制文物线图、描摹纹样，由此积累的厚厚几摞笔记、图样为日后研究、出版奠定了重要基础。

1980 年代的这次征集，从前期的专业培训、资料搜集、人员组建、时间规模，到调查广度与深度、受重视和关注的程度及文物成果，都成为中国民族博物馆历史上迄今为止"独一无二、空前绝后"（马莎，2007：338—347）的一次田野调查征集实践。民族博物馆筹建组共征集了民族文物 3000 多件，涵盖黎族、苗族衣、食、住、行各个方面。征集的海南黎族藏品从数量到质量都为全国之最。田野考察的整体成果获得了学术界的极高赞誉。① 这次征集最重要的收获，不仅仅在于物件本身，还有通过田野调查获取的大量历史、地理、人文、生态等方面的知识，为中华先民开发南海，中华民族的形成与发展，各民族之间的交流融合提供了重要的实物实证和科学支撑。不同方面的专家、博物馆人，以及绘画、录音、录像等技术的参与，使采集的知识更为整体与系统。

田野征集的过程，是民族学家、人类学家与博物馆工作人员发现、带离与再创造物的意义的过程。芭芭拉·科尔申布拉特-基布列特（Barbara Kirshenblatt-Gimblett）在考察民族志物件时说：那些非物质性的，包括亲属关系、世界观、宇宙观、价值观和态度等经典的民族志对象是无法带走的。那些转瞬即逝的行为——日常活动、讲故事、仪式、舞

---

① 苏秉琦先生评价包括这次征集在内的民博筹备组工作时说："看到历史、考古、民族学三个学科的真正结合。"（中国民族博物馆，1987）调查征集获取的部分展品，为1986 年 8 月在京举办的"海南黎族传统文化展览"奠定了重要的物质与研究基础。费孝通先生看完展览后说："按我看，我们这个展览拿得出去，可以吸引各国学者，搞博物馆学术交流，请各国专家来评价，写评论文章，扩大影响。"（唐冬兰，2012）这都表达了专家学者们对此次征集调查结果的认可。

蹈、言语、各种表演——这些行为前一刻还在，下一刻就消失了（Kirshenblatt-Gimblett，1991：394）。如果我们不能带走这些无形、短暂、不可移动和活态的东西，又该用什么代替呢？显然，海南征集案例中，征集者记下的田野笔记、拍摄的影像、绘出的图样等一同回到博物馆，为物做标签，但标签终究不能等同于"语境"。当讨论当代民族志文本的真实性及其由谁来书写时，学者们把"物"在博物馆里的重塑当作一种新兴的"非文本"的民族志书写传统。民族学家、人类学家、博物馆人在田野耗费时间与努力，田野调查带来了物的知识脉络，同时也将物的原生环境、时间及语言消除，使之进入博物馆空间的知识再生产中。

此后，随着市场经济的兴起、旅游业的发展，大量民族文物流入市场成为商品，民族类博物馆的文物与信息采集方式也随之发生变化。从市场或藏家手中获取民族文物成为民族类博物馆当下较为主流的征集方式之一。这种方式带来的知识显得更为复杂。

征集过程需要经过对物及物主的原始资料采集、对物进行专家鉴定等具体步骤。征集者的知识背景、多元身份的物主以及鉴定专家三者都在不同程度上塑造文物的原始信息。

物主可能是使用者或制作者，也可能是藏家或文物商人，不同身份的物主提供的信息有不同的侧重点。有趣的是，提供大量民族文物的商人有的虽然不具备学历和职称，甚至不识字，但因长期走村串寨而见多识广，积累了丰富的文物知识和实践经验，有的甚至可以成为博物馆田野调查的编外信息员，提供有关民族文物的知识信息。这个群体直接或间接参与到博物馆知识生产实践中。

民族文物鉴定专家大多是与物主没有任何关联的第三方。他们是深耕某民族文化的专家，或是某工艺领域的研究者，受博物馆委托对计划征集民族文物的收藏价值提供意见，并补充专业化的藏品阐释以及背景知识。专家鉴定是物及其知识入藏的关键环节。民族文物市场犹如江湖一般错综复杂，信息与物件一起来回流动，知识往往在多次转手后面目全非，常常会出现以讹传讹、信息混乱的状况。除了物主提供的信息，专家的鉴定意见也是博物馆所依赖的知识来源。专家在藏品征集过程中虽是局外人，但同时以局外人身份形成知识权威，增加了博物馆知识生产过程的复杂性。

征集人、物主与专家在知识生产过程中的认知、偏好、观念、学术背景、利益诉求等方面影响着整个收藏实践，并最终决定了何种知识能进入博物馆。由此，博物馆、物主与专家三者之间形成了微妙的权力关系。博物馆看似是有决定权的行动主体，在实际操作过程中，却往往扮演着程序的组织者。征集是一个动态而曲折的过程，受到多方制约，正如诺尔-赛蒂纳（2001：2—3）所意识到的，科学知识的生产过程是建构性而非描述性的，这种建构渗透着决定（decision）。在博物馆场域中发生的知识建构，与实验室中所发生的非常类似，都有着很强的"与境偶然性"，其中"话语互动、商榷以及权力"起到重要作用。

这些情况的出现都使得博物馆对物的知识处理出现了转向：解释与说明不完全由博物馆研究人员掌控，构建知识的来源呈现出多元化的趋势。

（二）收藏与知识的分类

征集之物进入博物馆之后就到了入藏环节。一般而言，收藏部门是整个博物馆组织机构里最制度化，规章最多，也最像实验室的场所。换言之，它是整个博物馆中最具"科学性"的地方，将物与知识按照一套"科学"的标准进行管理。征集人的知识一定程度上决定着收藏的走向，物主与专家的知识则提供了博物馆藏品的原始信息。征集人员将文物的原始信息做好整理与记录后，随同文物一起点交给收藏部门。之后，这些民族文物便开始接受熏蒸、消毒、除虫……以"洁净"之身进入典藏库，正式成为博物馆藏品。接下来，收藏部门的工作人员便开始对藏品进行分类、编目与录入，这是博物馆知识内部加工重要的步骤之一。分类包括两部分：实物储藏空间里的，以及内部藏品信息检索系统上可查询的，一个线下一个线上。在典藏库里，藏品们按照材质——有机物或是无机物，以棉麻纺织、皮毛制品、竹木器、陶器、金属器等类别被分类储藏，室内的湿度与温控也会根据材质做相应调整。同时，经编号、尺寸丈量和图像采集所得信息，将连同征集的原始资料分门别类录入藏品信息检索系统：名称、民族、年代、质地、原属地、藏品级别、藏品登记号、藏品分类、入藏日期为检索分类的一级目录。每个目录下又设二级目录，例如"藏品分类"下有生产工具、服装与饰品、建筑构件与装饰用品、医药卫生用具、宗教器物、文体娱乐用品等 19 项大类。文物与信息的入藏过程，是"物件"从原生环境中分离出来，进行知识科学化改造与重塑的重要环节，也为日后"前台"的展示与传播奠定了基础。

　　虽然远离原生情境，博物馆中被科学观察、看似沉默的民族文物，却始终不能以单纯的手工制品待之。博物馆与实验室一样，并不是脱离社会的场所。即使已脱离原生环境，很多时候我们会发现，某些物件身上所携带的"神圣性""历史性""活态性"在博物馆后台并没有被完全消解。看似科学、客观的现代收藏技术背后，仍旧隐藏着一套传统认知，从中可以看出博物馆在知识生产过程中所会遭遇的意想不到的情况。博物馆工作人员需要对"文物"怀有敬畏之心。某种程度上，这些文物自带历史经验与文化实践，即使远离其社会脉络，仍然可以在一定程度上进行自我言说。博物馆内部对于物件的分类意识与态度，受制于藏品本身，历史、记忆、观念、技术与环境等内外因素都附着在藏品的物质性上，抽象的知识都被物件"具身化"了。因此，博物馆人在进行技术处理时，面对的不是静默无声且任人摆布的客体。这种非单向度的客观主体性以及"表征性"，实则也引导着博物馆对物的阐释与知识的塑造。无论是将物与信息进行分类的现代"实验室"，还是由民族志物件（民族文物）的特殊性所导致的处理方式——"与境的偶然性"，都折射出博物馆知识生产过程的复杂多义。

（三）展示与知识的输出

现代博物馆除了履行保护文物的职责，还要面向社会公众输出知识。因此文物在完成征集、收藏程序之后，往往要从"藏品"向"展品"转变。博物馆如何展示（即展览背后的意识形态），展示什么（陈列物取舍背后的因素）相当重要（王嵩山，2012：76），因为这往往反映出博物馆生产的知识是经过有意识挑选的。

前文提及民族器物成为民族文物的时候，需要确定藏品信息。既包括文物的基本信息，如名称、年代、质地、尺寸、征集地点、征集对象、流传经过等等；又包括其作为"展品"的信息，即当藏品走到前台面对公众成为展品时，必须依据展览主题、单元内容进行再研究，并且重新创作出符合主题的"展品说明"。

物在博物馆技术的加持下，充分作为人思想的具身性（embodiments）再现，其背后的思想、诠释的意义便从创造它们的情境流动中彰显出来（Ingold，2007：1—16）。物自带的或是被激发出来的多种面向，影响和规训了人类的阐释行为和创造力，参与塑造了社会认知（Latour，1991：53—54）。

以作为民族文物的苗族"百鸟衣"为例。"百鸟衣"是贵州省黔东南州月亮山、雷公山地区的苗族服饰。在以中华传统节日为主题的展览里，百鸟衣作为节日盛装进行展示，重点通过服装的精美与隆重强调节日的盛大庄严。而在侧重讲述服饰的社会和文化价值的民族服饰展览中，百鸟衣被用于阐释服饰如何表达历史时间与祖先记忆。展览说明也需要特别突出百鸟衣这一方面的特征：

> 百鸟衣，流传于贵州丹寨、雷山、榕江、三都等地。口述创
> 世史诗"苗族古歌"中，叙述"鹡宇鸟"协助"蝴蝶妈妈"孵
> 化了人类的诞生，于是，鸟被认为是人类的始祖之一，被苗族后

人敬仰崇拜。百鸟衣模拟鸟的形态，以鸟形图案与羽毛制成男女华服，在雷公山、月亮山地区每十三年举行一次的祭祖仪式"鼓藏节"中穿着，以示慎终追远。（摘自《传统@现代——民族服饰之旧裳新尚》展）

展览重点表达了百鸟衣如何成为人们慎终追远的绝佳物证，并统一呼应单元主题——"身体通过服饰的加持，与历史、祖先和自然融合为一体"。而在表达"工艺"的主题中，对于同一件百鸟衣，阐释又有不同：

> 百鸟衣，苗族传统服饰制作工艺中的代表作。它以"板蚕绣"的工艺方法制作成衣。整件衣服是经由蚕吐丝在一块平板上，连接成大片的絮状并染色而成。衣服上的刺绣结合了4—5种不同绣法。整件服饰的制作耗时费力、工艺精细而复杂。（摘自《传统@现代——民族服饰之旧裳新尚》展）

显然此处展签侧重介绍其复杂的工艺，而百鸟衣所承载的历史信息、族群记忆、仪式功能等相关的信息在此完全省略。

"百鸟衣"的多面性，使它具备了自我言说，去讲述历史、表征文化的能动性，成为拥有主体性的客体，引导人们依托它在不同语境下生产出相应的知识和观点。在与具有能动性的物的互动中，博物馆成为消解单一主客体模式的特殊场域。

在知识生产过程中，博物馆的展览作为一个"转译者"，服务于国家意识形态、社会主张、经济发展、集体审美的不同诉求，通过展示技术和可视化语言向大众进行知识的转译。作为国家级的民族博物馆，充分阐释中华民族共同体发展史，反映各民族的交往、交流、交融及其优秀传统文化，维护国家统一、民族团结是其最根本的核心职责，物的阐释和展示都要服务于这个根本；而地方民族博物馆，一方面要彰显本地区在统一多民族国家形成发展中的贡献和位置，反映本地区各民族之间的交往、交流，另一方面要充分展示文化特色，服务于地方文旅经济发展需要；民营的民族博物馆，则更多体现收藏者的审美偏好与个人旨趣，甚至是经济诉求。展示传播的不同立场，决定着博物馆呈现何种知识。而同一文物的不同面向，也会被剪裁修订，正如詹姆斯·克里弗德所认为的，被制度化的民族志物件的分类系统，并不是永恒不变的。关于审美、文化和原真性的分类已经改变或正在改变（Clifford，1994：266）。这都是因时、因地、因事的综合结果。展览的策划路径转译了"物"自身的知识，博物馆研究者通过"策划"这一实践活动，将"脚本"写入物（非人）的行动之中。

与此同时，博物馆生产的知识，一部分从"后台"的征集和收藏中而来，另一部分则是在"前台"的展览、展示中获取。展览作为"前台"，既呈现知识生产的结果，其本身也反映了知识生产的过程。在一个展览的实现过程中，查资料、找文献、再调查——物件被不断发掘出新的价值与意义，有的甚至呈现出与最初进入博物馆时完全不同的样貌。因此，知识的积累一直处于变动不居的状态，从幕后到前台，甚至持续到观众参观、体验以及离开后的思考中，而这些信息皆有可能反馈回博物馆进行再研究、加工以及再输出。博物馆的知识储备是要持续不断积累和更新的，前台不是知识的终点，"后台—前台—后台"形成了一个循环往复的过程。这个过程有多个"行动者"的介入，最后，一切宏观与微观的因素都汇集到展览策划中，以确保知识生产的成果，符合展览主题和传播的需要。知识的输出，一方面受制于后台知识的生产与供给，另一方面也受到现行话术与社会认知的挑战。因此，展览看似知识生产的终端成果，实际上却是博物馆知识循环再造的一个节点，而这个过程实际上突破与消解了前台与后台的概念，将博物馆的知识生产置于更为广阔的过程关系中。

余　论

　　一座博物馆的定位，先天决定了它受制于何种话语、为谁代言、作何表征，当然也决定了它将要收藏什么，展示什么。先天性固然是主导，博物馆的知识呈现却仍旧受多种因素制约：政策、经济、观念、空间、人（包括制作者、物主、收藏者、研究者、观众等）、技术，以及作为收藏、研究对象的客体之"物"本身。因此，博物馆不是一个绝对封闭的空间，人与非人的行动者们都在这里进行知识的转译。

　　博物馆就如同实验室一样，是整个行动者网络的必经之点。物在博物馆内裂变出多种性质——相关信息在博物馆进行汇总、集中处理和分析。博物馆要求物具有收藏价值，也要求物具有语境。博物馆工作人员所开展的征集、收藏、展示、教育等相关日常工作，作为博物馆的微观生活，是知识生产实践的具体操作。而作为治理术的博物馆，其中所汇聚的历史、政治内容，则必然成为影响知识生产的宏观因素。长期以来，许多研究者虽将博物馆视为自上而下记录并输出知识的治理机构，但并未忽略观看者的能动性。毫无疑问，按照戈夫曼的剧场框架，这些研究都已站到了博物馆知识输出的前台，与观众一起观看业已形成的展览；而跟随物的流动过程走进更深远的博物馆后台，可能会对物的语境有更深入的认识，也将进一步理解博物馆知识生产的动态过程。对于走进"后台"的方式，博物馆人类学学者们早已提出借鉴"行动者网络"方法的可行性，跨越博物馆的围墙，在更复杂的制度秩序中设计田野调查（Macdonald, Gerbich & Von Oswald, 2018：138—156）。在《重组社会》一书中，拉图尔虽然沿用了"行动者网络"这一名称，但并未将"联结"视为固化不变的。在他看来，群体总处于不断形成之中，行动总会导致或引发下一个行动。人与物之间，事与物之间的联系构成了社会（Latour，2005：27—86）。当我们借助这一框架，以变动的联结视角去审视长期以来被视为知识生产场所的博物馆时，可能会捕捉到一些与通常的博物馆研究不一样的地方。

参考文献

Callon, Michel 1986, "Some Elements of a Sociology of Translation: Domestication of the Scallops and the Fishermen of St. Brieuc Bay." In J. Law (ed.), *Power, Action and Belief: A New Sociology of Knowledge?* London: Routledge & Kegan Paul.

Clifford, James 1994, "Collecting Ourselves." In Susan M. Pearce (ed.), *Interpreting Objects and Collections.* London & New York: Routledge.

Ingold, Tim 2007, "Materials Against Materiality." *Archaeological Dialogues* 14 (1).

Kirshenblatt-Gimblett, Barbara 1991, "Object of Ethnography." In Ivan Karp & Steven D. Lavine (eds.), *Exhibiting Cultures: The Poetics and Politics of Museum Display.* Washington: Smithsonian Press.

Knorr-Cetina, Karin 1992, "The Couch, the Cathedral, and the Laboratory: On the Relationship between Experiment and Laboratory in Science." In Andrew Pickering (ed.), *Science as Practice and Culture.* Chicago: University of Chicago Press.

Latour, Bruno 1987, *Science in Action: How to Follow Scientists and Engineers through Society.* Cambridge: Harvard University Press.

Latour, Bruno 1991, *We Have Never Been Modern.* Cambridge: Harvard University Press.

Latour, Bruno 1996, "On Actor-Network Theory: A Few Clarifications, Plus More than a Few Complications." *Soziale Welt* 47.

Latour, Bruno 2006, *Reassembling the Social: An Introduction to Actor-Network Theory.*

New York: Oxford University Press.

Macdonald, Sharon, Gerbich, Christine & Von Oswald, Margareta 2018, "No Museum is an Island: Ethnography beyond Methodological Containerism." *Museum & Society* 16（2）.

Morse, Nuala, Rex, Bethany & Richardson, Sarah Harvey 2018, "Special Issue Editorial: Methodologies for Researching the Museum as Organization." *Museum & Society* 16（2）.

Vergo, Peter（ed.）1989, *The New Museology*. London: Reaktion Books.

拉图尔，2010，《我们从未现代过：对称性人类学论集》，刘鹏、安涅思译，苏州：苏州大学出版社。

拉图尔、伍尔加，2004，《实验室生活——科学事实的建构过程》，张伯霖、刁小英译，北京：东方出版社。

李吉阳，2007，《我在民族博物馆的筹建初期》，中国民族博物馆编《我们共同的期待——中国民族博物馆筹建23年纪念文集》，北京：中国民族博物馆。

马莎，2007，《马寅与中国民族博物馆》，中国民族博物馆编《我们共同的期待——中国民族博物馆筹建23年纪念文集》，北京：中国民族博物馆。

诺尔-赛蒂纳，2001，《制造知识——建构主义与科学的与境性》，王善博等译，北京：东方出版社。

唐兰冬，2012，《费孝通与中国民族博物馆》，《中国民族报》5月18日第10版。

田洁菁，2013，《从社会网络观点论博物馆网络核心角色》，《博物馆学季刊》（台湾）第1期。

王庆恩，2007，《中国民族博物馆筹建初期回忆》，中国民族博物馆编《我们共同的期待——中国民族博物馆筹建23年纪念文集》，北京：中国民族博物馆。

王嵩山，2012，《博物馆与文化》，台北：台北艺术大学、远流出版公司。

中国民族博物馆，1987，《关于筹建民族博物馆的专家座谈会纪要》（2月21日），馆藏档案。

（作者单位：中国民族博物馆）

珍文重刊

家族制度： 维持中国人口平衡的一个因素[*]

赵承信

熊诗维　译

本文是对一项早期研究[①]的拓展与补充。不同于中国人口问题研究的主流认知，该研究指出，孟子将"无后"视为不孝的观念对中国人口的出生率没有实质性影响，自然，这一观念对中国人口的自然增长率也没有什么影响。[②] 为进一步探讨这一问题，本文将从更为宏大的视角——人口平衡与所谓"中国家族制度"（Chinese familism）的关系出发，剖析其中细节。

在人类繁衍中，孩子通常诞生在一个家庭（family）。生育者是（该家庭所在）家族（family group）的一份子。婚礼一结束，尤其在（新娘）怀孕期间，家族成员对即将诞生的新成员会有许多猜想；这

---

　　[*] 原载：Ch'eng-hsin Chao, "Familism as a Factor in the Chinese Population Balance", *Yenching Journal of Social Studies*, vol. 5, no. 1, 1940, pp. 1 – 21。本文的翻译得到中国人民大学 2022 年度重大规划项目 "中国特色社会学的历史演进与内在逻辑"（22XNLG09）的支持。译文格式尽可能遵从原文，不做过多改动。

　　有学者将 "familism" 译为 "家族主义"（参见葛学溥，《华南的乡村生活——广东凤凰村的家族主义社会学研究》，周大鸣译，北京：知识产权出版社，2012 年）。为了尽可能还原赵承信本人的译法与表达，在参阅相关著作后，我将其译为 "家族制度"。同时，为了兼顾彼时语境和词汇使用习惯，兼用 "家族" "家庭" 与原文 "family" 对译，使译文表述更合理、准确。需要指出的是，文中 "家族" 与 "家庭" 的含义和范围一致，即生活在同一所房子中，服从统一管理的群体。

　　① Ch'eng-hsin Chao, "Recent Population Changes in China", *Yenching Journal of Social Studies*, vol. 1, no. 1, pp. 1 – 48.（1938 年，下同。——译注）

　　② Ch'eng-hsin Chao, "Recent Population Changes in China", *Yenching Journal of Social Studies*, vol. 1, no. 1, pp. 24 and 30 – 31.

些态度可能会给新生儿的未来造成某种影响。在接下来的一节，我们阐述了中国家族制度的基本特征，以及这些特征对我国人口平衡可能造成的影响。作为人类意识形态的一种，家族制度的形成可能历经了几个世纪，但本文仅探讨中国当下的家族结构。第二节中，我们对当下的家族情况做定量分析，并尝试在最后一节将出生和死亡之间的平衡与中国实际的家族结构和家族理想联系起来。

中国家族制度的基本特征

诚如葛学溥（D. H. Kulp）的定义，家族制度是"一个社会系统，其中的所有行为，所有规范、观念、态度与价值，都源自、围绕或针对基于血缘关系维系在一起的人的福祉。其中，家族是基本参照，也是一切价值判断的标准。只要对家族有利，哪怕只是设想，也会受到认可与推崇；只要有损于家族的利益，无论怎样筹划，都是忌讳与被禁止的"。①

在几乎所有前工业化的农业社区中，家族组织都是社会的一个单元。个人地位由他在家族中的地位以及他的家族在（该家族所在）更大范围的地方社会中的地位所决定。家族逐渐形成了一套制度典范，其成员在家族的维系、延续和功能运作中产生情感联结。中国社会主要以农业为生，严格贯彻家族意识形态（familial ideology）也就不足为奇了。但是，正如一位专家所言，中国家族的过度发展使之具有了自身的组织特征。② 接下来，我们将论述与人口平衡有关的五个重要特征。

① D. H. Kulp, *Country Life in South China: The Sociology of Familism*, New York, 1925, p. xxix.

② 潘光旦，《家族制度与选择作用》，《社会学界》第9卷，1936年8月，第89—104页。潘教授关注家族制度（family system）对中国人思维方式的影响，我则有志于家族制度对中国人口平衡的影响。

首先，家长制原则主导着家族成员之间的关系。尽管从人类学的视角看，中国家族既是从夫居的，又是父系继嗣的，但家长（chia chang）或者说家主（family head），并非严格意义上的父权家长。[①] 虽然无论对内对外，他都是名义上的一家之主，但他更愿意让妻子料理内务，这样他就可以抽身去处理外务了。此外，他对家族的绝对管控也受到一定限制。即便像女儿的婚事这类重要的家族事务，决定权也掌握在母亲手中——当然，肯定会征求他的意见。

当家族成员犯罪时，家主有权力惩罚他们，但如果所犯罪行较重，那便不能任凭他做主就处以死刑；而必须与老一辈或同辈的亲属商议。[②] 财产分割过程亦是如此，尽管家主有最终裁定权，但除他之外的其他家族成员也有发言权。同样地，为传宗接代而领养孩子，也要得到亲属们的许可。老了之后，家主通常会退出忙碌的生活，并让其中一个成年的儿子来接管事务。

按理来说，中国的家长制本质上规定的是家主维护家庭（household）秩序并为家族成员提供生活资料的义务，而非他所享有的权利。五代人幸福和睦地生活在同一屋檐下，是每个中国人的传统理想。为了促进这种和谐与幸福，家主可能不得不诉诸权威与暴力，但在传统观念里，他越少行使这份权力（即权威与暴力）越好。一个典型的模范家主，既是一位慈祥的父亲，也是一个具有威严的丈夫。[③]

家长一般是家族中年龄最大、辈分最高的男性。有时，年长的女

---

① 对古希伯来、古希腊和古罗马社会中父权制家庭言简意赅的论述，参见 Willystine Goodsell, *A History of Marriage and Family*, revised edition, New York, 1934, Chapters Ⅱ-Ⅳ。

② 民间实践有时会受到国家法规的影响。当前，生命与财产依法受国家保护。

③ 我查阅了大量有关中国家族典范的特征及其在实际家庭生活中运作的重要文献：燕京大学社会学系师生社会调查的成果，其中不少以硕士、学士学位论文的形式存放于学校图书馆。本文的材料就主要来自这些文献。另见 D. H. Kulp, *Country Life in South China: The Sociology of Familism*, New York, 1925; Hsiao-tung Fei, *Peasant Life in China*, London, 1939; Y. K. Leong and L. K. Tao, *Village and Town Life in China*, London, 1915; Sing-ging Su, *The Chinese Family System*, New York, 1922; A. H. Smith, *Village Life in China*, New York, 1899。

性也可能成为家主，但这种情况是个例外，通常也是暂时的：仅当丈夫离家或去世时，她才能代表她的丈夫作为一家之主。后一种情况中，在儿子成年并结婚之前，她得一直当家作主。

家族生活于宗族之中。[①] 在一个单姓村庄里，几乎所有的家族都依据男性的血缘谱系联系在一起。如果是在一个多姓村庄里——常见于黄河以北的某些地区——村子里的男性成员彼此非常熟悉，他们通常用亲属称谓（genealogical terms）互相称呼，即便他们并非同族。无论如何，家族关系通过男性来维系要比通过女性来维系更为持久。因此，中国的家族制度是家长制、父系继嗣和从夫居的综合。

孝道在家族关系中占支配性地位是中国家族制度第二个基本特征。家长制规定了长辈对晚辈应尽的义务，与此同时，孝道要求人们尊敬所有比自己年长或辈分高的人。这种复杂的态度植根于风俗习惯之中，并作为传统延续下来。一个孩子出生在充满道德戒律的社会环境中，这些道德戒律引导着他的行为。在他出生前，习俗就规定了他在家族和宗族中所处的位置。他应当按照约定俗成的方式对待与自己相关的血缘群体中具有特定身份地位的成员，相应地，他也会受到这些成员的关照。

孝道与家长制相辅相成。事实上，由于孝道的运行，家庭秩序可以脱离家长的力量而存在。只有那些行为背离孝道准则的人才会受到惩罚。反之，家族中的晚辈之所以乐意遵从孝道对待长辈，是因为长辈们也能依照习俗规范行事，这些习俗源自家长制原则。

在中国家族制度下，人们最尊重的就是父母。中国年轻人敬重并尊重他们的长辈是自然不过的事，因为在中国这样一个历史悠久、源

---

① 英国人类学家将"宗族"（clan）定义为"一个外婚且单系继嗣的群体，（同宗族）所有的成员彼此联系，并由共同的宗族纽带团结在一起。此种联结可能源自共同后代对某些真实或传说中的祖先的信仰，也可能出于共同的图腾崇拜，抑或居住于同一村庄或地区的地缘纽带"。共同血统依照父系或母系继嗣。美国人类学家更喜欢用"氏族"（gens）来指称父系继嗣。中国是父系继嗣。"宗族"一词是在英国人类学意义上使用的。有关社会组织的定义，参见 *Notes and Queries on Anthropology*, London, 1929, pp. 54-58。

远流长的农业社会里，在其他条件相同的情况下，年龄即意味着丰富的经验。由于缺乏学校教育，人们只好将经验作为获取技术技能、生活权益与德行规范（standards of moral conduct）的主要途径。在一个以父系继嗣为原则的社会中，孩子们致以其父亲最大的尊重；理论上，孩子们对母亲的尊重只是因为她为男性及其祖先孕育了他们，但实际上，这种尊重也受到内心情感的牵引。

在所有的孝道原则中，有三条至关重要：赡养双亲；爱护身体，使之避免损伤；以及繁衍子嗣以传宗接代。孟子认为最后一条最重要，读者们可能对这一点有印象，因为人们常说这一点对中国的人口规模有着积极影响。[①]

中国家族制度第三个重要的特征，即是由对死者的孝道延伸出的祖先祭拜制度。孟子曰："养生者不足以当大事，惟送死可以当大事。"[②] 然而，祭祖远不止举办葬礼，它需要定期供奉祖先的灵魂。

祖先祭拜是中国社会一种根深蒂固的制度。[③] 在仅由一个宗族聚居而成的村庄里，它尤为稳固。这种情况下，所有族人会在每年特定的日子里共同举行祭拜仪式。家族祭拜只针对直系祖先。这种家族祭拜遍及全国，不论该地区是否有宗族。宗族对远祖的祭拜与家族对直系祖先的祭拜共同强化了生者的敬重之情。由于男性成员是积极的参与者，祖先祭拜巩固了他们在社区与家族中的主导地位。

---

① 孟子曰："不孝有三，无后为大。"参见 James Legge（tr.），"The Works of Mencius"，bk. IV, pt. 1, ch. 26, p. 189, *The Chinese Classics*, vol. 2。儒生们非常看重孝道并将之视为人类关系的基本准则，"（夫孝）德之本也，教之所由生也"。林语堂先生曾在《吾国吾民》中谈到这一点，可惜论述并不充分，参见 Yu-tang Lin, *My Country and My People*, New York, 1935, pp. 176–180。浅析儒生有关孝道在中国哲学史上所处地位的论述，参见冯友兰，《中国哲学史》，上海：商务印书馆，1934 年，第 433—437 页。该书第一卷已由德克·卜德（Derk Bodde）翻译，于 1937 年在北平出版。

② James Legge（tr.），"The Works of Mencius", bk. IV, pt. 2, ch. 13, p. 198.

③ 杨堃，《中国家族中的祖先崇拜》（*Recherches sur le culte des ancêtres comme principe ordonnateur de la famille chinoise*），手稿于 1939 年完成并存放在燕京大学图书馆。

　　许多学者对祭祖的宗教迷信特征进行了讨论，① 本文对这些讨论不做评价，这里旨在将这种制度实践与人口平衡相联系，其中，与该主题相关的要点有三：首先，通过祭祖，"过去的生命与行为延续至今"。② 以传统之名代代相传的习俗决定了什么是好的，什么是坏的，同时也规定了行为准则，在此过程中，习俗也得到了加强。其次，祖先祭拜赋予孝道新的意义。一家之主是精神世界中的祖先们的世俗代表，因此他比其他家族成员更具话语权。最后，祖先祭拜使生男孩以传宗接代变得更为重要。其实，家长制、孝道与祖先祭拜这三大原则密切相关，共同构成中国家族制度的基础。

　　在如中国这样的社会中，家族是团结的象征，习俗限定了行为规范，个体自然会沉浸于家族活动中。个体不但生活在家族中，而且为家族而活，在社区活动中，他首先是一个家族的代表，其次才是社区的一员。对女性来说，更是如此。在家长制的社会里，她或多或少完全服从于家族。理想中，女性年轻时为父亲而活，婚后为丈夫而活，老了就为儿子而活。父亲、丈夫和儿子只不过是父权制家族权威与统一的象征罢了。女性的服从是中国家族制度第四个基本特征。性别的社会差异与男尊女卑是构建儒家有序社会思想的两大基石。③

　　性别的社会差异既是社会性别分工的结果，亦是实现社会性别分工的方式之一。女性所有应尽的义务中，最重要的就是为她的丈夫生下儿子。在子嗣问题上，家长制、孝道和祖先祭拜的思想观念是共同

---

　　① 参见 James Thayer Addison, *Chinese Ancestor Worship*, Shanghai, 1925, 以及 Singging Su, *The Chinese Family System*, New York, 1922, ch. 8。

　　② D. H. Kulp, *Country Life in South China: The Sociology of Familism*, New York, 1925, p. 137.

　　③ 有关夫为妻纲，孟子曰："女子之嫁也，母命之，往送之门，戒之曰：'往之女家，必敬必戒，无违夫子！'以顺为正者，妾妇之道也。"参见 James Legge (tr.), "The Works of Mencius", bk. III, pt. 2, ch. 2, p. 141. 林语堂在《吾国吾民》（第 139 页）中将儒家的女德思想总结为："……娴静，从顺，温雅，清洁，勤俭以及烹饪缝纫的专精，尊敬丈夫之父母，惠爱丈夫之兄弟，对待丈夫的朋友之彬彬有礼，以及其他从男子的观点上认为必要的德性。"或许，他可以将女子为夫家生下儿子列为女德的一项。理想中的女性是"贤妻良母"。

作用的。由于只能为自己的丈夫生育孩子，女性必须终身守贞。由于并不是在为自己生孩子，即便丧夫后没有孩子，她也必须守寡。为了让妻子在丈夫死后仍保持忠贞，中国社会动用了一切道德力量。对此，儒生们要负一定责任。他们使寡妇再婚成为一种道德犯罪。官员们经常用法律手段鼓励守寡。家族也会给一个愿意终身守寡的女性提供经济方面的奖赏。①

为繁衍子嗣而缔结婚姻是中国家族制度第五个基本特征。尽管结婚并非主要为了繁衍后代，但在传统的生活模式下，繁衍后代是婚姻存在的主要原因。子嗣对传宗接代和祖先祭拜极为重要，所以，父权制要求它必须是男性。一门人丁兴旺的婚姻是以给夫家生下儿子来界定的。在丈夫休妻所依的"七出"中，无子排在第一位。② 孟子宣称"无后为大"，只不过是在陈述一个社会事实罢了。

婚姻不是个人事务，而是一项家族事务；传统上，婚姻是两个家族的结合。生育孩子的女性必须来自另一个家族，所以父母会非常谨慎地为他们的儿子挑选新娘。另一方面，由于父权制规定女性必须嫁入夫家，女方的父母也会小心翼翼地为他们的女儿选择新郎。并且，如果女方为夫家诞下了男婴，她的父母也会跟着沾光。因此，操持儿女的婚事是父母的分内之事。③

从这种复杂的家族意识形态中，人们就能理解中国人为什么那么想生儿子。④ 儿子是延续香火的人，父母在时，儿子要赡养他们，父母走了，儿子要安葬并祭拜他们。在履行这些义务时，妻子会从中帮

---

① 参考 Yu-tang Lin, *My Country and My People*, New York, 1935, pp. 137–143, 以及 C. M. Chiao et al., *An Experiment in the Registration of Vital Statistics in China*, Oxford, Ohio, 1938, p. 46。

② 对传统休妻理由的概述，参见 Sing-ging Su, *The Chinese Family System*, New York, 1922, ch. 6。

③ 孟子曰："丈夫生而愿为之有室，女子生而愿为之有家。父母之心，人皆有之。不待父母之命、媒妁之言，钻穴隙相窥，逾墙相从，则父母国人皆贱之。"参见 James Legge（tr.），"The Works of Mencius", bk. III, pt. 2, ch. 3, p. 144。

④ 参考 C. M. Chiao et al., *An Experiment in the Registration of Vital Statistics in China*, Oxford, Ohio, 1938, p. 35。

忙，但只扮演次要角色。

中国人生儿子的执念体现在很多方面。自结婚仪式起，求子就开始了。洞房中摆放着象征生育的物品。筷子和枣子代表早生贵子，莲子喻意接连得子。[①] 婚后两到三年，如果未能如愿诞下儿子，妻子就会向生育女神祈祷，希望能生下儿子。这个生育女神，即娘娘，在村里、镇上和城中都很受欢迎。[②] 在我们对清河村镇社区的研究中，40个村子里共有 51 个庙里供奉着娘娘。

当试过所有可能的方法却仍然无法为丈夫生下儿子时，妻子只好同意让丈夫纳妾。[③] 如果她有一个女儿，她可能会试着招一个上门女婿，并让他冠以她丈夫的姓。不过，这种做法非常少见，只有在丈夫有钱且不愿纳妾，同时女婿家里很穷的情况下才会发生。再者，虽然为了传宗接代可以领养孩子，但没有人愿意让自己的儿子被收养，除非领养的这家非常富裕。[④] 在中国人看来，没有什么能比有个儿子更令人感到幸福了。

家族结构的数量特征

是否每个家族都符合家族制度的理想形态呢？家族通常会在哪些方面偏离一般状态和理想类型？家族制度的意识形态对现存家族结构是否有影响？人口平衡以何种方式反映在家族结构中？接下来的内容试图通过定量分析家族结构的数量特征来回答上述问题，这些特征包括家族规模（size）、性别比（sex ratio）、成员与家主之亲属关系分布

①　中文筷子与"快子"、枣子与"早子"发音很像，莲子与"连子"发音是一样的。

②　"当一个女人想生个儿子，她会去庙里向娘娘神祈祷。去时带上一个红色的娃娃，将其系在百子堂的泥像或人偶脖子上。有时会将这个小人偶带走。她向娘娘起誓，若能如愿生下儿子，她会送新衣服和其他礼物来还愿，并送回一座小泥像或人偶。"Mrs. J. G. Cormack, *Everyday Customs in China*, London, 1935, pp. 28 – 29.

③　值得注意的是，想生儿子仅仅是中国纳妾制度存在的其中一个原因。

④　参见 Hsiao-tung Fei, *Peasant Life in China*, London, 1939, pp. 69 – 73 and 87 – 89。

（distribution of members in relation to the family head）以及家族人口的代际横向分布（the generation-lateral distribution of the family population）。

每个家族或每个家庭的平均人口规模向来是关注中国人口问题的学者争论的焦点。然而，他们感兴趣的并非中国家族的结构，而是估计中国人口的规模。[1]

表 1 列出了老十八省的平均家庭规模，这些省份可谓中国家族制度的大本营。第一组数字来自王士达修订的民政部 1910 年的户口调查。第二组数字来自 1930 年前后国民政府主计处统计局的调查。

一个"家庭"指的是生活在一所房子里，服从统一管理的群体。不以家族为核心的家庭虽然存在，但很少；而且由于绝大多数家庭完全由家族成员构成，这些数字大致可以看作每个家族的平均规模，包括共担收支的亲属。

各省数字似乎表明，家庭规模从北到南不断缩小。但需要指出的是，中国的统计数据并不十分可靠，因此只能作为粗略估计。对地区差异的概述是没有意义的。还须指出，同一省份的各县（或区）以及同一县（或区）的各村的平均家庭规模各不相同。[2] 由官方统计数据可知，一个中国家庭规模的平均数是 5 人。近期，卜凯（J. L. Buck）、乔启明、李景汉几位教授，以及燕京大学社会学系的师生开展的抽样研究（sample studies）似乎印证了这一官方的平均数。[3]

---

[1]　参见威尔科克斯（W. F. Willcox）、陈长蘅、王士达的著作。文首提到的"早期研究"中，我亦参考了这些著作。（此研究即是"Recent Population Changes in China"。此外，原文将表 1 置于此脚注，疑似排版错误。为方便阅读，我将其提至正文，特此说明。——译注）

[2]　国民政府主计处统计局发行的《统计月刊》首卷首期（1929 年 3 月）中可以找到江苏、安徽和浙江的区县数据。

[3]　J. L. Buck, *Land Utilization in China*, Shanghai, 1937, p. 370; C. M. Chiao, "A Study of the Chinese Population", *The Milbank Memorial Fund Quarterly Bulletin*（重刊）, Oct., 1933, and *Quarterly*, January, April, and July, 1934, p. 14；李景汉，《农村家庭人口统计的分析》,《社会科学》（国立清华大学的一本中文期刊）第 2 卷第 1 期，1936 年 10 月，定县数据报告。

表1 各省平均家庭规模（1910年和1930年左右）

省份	1910	1930 左右
北方地区	5.3	5.4
河北	5.2	5.7
山东	5.8	5.5
河南	5.8	5.7
山西	4.9	5.4
陕西	5.0	4.9
甘肃	5.2	n
长江流域	5.1	5.2
江苏	4.9	5.0
安徽	5.2	6.0
江西	4.9	5.0
湖北	4.8	5.1
湖南	5.1	5.1[c]
四川	5.8	5.1[d]
南方地区	5.0	4.9
浙江	4.6	4.3
福建	5.3	5.0
广东	5.6	n
广西	5.2	5.7
云南	4.6	5.0
贵州	4.8	4.3
平均数（average）	5.1	5.2

注：（a）王士达，《民政部户口调查及各家估计（1909—1911）》，北平：社会调查所，1933年，第96页。（b）国民政府主计处统计局编，《中华民国统计提要》，南京，1936年，第226页。（c）1928年的数字来自国民政府主计处统计局编，《民国十七年各省市户口调查统计报告》，南京，1931年。（d）1916年的数字。（n）无数据。

关于家庭平均规模的离散（variation，即差异）情况没有可用的官方数字，因此必须依靠抽样研究。表 2 列出了 6 个样本的算术平均数、变化区间，以及 3—6 人家庭、2—8 人家庭占家庭总数的百分比。第（4）（5）（6）列的数字反映出算术平均数之间的离散值。值得关注的是，尽管家庭规模的区间从单口之家到 16—65 人的大家庭不等，但其均值在 4—6 人之间。理论上，单口之家几乎不被认可。这种家庭存在于个体过去的记忆之中，并非当前的家庭形式。虽然还有 16—65 人的家庭，但这样的家庭其实非常少见。在这些调查报告中，除了一个样本，其余样本中规模在 3—6 人的家庭均过半。如果将区间扩大，那么约有 85% 的家庭，其规模在 2—8 人。

表 2　家庭规模：平均数，区间，3—6 人、2—8 人家庭占比

（1） 年份	（2） 样本规模	（3） 平均数 （人）	（4） 区间 （人）	（5） 3—6 人 家庭占比	（6） 2—8 人 家庭占比
1929— 1931	12456 个农家，11 个省[1]	5.25	1—16 以上	64.6	86.7
1930	30642 个家庭，定县[2]	5.8	1—65	56.6	80.7
1933	1372 个家庭，清河周边十村[3]	4.1	1—18	67.2	90.7
1933	561 个家庭，清河镇[3]	4.6	1—18	60.8	84.3
1934	1833 个家庭，一个福建乡村[4]	5.27	1—27	61.9	85.6
1934	361 个家庭，一个潮州村落[5]	5.6	1—25	47.1	83.0

数据来源：（1）C. M. Chiao, *A Study of the Chinese Population*, p. 15.（2）李景汉，《农村家庭人口统计的分析》，《社会科学》第 2 卷第 1 期，1936 年 10 月，第 6 页。（3）清河社会试验区，燕京大学法学院，未公开发表的统计数据。（4）林耀华，《义序宗族的研究》，1935 年，硕士学位论文，燕京大学图书馆，第 212 页。（5）陈礼颂，《一个潮州村落社区的宗族研究》，1935 年，学士学位论文，燕京大学图书馆，第 49 页。

　　在家庭规模差异产生的原因中，相关学者尤其关注经济因素。表3列出了卜凯、乔启明教授有关田场面积与家庭规模的数字。[①]

　　显然，二者呈明显的正相关。[②] 自然，一个大家族只有靠可观的

―――――――――

[①]　数据主要来自"田场大小与农户大小之关系"调查表，详见卜凯主编，《中国土地利用》，成都：金陵大学农学院农业经济系，1941年，第370页；《中国土地利用统计资料》，上海：商务印书馆，1937年，第300页。——译注

[②]　有关田场面积与家庭规模的关系，乔启明通过1932年3月1日对江苏省江阴市峭岐镇的实地调研得到了如下数据（C. M. Chiao et al., *An Experiment in the Registration of Vital Statistics in China*, Oxford, Ohio, 1938, p. 15）：

田场作物面积（10 亩）	每家平均人口
2.50 以下	3.5
2.50—4.99	4.2
5.00—7.49	4.8
7.50—9.99	5.5
10.00—12.49	5.5
12.50—14.99	6.1
15.00 及以上	7.6
所有田场作物	5.0

注：10 亩等于 0.6667 公顷或 0.1644 英亩。（此处换算有误，10 亩应等于 1.6474 英亩。——译注）

　　同样，李景汉1929年对定县515个家庭进行了研究，得出如下数据（李景汉，《定县社会概况调查》，北平，1933年，第138—139页）：

耕地（亩）	每家平均人口
0—9	4.75
10—29	6.47
30—49	7.80
50—69	10.53
70—99	10.76
100 及以上	12.94

（经查阅，该数据源自书中表29"515家六种家庭人口之平均数"。其中，10—29 亩对应的每家平均人口应为"6.41"，此处应是笔误或印刷错误。——译注）

收入，或者一个作物面积很大的田场来维持。但另一方面也可以说，一个大规模田场的耕种需要充足的劳动力，而让有血缘关系的亲属来务农，似乎要比雇佣没有亲缘关系的田场工人更划算。因此，很难说清楚哪个是原因，哪个是结果。由于大部分田场规模比较小，五口之家更为普遍。以上统计研究显示，中国的大家族正在逐渐式微。

表3　田场作物面积与家庭规模均值（mean）的关系

田场作物面积	家庭规模均值		
	全国	北方地区	南方地区
所有田场	5.21	5.44	5.01
小田场	3.96	3.98	3.94
中等田场	4.52	4.57	4.48
中大田场	5.02	5.13	4.93
大田场	5.76	6.07	5.49
更大田场	7.31	7.92	6.80

数据来源：J. L. Buck, *Land Utilization in China*, Shanghai, 1937, p.370. 平均数源于对101个地区的调查研究，1929—1933年。[1]

关于性别比，即男当百女数，[2] 官方数据显示各省之间以及同省的各县之间都存在差异。就全国来看，民政部1910年的数字是125，《中华民国统计提要》1930年左右的数字是122。一些更加精细的抽

[1]　101个抽样区域的选择与分布，可参阅卜凯主编，《中国土地利用》，成都：金陵大学农学院农业经济系，1941年，第496—499页。——译注
[2]　性别比的表示方法，通常有男当百女数和女当百男数两种："这两个比例法含有同一的意义，不过，一个是用男数作标准来计算女数，一个是用女数作标准来计算男数而已……当一个地方（如国家）的男性多于女性时，用男当百女数较为妥当，女性多于男性时则反是。以吾国的人口现象论，计算性比例时，以用男当百女比例法为相宜，因为在国内，男性总居多数。"参见赵承信，《人口年龄性别分配之分析》，《社会学界》第8卷，1934年6月，第231—232页。——译注

样研究得出的比例则低得多，大约在 110。[1] 虽然这两个官方数字很可能不如抽样研究得到的数据可靠，不过，它们反映了一般人对女性群体的忽视。[2]

如表 4 所示，按年龄组划分性别比是颇具启发性的。低年龄组的性别比随年龄的增长而增长，15 岁起性别比呈不规律的下降趋势，但男性比例仍偏高。50 岁起，性别比随着年龄的增长骤降，55 岁开始女性数量占据上风。因此，就性别比的变化而言，全生命周期可以分为三个阶段。第一阶段从出生开始，到 15 岁时逐渐结束。对女性疏于照顾（the neglect of females）是这一时期性别比不断上升的原因之一。女性容易夭折，因此，女性群体的死亡率高，男性比例偏高。第二阶段介于 15—50 岁之间。这是女性和男性分别进行生命繁衍和经济生产的时期。女性的生育负担过重可能会增加其死亡率，但男性因进城镇务工而短暂或长久地外流，似乎足以抵消女性群体的高死亡率。因此，性别比虽然降低了，却仍然是男性偏高。50 岁之后，幸存下来的女性跳脱出生育义务的束缚，多半也不用再做家务，因为儿媳接替了她们。另一方面，一直以来辛勤工作为家族提供生活资料的男性逐渐衰弱。由此，较低的女性死亡率与较高的性别比一同出现。数据显示，15—50 岁的男性从农村地区流向城市，这一现象直接体现为城市地区 15—50 岁男性群体比例的失衡。城市的性别比很少低于140，有些地区甚至高达 180。[3]

---

[1] 部分抽样结果见实业部，《中国经济年鉴续编》，上海，1935 年，（B），第19 页。

[2] 赵承信指出，就 1928 年内政部的报告来看，"许多县是没有女孩数字的，江西有五个这样的县，绥远有四个，河北一个，察尔哈一个，辽宁五个，湖北十个，一个县，至少有几万人，可是连半个女孩都没有，岂不是笑话？其他少报女孩的县数自然更多。把这些县的男女数分别综合起来，自然有高的性比例"。参见许仕廉、赵承信，《中国人口问题概论（续）》，《天津益世报》，1936 年，10 月 7 日第 12 版。——译注

[3] 此前我曾讨论过这一人口问题，参见赵承信，《人口年龄性别分配之分析》，《社会学界》第 8 卷，1934 年 6 月，第 229—238 页。

表4　中国各年龄组的性别比

年龄组	(1) 全国（1929—1931）	(2) 定县（1930）	(3) 峭岐（1932）	(4) 清河周边十村
0—4	109	104	127	100
5—9	116	110	130	116
10—14	128	111	124	126
15—19	118	113	124	120
20—24	108	112	106	127
25—29	107	110	109	114
30—34	114	110	98	102
35—39	113	108	97	113
40—44	107	111	110	109
45—49	100	102	124	118
50—54	107	103	114	84
55—59	86	99	91	94
60—64	91	100	82	90
65—69	78	90	43	80
70—74	66	78	43	104
75—79	66	66	37	47
80—84	64	47	25	27
85 及以上	25	47	7	25
全年龄	109	106	112	106

数据来源：（1）C. M. Chiao, *A Study of the Chinese Population*, p. 27（1929—1931 年，11 个省 22 个地区 12456 个农家）。（2）李景汉，《农村家庭人口统计的分析》，《社会科学》第 2 卷第 1 期，1936 年 10 月，第 11 页。（3）C. M. Chiao et al., *An Experiment in the Registration of Vital Statistics in China*, Oxford, Ohio, 1938, p. 15.（4）清河社会试验区，燕京大学法学院，未公开发表的统计数据。

表5　家族成员与家主之亲属关系分布（%）

家主的代际关系	全国（1929—1931）[a]	北方地区（1929—1931）[a]	南方地区（1929—1931）[a]	定县（1930）[b]	福建乡村（1934）[c]
祖辈	0.2	0.2	0.2	0.2	0.2
父辈	4.7	4.5	4.8	5.3	5.9
同辈	38.1	36.5	39.5	36.6	42.3
子辈	45.5	44.2	46.6	44.6	43.3
孙辈	9.2	11.8	7.1	12.4	7.1
曾孙辈	0.3	0.5	0.1	0.6	/
非父系亲属	2.0	2.3	1.7	0.3	1.2

数据来源：（a）C. M. Chiao, *A Study of the Chinese Population*, p. 10（11 个省的 12456 个农村家庭）。（b）李景汉，《农村家庭人口统计的分析》，《社会科学》第 2 卷第 1 期，1936 年 10 月，第 8—9 页。（c）林耀华，《义序宗族的研究》，1935 年，硕士学位论文，燕京大学图书馆，第 214 页。

　　家族结构可以通过以家主为参照点的家族人口分布来研究。为此，表5列出了相关数据。家主是参照点，通常是一名男性，特殊情况下会由其妻子担任。家主这一代的百分比包括他自己、他的妻妾和他的兄弟姐妹。父母这一代包括他的父亲、母亲、继母、父亲的兄弟及其妻子、其他同辈的父系亲属。同理，上至祖辈，下到曾孙辈，指的都是家主的父系亲属。最后一行是非父系亲属，例如家主的岳母、母亲的兄弟和妻子的兄弟等等。由给出的统计数据可知，超过80%的家族人口属于家主及其子代，而且其中有约90%的人口属于家主一脉——从参考文献提供的详细信息中可以看出——换言之，与家主住在一起的兄弟姐妹是非常少的。

　　家族结构这方面的特征或许可以通过代际-横向测量做进一步分析。将一名已婚者视为一代或一个横向值，一名未婚者则为半代（0.5）或半个横向值。举例来说，男性家主及其兄弟算一代，他的父

母和祖父母各算一代，他的儿子如果已婚算一代，如果未婚就算半
代。按照横向测量，男性家主及其父母、后代一共算作一个横向值，
一名已婚的兄弟或姐妹作为一个横向值，一名未婚的兄弟或姐妹作为
半个横向值。

表6　家庭的代际与横向分布，清河镇及周边十村，1933 年（%）

代际值或 横向值	代际值对应占比		横向值对应占比	
	清河镇	周边十村	清河镇	周边十村
1.0	16.75	17.4	87.18	91.8
1.5	51.52	45.4	6.41	3.4
2.0	7.66	10.3	3.92	4.2
2.5	21.93	23.9	1.06	0.2
3.0	0.71	1.6	0.71	0.4
3.5	1.43	1.4	0.36	/
4.0	/	/	0.36	/
总计	100.00	100.00	100.00	100.00

注：燕京大学法学院清河社会试验区。清河镇家庭总数为561，周边十村家庭总数为1372。

　　清河镇及周边十村的横向分析数据（表6）显示，大多数家庭的
男性家主只与他们的妻子、父母和后代一起生活。代际分析表明，尽
管多数家庭的男性家主只与他们的妻子及未婚子女住在一起，但仍有
不少家庭会附带父母。从代际-横向分析可知，清河镇及周边十村的
家庭大部分由男性家主、他们的妻子以及未婚子女构成，仅有很少一
部分还会包括他们的父母。

　　以上统计分析似乎都在表明，四世同堂或五世同堂的家族模式在
中国已经逐渐式微。目前，大多数家族在很多方面都不符合第一节中
"中国家族制度"的理想状态。家庭的平均规模是五口人，一个典型
的家族似乎只包括家主、他的妻子和他的未婚子女。

家族的理想状态与实际结构之间的偏差可能对中国人口平衡的基本特征产生较大影响，接下来我们将对此进行详细论述。

家族制度对中国人口平衡的影响

人口平衡通常指两个方面：其一，出生与死亡的生物平衡；其二，生物繁衍与文化生产的平衡。虽然家族制度可能同时影响这两种平衡，但本文仅探讨其对出生与死亡的生物平衡的影响。[①] 此外，出生与死亡是相互关联的现象，家族制度只是导致其变化的原因之一。根据前文所述，我们将尝试从当前的家族结构出发，呈现家族制度对中国人口平衡可能产生的影响。

首先，需要指出的是，在没有人类制度的情况下，生物繁衍将趋近于自身的极限；换言之，生育力，抑或实际的出生人数，很可能接近繁殖力，即潜在的生殖能力。马尔萨斯主义（Malthusian）认为，当生活资料增加时，人口必然会增长。如果这一论断成立，那么从理论上讲，中国的家族制度对生育率不会产生任何积极影响。

其次，中国人对子嗣的渴望决不能等同于对人口增长的渴望。从古至今，一直没有明确的公共政策来促进人口增长。如前所述，中国人渴望子嗣是希望活着的时候有儿子侍奉，死后也能有人慰藉自己的灵魂。由于女性承担着更大的生育责任，因此必须澄清的是，如果真的有人可以宣称中国 36‰ 的出生率很高，那么理论上，国人对子嗣的渴望与高生育率无关。[②]

恰恰相反，家族制度可能会对中国人的繁衍造成负面影响。如前

---

① 有关中国人口区位的论文正在写作中，我将在该文中尝试详细探讨生物繁衍与文化生产的平衡。（参见赵承信，《生育失业与节育》，《北平晨报·人口副刊》第 42 期，1935年；《社区人口的研究》，《社会学界》第 10 卷，1938 年，第 335—357 页。——译注）

② 有关出生率与死亡率的统计分析，参见拙作 "Recent Population Changes in China"，*Yenching Journal of Social Studies*，vol. 1, no. 1, pp. 20 - 32。

所述，女性的服从是中国家族制度的要求之一，在这种特征下，女性不像男性那样受到很好的保护。因此，女性的死亡风险远远高于男性。众所周知，在中国的杀婴案件中，被杀害的女婴要多于男婴。[①] 上一节曾提到，高性别比再次印证了对女性群体的忽视。在其他条件相同的情况下，较高的男性化率将不利于生物的繁衍。[②]

在中国，深植于家族制度的纳妾制使高居不下的男性化率进一步加剧。在一个高性别比的社区中，一妻多夫制是自然而然的婚姻形式，而中国人实行的则是"改良版"——一夫多妻制。但是，纳妾制以普遍存在的卖淫为补充。如前文所述，单口之"家"的男性只能在卖淫制中获得性满足。若其他条件不变，妓女占女性人口总数的比例越高，生育率就越低。综上所述，我们只能得出这样的结论，即中国的家族制度对生育率的影响并非正面的，而是负面的。

其实，当前大多数家族都不符合家族制度的理想状态。那些不到5个人的家族无疑没有达到标准，而那些规模远超平均值的家族，尽管他们声称拥有和谐融洽、欣欣向荣的家族环境，但对人类繁衍来说，可能并没有太大的正面影响。首先，需要指出的是，几乎所有家族都是联合家庭（joint-families），这些家族由父亲及其儿子的核心家庭（elementary family），或者父系的叔伯、兄弟的核心家庭组合而成。这些联合家庭与一个核心家庭的规模不同，[③] 而只有核心家庭的规模不断扩大，才能反映出人口的增长态势。其次，孩子的数量常常与男性家主联系起来，但这是一个人口统计上的错误，因为生育应该与女

---

① 对此，乔启明有注记，参见 C. M. Chiao et al., *An Experiment in the Registration of Vital Statistics in China*, Oxford, Ohio, 1938, p. 28。

② 参阅 G. H. L. Pitt-Rivers, *The Clash of Culture and the Contact of Races*, London, 1927, pp. 115 – 141。

③ 从人类学上讲，核心家庭的成员仅限一名男性、他的妻子（们）以及他们亲生或领养的未婚子女。联合家庭是由一些具有血缘（或领养）关系的核心家庭组成，且以共同生活为划分标准的家庭单位。父系联合家庭则是由父亲及其儿孙，还有他们的妻子以及未婚子女组成的共同生活的单位。社会组织相关的术语定义，参见 *Notes and Queries on Anthropology*, London, 1929, pp. 54 – 58。

性相关。如果一个男人一生中娶了五任妻子，那么即便有十个孩子，他的生育率仍然很低。无疑，这种将子女与（男性）家主相关联的人口统计错误，是主流观点认为中国人生育率高的重要原因之一。

尽管以上所有论述都反对中国的家族制度对"她的"生育率有积极影响，但在某种程度上，它很可能是一种间接的修正力量。诚然，如果没有人类制度，人口必然会增长至生活资料所能维持的极限，而家族制度的存在极有可能使中国"成功"绕开了节育。想生儿子这件事本身就会阻碍一切避孕措施。除了堕胎和杀婴，人们没有采取过任何有效控制人口的措施。然而，应当指出的是，不受理想状态下的家族制度影响的贫困家庭会想要控制人口数量——堕胎和杀婴有时也经常发生在这类家庭中。

在受过教育的群体中，家族制度的力量正在迅速衰微。于他们而言，传统家族的瓦解只是时间问题。节制生育的观念最近才从国外引入，如果家族制度不复存在，那么阻碍节育的社会力量将所剩无几。一旦受教育的女性从传统的服从性角色中解放出来，生育与生业之间的竞争将会非常激烈。在不久的将来，很可能不会再以牺牲文化活动为代价来进行生育了。

综上可知，曾经，家族制度对中国的人口平衡的影响，既有积极的，又有消极的。随着这种意识形态力量的瓦解，国家不得不寻找维持人口平衡的新基点；但使这一基点产生的新力量仍是未知的。这就是当下中国人口问题的症结所在。

（译者单位：中国人民大学社会学院）

四川哥老会[*][①]

廖泰初

王元 译 高鹏程 校

四川省内运行着各种秘密社团，其中最为著名的是哥老会（兄弟会）。哥老会发挥着举足轻重的作用，尤其在农村地区。社会各界参与其中，日常生活的方方面面——社会、政治和经济几乎都受其影响。关于它的起源，说法不一。一种认为，哥老会是旧社会的遗存。另一种说法指出，哥老会是肇始于反抗清（1644—1912）统治者的隐秘运动。还有一种将其与明（1368—1644）末清初反对满族的知识分子联系起来。然而，如此强大的社团得以产生，极有可能不是单一因素导致的。对明朝统治者的忠心（包括粉饰自我牺牲）、清朝统治下举步维艰的生存处境，以及民间广为流传的对过去知名人物慷慨、兄弟般行为的描述，必然都是哥老会发展的决定性因素。

约莫是在清初，华东地区一批受过教育但不满清朝统治的有志之

* 原载：T'ai-ch'u Liao, "The Ko Lao Hui in Szechuan", *Pacific Affairs*, vol. 20, no. 2, 1947, pp. 161–173. 本文的翻译得到中国人民大学 2022 年度重大规划项目"中国特色社会学的历史演进和本土逻辑"（22XNLG09）的支持。译文格式尽可能遵从原文，不做过多改动。

① 这些说明所依据的材料部分是 1943—1945 年期间在成都崇义桥和九里桥收集而来的。（1943 年春，燕京大学法学院接受洛克菲勒基金会赞助，在成都城北十余公里处的崇义桥成立农村服务研究处，由廖泰初先生组织其事。服务工作分为社会调查和社会服务两部分。燕京大学法学院师生对当地政治、经济、社会情况展开深入调查，产出调查报告、学术论文多篇。参见雷洁琼、水世琤，《燕京大学社会服务工作三十年》，《中国社会工作》第 4 期，1998 年，第 39—40 页。——译注）

士创立了哥老会。创设之初的目的很简单：反抗现有政府。不论出身如何、归属哪一阶层，只要支持这一目的，就会受到欢迎，并被当作兄弟。平等和八德（孝、悌、忠、信、礼、耻、廉、义），特别是最后一种美德——义①（包括正义和慷慨），被虔诚地实践着。曾有一阵子，哥老会会员将八德写进了长袍，以供识别。

随着时间的推移和新会员的加入，哥老会的影响日益壮大，活动也愈加多元，这使得不良分子"混"了进来。② 内部的变化和清政府的施压（政府知道了哥老会的存在并试图将它根除）迫使哥老会顺着长江逐步西迁，首先定于湖南、湖北，最终到了四川。至本世纪（译按：20世纪）初，其分会已遍布四川的大部分地区。

四川的哥老会在地理上可分为两大类。第一类分布在成都平原之上，涵盖14个区（县）——总面积约1350平方英里（译按：1英里约1.61公里），其中包含4/3万英亩中国最肥沃的农田。普遍认为这里是哥老会圈子的中心③：据估计，该地区70%的男性都是哥老会的会员。他们以干预当地（以及，某种程度上，全省的）政治事务，摒弃秘密社团传统、行规和黑话，以及违法活动而为人熟知。

这一区域的各分会间联系密切：在需要时相互帮助，在执行共同会规时进行合作，甚至采取武装行动。某一分会也会庇护其他分会的会员，尽管这些人可能是因为违反了法律而被迫离家的。④ 分会之上没有统筹协调机构，它们之间的合作有时并不完美。好在消息在分会间传播得足够快，让它们像是在单一命令下行事。但分会间正在逐渐

---

① "义"在中国备受尊崇。哥老会内部，"义"既是社团团结的象征，又是所有会员的最高理想。"哥老"的意思就是（年长的）兄弟，体现着平等观和义气观。

② 如清末，湖南接收了大量复转军人，这极大改变了哥老会的原有结构——规模扩大的同时其活动影响力被削弱了。

③ 位于成都西北8英里处郊区的崇义桥，其中19名保长是哥老会会员。另一个是位于成都以西3英里处的九里桥，其乡长本人就是整个地区（约100平方英里）的领导会员。

④ 1945年12月，崇义分会正在照顾的一个就是邻近分会的领导人。他在征兵的小问题上与政府意见相左，导致他的下属向某些政府军开火，杀死了一些人。在崇义桥，他享受到了皇室般的待遇：丰富的食物，良好的陪伴，以及当地会员的尊重。

疏离；超越地区范围的共同行动如今已经很少见了。

第二类分布在长江沿岸，其组织严密程度不如上一类。篇幅所限，本文不再考虑这一群体。

* * *

哥老会活动扩展到整个成都平原的确切时间不得而知，但人们认为是晚清的某一时段。如今，每个地区至少有一个分会在运行。每个分会都被视为一个独立的组织单位，有自己（地理上）的影响范围；会员不得越界从事社会活动。

首领（舵把子，字面意思是"舵手"）是分会中的一把手。但不是所有舵把子都同样受欢迎，或一样杰出，或在社会事务中具有相当的影响力。某些舵把子之所以出类拔萃，是因为他们年事已高、德行堪称楷模或具有其他一些重要特质。一些最有影响力的舵把子活跃在公共事务中，可以促成或破坏地区甚至省级行政工作。舵把子一职虽然不是严格选举产生的，但只有征得分会中其他会员同意后才能当选。

所有会员视同手足，但仍有等级之分，每个分会有八九个不同的等级①（不同分会略有差异）。排级最初由舵把子在每年的入会仪式上授予。所授级别取决于受封者过去的一般经验、教育程度和经济状况。但是，仅仅获得较高的级别，并不意味着他拥有任何特定的职位。

舵把子以下是几名助手，各自配有特定的职能。例如，副舵把子

---

① 不同学者对哥老会内部结构称谓的梳理略有差异。李榕的描述中有总负责人"坐堂老帽"、管理日常事务的"行堂老帽"、主持谋议的"圣贤二爷"、收管银钱的"当家三爷"、专掌传话派人的"红旗五爷"、掌刀杖打杀的"黑旗五爷"和众多聚党行劫的"放飘（起班子）"。参见李榕，《禀曾中堂李制军彭宫保刘中丞》，《十三峰书屋·批牍》卷1，成都：迪毅书社，1922年，第17—18页。沈宝媛在对"望镇"袍哥的考察中也提到了这种严密的分层：上层是舵把子，下层是小兄弟，中间阶层则是三哥、五哥、六哥等。参见沈宝媛，《一个农村社团家庭》，北平：燕京大学社会学系学士毕业论文，1946年，第19—22页。本文的翻译则主要参考了王纯五，《袍哥探秘》，成都：巴蜀书社，1993年，第36—38页；刘延刚、唐兴禄、米运刚，《四川袍哥史稿》，成都：四川教育出版社，2015年，第47—49页。以下不再赘述。——译注

应该像圣贤一样，可以通过劝人向善的方式解决会员之间的分歧，而不是援引"法律"。还有两名管事或当家，一名负责分会内部业务，另一名负责跨会事务。[①] 除了重大的管理事务必须同舵把子协商外，日常由这两位管事负责运行：看管账目和财产，仲裁分歧，保存记录，组织两次盛大的例会，接待宾客和来访者，等等。

分会间的事务可能包括：交流有关行政官员变动的重要信息、会员的死亡、开除不良分子、对特定政府法规的态度（如 1944 年的征兵计划）、出席社交聚会的邀请、提议解决分会或其会员之间的冲突。不久前，一个分会的会员不知为何被另一个分会的会员毒打，经过拉锯式谈判，最终以后者精心布下 16 桌酒席以示歉意而圆满了结。

来自其他分会的避难者[②]由管事接收。避难者抵达后会就近前往一家茶馆：找张桌子坐下，在桌上放上一条猪肉，然后点一杯茶或热水。熟悉这一仪式的茶馆掌柜便立即派人去请当地分会的管事。管事很快出现，并向避难者提出一系列问题，而避难者必须以适当的、极其专业的隐语作答。如果证实避难者是违反了政府法律（但不违反哥老会的规条）的犯人，管事将为他提供住所或足够的资金、衣服及类似的东西以确保他能够到达自己选择的另一个目的地。

根据社团的正式章程，除上述人员外，每个分会还有数名执事人员，包括掌管敬拜的管事、掌印人、掌握"外交"的管事、预算管理者、会务监督者、新来会员的福利管理者、各项惩罚的监督者、行刑者、放哨者、警卫员、招待员等。[③] 然而，实际上，除舵把子、副舵把子和两个管事外，只有一两个会员在帮助管理分会。为符合哥老会当前的社会环境，组织结构已大大简化。因此，舵把子可能要求任何

---

① 副舵把子即圣贤二爷，有时分管提调，有时仅为受人尊敬的闲散位置。此外，主内管事又称黑旗管事，主外的管事又称红旗管事。——译注

② 一般而言，这些人认为违法后离家一段时间是明智的。

③ 掌印人即元堂，掌门口的证章、印信。掌握"外交"的管事即礼堂，掌司仪。预算管理者即陪堂，掌堂口经济。会务监督者即监证，堂口盟誓的监察者。行刑者即刑堂，管执法。放哨者称巡风、护律，又叫蓝旗，负责侦察放哨及资格审查。警卫员称纪纲，负责纪律检查。招待员即跑腿老幺。——译注

其他会员为他跑腿。除了每年两次盛大的例会（占用寺庙或茶馆），社团运行都是在舵把子或管事家里进行的，现代意义上的办公室是不存在的。大多数领导会员都在茶馆里度过闲暇时光，互相闲聊。如果不了解他们的习惯，这些人是很难被找到的。

除了偶尔为审议紧急事项而召开的、由少数重要会员出席的执法堂外，每个分会每年会举行两次正式会议。所有会员都应出席。

* * *

其中一次大会在农历五月十三，[①] 举行专门的仪式以接纳新会员、提拔老会员、惩罚作恶者，若有管事最近去世了，则推选继任者。入会仪式在寺庙或茶馆举行，非常壮观，香堂里装饰着关公的肖像、雕像或神位，据传他是哥老会的创始人；[②] 置有许多点燃的香烛，旁边摆放着祭品（通常是肉、鸡和水果）；两侧的墙壁上贴着颂扬忠诚和为事业牺牲理想（义）的对联。

进入大厅后，每位候选人都会在香堂前行三跪九叩礼，向关公表示敬意。接下来，一名管事会和他进行简短的教理问答。盟誓会遵守所有会规并视同胞为兄弟后，他转身向主位的舵把子叩首。舵把子的脸掩在扇子后（兴许是为了掩饰他对这种荣誉的尴尬）。在舵把子宣布候选人的排级后，候选人立即再三道谢，随后便转向其他重要会员，向他们鞠躬或磕头以示喜悦；最终向两位引荐人、两位保举人鞠躬。[③]

---

① 即"单刀会"。单刀乃关羽的武器，农历五月十三这天是传说中关羽的诞生日。参见王笛，《袍哥：1940 年代川西乡村的暴力与秩序》，北京：北京大学出版社，2018 年，第 98 页。——译注

② 一是传说关羽在曹操帐下时总是穿着结拜兄弟刘备所赠的旧袍，"袍哥"这一称谓便代指结拜兄弟；二是袍哥崇尚武艺和暴力，关羽在民间的文化中被推崇为"战神"；三是袍哥认为自己是汉代人的后裔，他们的出现旨在反清复明，而关羽是"汉"的代表。因此将关羽作为创始人的信仰和崇拜，既有历史文化渊源，又有强烈的政治凝聚力。参见王笛，《袍哥：1940 年代川西乡村的暴力与秩序》，北京：北京大学出版社，2018 年，第 100—102 页。——译注

③ 候选人必须有这样四位老会员的背书，并须支付入会费（1945 年约为 2000 法币）。

最后,他的名字被登记在龙簿(名册)上,而他也被纳为新会员。这个场合通常在道贺声、鞭炮声中结束,社团或富有的新会员会为此举办盛宴。

按照惯例,新会员会收到一份会员证书。第一页可能包含分会的名称和盖章;第二页抄有孙中山的愿景,其上是他的肖像;第三页是蒋介石的几句教诲和他的肖像;第四页是社训和八德;第五页是分会管事的签名,然后是新会员的姓名和级别;第六页是签发日期。①

"五月"大会的第二个功能是擢升排级。擢升通常是为了表彰对社团或舵把子所做出的英勇的或其他令人钦佩的行为,对社团的经济贡献,对同伴的帮助,以及诸如此类的情况。上级会员比下级会员更容易获得晋升,而下首必须无限期地留在"后座"。某人一旦坐上舵把子的位置,只有离世时才会卸任。顺带一提,像舵把子这样的重要人物去世,非会员和会员在内的社区全体人员都要为其吊孝送丧。整个过程会持续七个星期。②

"五月"大会的第三个功能是惩罚会员。哥老会有一套广泛的规章和纪律,但影响到社团其他方面的变化过程也使该会规或多或少地过时了。哥老会过去曾有一阵子严格地执行着无数会规——旨在促进兄弟情谊,奉行忠义、孝道,以合乎体统的方式对待女性,反清复明,尊重长者,以及蔑视金钱。如今,在遵守规则和惩罚违规行为的严格程度上,不同分会存在着明显差异;其程度取决于每个分会会员所遵守的道德标准(ethical standards)。谁违反了社团的会规,首先受到的是其所在分会舵把子或密友的责备。罪行严重的可以当即通过执法堂进行处理,而无须等待开山立堂。因此,在"五月"大会上审议的案件,通常只是轻微的行为不端。简短地讨论这些案件后,舵把子

---

① 这份清单说明了哥老会仪式适应当今流行的程度。
② 崇义桥的一位舵把子去世后,集市(market)中心的一栋大楼被辟为哀悼场地,无数的挽联表达了失去伟大领袖的悲痛,丧幡、纸扎制品和冥币等装饰着主要街道。悼念者从很远的地方赶来。即便是孙中山的去世,也不曾(译按:在当地)引起这样的轰动。

会宣布每个案件对应的惩罚。

　　刑罚分为几档：死刑（通过可耻的缓慢肢解、活埋或枪毙），杖责、尺打、公开辱骂（让犯人当众跪在特殊长凳上，背上贴着描述其罪行的红布条）。除死刑外，其他惩罚的目的是纠正而不是伤害会员。没有人愿意看到同伴受惩。事实上，尽管名义上存在惩罚，但现实中大多数不良分子只会受到警告或斥责。如果案子过于严重，犯人就会被"抛弃"，也就是枪决。社团宁愿自行处决会员，也不愿将他们交给政府，因为后者于整个社团而言是一种耻辱。逐出分会可以代替死刑；在这种情况下，任何其他分会都不会收留这个犯人。

　　每年的第二次大会在大年三十举行，这是庆祝和大扫除的日子，也会秘密地赌博和吸食鸦片。后两种活动，社团都不视为犯罪；它们为社团带来巨额的财务资金。由于这次团年会是在（中国）新年期间——庆祝活动至少持续两周——会员们拥有了一个绝佳的社交机会。团年会上一般会讨论总的社团会规和财务报告，根据会员的财务状况向他们收取会费，推举会员以填补空缺职位，并报告最近发生的重要事件。也会宣布排级的升降；特别是在分会"好"会员多于"坏"会员的情况下。宣布清除分会中不正之风所采取的措施，警告不良分子，并确定驱逐重大犯人的日期。大家坐在一起分享一年中的最后一餐——象征着团结和兄弟情谊，正是这些将会员们凝结在了一起。

* * *

　　哥老会能在四川蔓延，并将其活动扩展至当今社会众多方面的原因如下：首先，在中国这样的国家，"皇权不下乡"，共享相似利益的人倾向于抱团以保护这些利益，即使这样做可能会给他人带来灾难。成都平原的哥老会中掌握实权的会员，绝大部分属于中产阶级。每个人拥有五到八英亩的土地，并直接或间接地从他居住的土地上获得收入；还可能拥有一两间集市中心的铺面。这些人将社团视为一种群体保险的形式——保障家庭的福祉，助益其生意，并保护其财产免受侵扰、征收或过度征税。最初，为了满足极端保守的需要，哥老会出现了：它要维持社会秩序，维护公认的行为标准，并在灾难发生时为其会员提供保护。① 在一个"无法无天"、缺乏西方式保险（意外保险、人身保险或社会保险）的地区，这种安全是人们最渴望的。哥老会实际上是一个互助协会，通过保护邻里的财产和安全来维护自身的财产和安全。

大量中产阶级抱团时，往往会获得社区事务的控制权；无论谁想在此立足，都必须与他们合作，或者推翻他们。因此，上层阶级的成员常与哥老会合作；事实上，有时因为他们有卓越的经营知识，这些上层阶级的代表可能会在社区的分会中承担管理者的角色。有时，受过良好教育、具有社会意识的人如果希望留在社区工作，就必须参与社团的活动。下层阶级也发现他们必须依靠社团谋生，因而成为其靠下排级的会员。"义"的实践为下层阶级提供了一种免于不幸的保险形式。如果下级会员病了或死了，他的家庭会得到照顾。在某些地区，无论土地所有权如何变更，佃户只要是哥老会的会员，就不能被驱逐。只要服从上级的命令，就不必担心失业；如果这种命令违反了政府法律，那么在被政府通缉时，一般可以获得住房、食物和照料。如果一名排级较高的会员犯了罪，并且（令人惊奇地）受到政府的大力追捕，社团会出一个人去顶罪、受罚，并承担所需的费用。

哥老会在四川持续存在的另一个原因是近年来那里普遍存在的混乱和无序。战争期间，中央政府——定都四川，并急于避免不必要的动荡——助长了省政府的"懒政"（lax administrarion）。政府对大多

---

① 1942 年，我在成都遇到一位哥老会会员，他虽因失去四肢而丧失了赚钱的能力，但仍然在一栋大而精美的房子里享受着四个年轻小妾的服侍。后来才知道，他的安逸处境完全受益于同社的伙伴。他们认为，作为社团里的好兄弟，他在遭遇不幸之后理应得到最好的照料。

数问题采取妥协的态度，这促进了地方主义的发展，使哥老会有机会扩大活动的范围和种类，以至于干涉许多政府的行政事务。无论如何，四川政府的长期腐败使民众失去了信心，[①] 战争年代只是加剧了这种不满和不信任，以至于任何新的官方措施都会受到质疑。人们已经习惯于通过政府之外的方式来管理他们的事务、解决他们的分歧。他们很自然地求助于当地哥老会分会的舵把子，他至少在理论上代表着兄弟情谊、孝道和正确对待妇女的行为。舵把子不但是权力的拥有者，而且是正义的象征。无论是非会员之间还是会员之间的分歧，现在都普遍交由舵把子来解决。

哥老会不是一个政党，也不会对国家政策的制定提出任何主张——只要其不危及中产阶级创办人的利益。因此，迄今为止，哥老会的政治活动仍处于防御状态。个别会员可能担任政府要职，但整个社团仍与国民党政治保持着距离。社团对共产主义提出了尖锐的批评，认为它与中产阶级的利益相抵触。对政治采取放任自流态度的同时，哥老会密切关注官方政策，特别是在它认为牵涉自身利益的时候。

元通村分会舵把子黄润琴这个经典案例就体现了哥老会在这方面的作用。对于生活在这里的人们来说，元通与其说是一个村庄，不如说是一个以黄氏为王的国家。黄拥有大约 400 英亩的土地和数千件随身武器，这些武器由他直接指挥的 3000 人（所有社团会员）携带。在县城，他和他的一些手下盘踞在一座用机枪炮台加固的大宅邸里。他的几位近亲在省级和市级政府中担任要职。两个排的警卫和警察都配备了黄的枪，并且只听令于他，而这些人的工资由县政府承担。他的手下也在地方官的办公室；事实上，地方官不过是一个傀儡，其职

---

① 抗日战争的最后几年，许多四川军队在没有足够再就业供应的情况下被遣散，这大大增加了社团中不良会员的数量，反过来又给政府工作上了难度。社团会员拥有数量异常庞大的小型武器，使得局势进一步恶化。我在调查成都附近两个地区的过程中了解到，当地几乎每个哥老会会员都拥有一把手枪或步枪。在成都地区，每两个会员中就有一个无证持枪。领导人也经常拥有最新型号的机枪。

能是向黄传达政令并听候他的指示。未经黄事先同意，县政府不会采取任何行动。他不仅主持县议会的工作，还任命县议会所有其他议员。黄的案例是社团权力的典型代表，虽然本质上是非政治性的，但经常干预有时甚至直接控制县政府。[①]

社团的每个分会都有常规收入，这些收入来源很多，其中最重要的是鸦片馆。一个地方有十个这样的窝点，每个窝点都由不同的高级会员管理。它们必须向分会缴纳一定的费用，半秘密的赌场和妓院也必须如此。武器、汽油和其他重要战争物资等违禁物品的非法交易在社团的监管和保护下进行，每笔交易都收取费用。另一种收入来源是"集市"，这里虽然没有货物交易，但批发油菜籽、大米以及诸如此类的商品；由于没有货物作为证据，政府代理人即使在场，也看不到任何可以征税的东西，但是社团保存着完整的交易记录，会代替政府征税。[②] 此外，哥老会控制着许多内陆交通，因为它经营着一系列类似于海关的检查站，商人和其他旅客被迫停留在此缴费。

其他非正规的收入来源更难以估量。分会辖区内的大多数大商店每年都得孝敬舵把子或分会，奉上现金或者实物，一年得好几回。孝敬的数量取决于商店的规模。保护费的收取经常发生，不仅可能影响到商人，还可能影响到土地所有者，他们的每一亩地都要缴纳一定的金额。尽管大多数分会并不公开鼓励盗窃、抢劫和绑架，但犯下此类罪行的会员通常会去找他们的舵把子，并将大部分所得上交分会以换取保护。（如果认识分会中对口的人，可以向他求助，通常可以找回"丢失"的物品。）哥老会的一些领导人利用社团的权力，以牺牲非会

---

① 当然，社团还会以其他方式彰显权力。例如，当地煤矿和盐厂的每批货物都得向社团支付大笔款项，付费后产品才能运往集市。到成都平原各区进行巡视之前，政府官员要通知哥老会负责人，并确定能够得到保护。这一程序是必要的，因为土匪、县卫兵和行政人员通常都是该社会员。

② 1945年在一个这样的"集市"上，每担（133磅）售出的大米收取200法币，平均每天可能转手300担，社团分会仅在大米销售一项上就可获约60000法币的收益。每个月有八九个"集市"日。（1磅约为0.45千克。——译注）

员甚至其他会员为代价，满足一己私欲，但他们所获好处的一部分总是用于社团的需要。①

＊ ＊ ＊

四川哥老会最有趣的一个方面，涉及其近年来形式和活动上发生的变化。哥老会所在社会需求和利益的转变，导致了社团在动因和精神方面的变化。例如爱国主义——特别是反抗清朝统治者——曾被认为是创立哥老会的主要动因。但自从作为统治者的清朝和作为独立民族的满族消失之后，② 这种鼓舞人心的情感来源也随之消失了。孝道和尊老的理想虽然仍然被遵守，但由于战争和西方思想的渗透，已不如从前有吸引力了。另一方面，作为所有哥老会活动（尤其是涉及群体保险和保障的活动）的核心，"义"和兄弟情谊不但仍然是社团重要的原则，而且比以往任何时候都更受推崇，这主要是因为人民的安全日益受到现行政府制度的威胁。

所有秘密社团都有一个突出特点，那就是其会员对隐语的使用。出于各种原因——区分会员和非会员，让会员瞒过官府，等等——一个秘密社团，尤其在其发展的早期阶段，通过创造与一般用法大不相同的隐语，会员间能够自如交流而不为外人所知，便于区别团体内外的身份。然而，目前哥老会已经公开化，几乎到了尽人皆知的地步，谁只要强烈渴望，就有可能加入。既然大部分活动已是常识，哥老会也就不再需要用密语来隐藏了。相反，哥老会将一些新词引入其用语之中，表明它对不断变化的社会环境一定程度的适应。

---

① 某天清晨，成都城外6英里（约9.66公里）处发生的一件事表明了这个社团是如何行事的。三名携带巨款的棉花经销商受到三名拦路抢劫的强盗（哥老会的会员，依其中一位领导人的指示行事）的袭击。劫匪刚搜罗完战利品，一支护路队就恰巧来到现场，双方展开枪战。枪战持续了数小时，护路队员和劫匪各死两名，另有几位护路队员受伤。幸存的劫匪携款逃亡——这些钱随后用作两名牺牲者家属的"抚恤金"。

② 现在一般认为，满族依然存在。——译注

　　入会条件逐渐放宽，到了几乎人人都能加入的地步，这导致了明显的地方差异。地方军阀、退休政客、腐败的政府官员和复员军人大量加入哥老会，他们中很少有人对社团的社会目标感兴趣，这导致社团从事的不良活动越来越多，同时也加剧了各分会之间的分裂倾向。对于传统的哥老会会员来说，这种趋势代表了堕落，最终必然导致彻底的分离和解散。

　　另一方面，很明显的是，在被取代之前，哥老会将仍有权力。政府虽然很清楚社团的力量和影响力在不断增长，但除了偶尔发出警告外，几乎没有采取任何措施来打压它。政府官员禁止加入社团，公立学校的学生一旦入会，就会受到开除的威胁。但人们可能会质疑这项政策的效力，因为它忽视了哥老会的表现，并允许其发展壮大。当然，更好的办法是调查哥老会——探寻它为何存在，如何运作，作用是什么——然后找到改革它的方法，将它转化为改善人民福祉的有效力量。因为哥老会的基本原则不是反社会的。如果省内的政治局势仍然混乱；如果政府的腐败现象继续存在；如果失业问题，尤其是复员军人的失业问题没有得到解决；如果大众教育仍然完全不足；如果在目前的善后期没有提供某种群体保险；那么，人们肯定会继续向哥老会寻求保护和生计。

四川，成都，1946 年

（译者单位：中国人民大学社会学院）

法律和人类学[*]

E. A. 霍贝尔

王伟臣　周嘉雯　译

把法律单纯视作伟大的人类学文件，并按此立场研究法律，完全恰如其分。[①]

一

如若要把法律和人类学更好地融合在一起，那么一定要打下一个坚实有效的基础。二者必须互相助力于对方的发展；二者必须互相增益于对方的研究；二者必须持续不断地互相滋养着对方。从任意某个原始部落挑选一些案例，然后同文明世界的法律规则做静态比较，没有什么太大的意义。这种研究也许能够激发我们的好奇心，也许还能给我们带来某种乐趣；甚至说，如果研究的覆盖面足够广阔，它在一定程度上还有助于我们理解法律处理恩怨纠葛的精髓和不足。但是，作为一种关于人类社会的研究，法学不能仅仅满足于分析这些被当作民族学珍品而陈列出来的静态的法律趣闻。法学家和法律研究者整日

＊　原载：E. A. Hoebel, "Law and Anthropology", *Virginia Law Review*, vol. 32, no. 4, 1946, pp. 835 – 854。译文格式尽可能遵从原文，不做过多改动。

① Holmes, "Law in Science and Science in Law", *Harvard Law Review*, vol. 12, no. 7, 1899, p. 444.

忙于自己的业务，无暇顾及人类学家的所思所想，除非人类学能够为他们研究、实践法律提供某种动态的且具有重要启发性的帮助。

本文之所以在开篇使用"如若"这个词，是基于如下事实：法律和人类学并没有实现宏观层面上的融合，想要做到这一点，仍然需要进一步努力。在筹备本次研讨会的过程中，我们可以清晰地感觉到，社会人类学家和法学家之间形同陌路的日子已经一去不复返了。双方关注的其实是同一问题的不同侧面。如要解决现代文明社会的复杂问题，法学和人类学就不能忽略彼此的智识与经验。闭门造车的历史已经正式结束了。但是，为什么在其他社会科学愈发走向亲密的今天，法律和人类学的联合反而滞后了？

我们可以为人类学家的懈怠找到两点原因：（1）对法律性质存在误解（或不理解）；以及（2）未能在法学领域发现可以着力的现实的、真正的问题。

人类学家未能理解法律的本质，在很大程度上是法学家造成的。法律人士大多目光狭隘。他们不会向大众公开展示他们操练法律的技术，取而代之的是无意义的话术。正是因为目光狭隘，西方文明才认为法律从概念上讲具有一系列的专业特征。一方面是为了不让外界了解法律技术，另一方面也因为长久以来忽视了创设法律的初衷，我们的律师们已经不愿意将案件涉及的问题、功能和本质以及解决问题的方式简化到非专业人士也可处理的难度和清晰度。例如，法律史学家和分析法学家已经告诉我们，没有什么东西能在一开始就比法律更精致，更复杂，更有威信，更有条理，更有目的性。几乎所有的人类学家都默默地接受了这种观点，而原始人的法律世界与其说是未被探索，还不如说根本不存在。关于这一点，我们可以说，这体现了法律和法律研究者所具有的威望与声势。但人类学家却好像来自另外一个世界，他们总是持怀疑态度并喜欢寻根问底。

人类学家认为，他们在研究原始社会时之所以忽视了法律，是因为他们的目光都聚焦到了习惯。他们高呼："习惯为王。"习惯就是一切。他们一般有两种观点，其中之一，这里压根就没有法律，因为习惯能关照一切，而野蛮人则是自觉遵守习惯的奴隶；另外一种观点虽然承认法律的存在，却通过某种奇怪的诡辩逻辑将法律并入纯粹的习惯之中。实际上，无论采取什么观点，原始社会中都不存在作为一种独特社会现象的法律。关于原始法律有过专论的英国人类学家西德尼·哈特兰（E. Sidney Hartland）曾表示，"原始法律实际上是部落习惯的总和"。[1] 同为英国人的德赖伯格（J. H. Driberg）也表示，"……法律是一套规制个体及群体的行为规则……"。[2] J. P. 吉林（J. P. Gillin）就这一主题发表了一种典型美国式的观点：从广义上讲，法律只是规范一个群体成员行为的意见集合。[3]

林德夫妇（Lynds）于 1929 年和 1937 年所做的著名的米德尔敦（Middletown）研究也体现了这种人类学的态度。克拉克·威斯勒（Clark Wissler）教授[4]认为他们此项研究的意义在于，这是社会人类学方法首次应用到一个当代的美国社区：一项"对其活动全过程"的研究。[5] 然而，关于这个针对特定美国社区整体所做的人类学研究，卡尔·卢埃林（Karl N. Llewellyn）挪揄且不无中肯地评论道："那个社区的法律层面似乎不值得研究——或者说无法研究。"[6]

除美国之外，其他国家的学者也在尝试将人类学应用于法律研究。其中，又以德国的成果最为引人注目。在科勒（Kohler）、波斯特

---

[1]　Hartland, *Primitive Law*, Methuen & Co., 1924, p. 5.

[2]　Driberg, "Primitive Law in Eastern Africa", *Journal of the International African Institute*, vol. 1, no. 1, 1928, p. 65.

[3]　Gillin, "Crime and Custom among the Barama River Carib of British New Guinea", *American Anthropologist*, vol. 36, no. 3, 1934, pp. 331–344. 需要指出的是，J. P. 吉林在其与 J. L. 吉林（J. L. Gillin）于 1942 年出版的社会学著作中放弃了这一说法，转而采用一个更有效的概念。（标题有误，应为 "Crime and Punishment among the Barama River Carib of British Guiana"。——译注）

[4]　纽约美国自然历史博物馆人类学名誉馆长。

[5]　Wissler, Introduction to R. S. and H. M. Lynd, *Middletown: A Study in American Culture*, Harcourt, Brace and Company, 1929.

[6]　Llewellyn, "The Theory of Legal Science", *North Carolina Law Review*, vol. 20, no. 1, 1941, p. 7, n. 7a.

（A. H. Post）和斯坦梅茨（S. R. Steinmetz）的领导下，一个德国民族法学派在上世纪最后十年和本世纪头二十五年里蓬勃发展。该学派在《比较法学杂志》（*Zeitschrift für Vergleichende Rechtswissenschaft*）上发表了大量文章。波斯特的《民族法学纲要》（*Grundriss der Ethnologischen Jurisprudenz*）和斯坦梅茨的《对于刑罚起源的人类学研究》（*Ethnologische Studien zur ersten Entwicklung der Strafe*）则是两部代表之作。在此基础上，该学派编撰了一套庞大的关于前德国殖民地土著法的专题报告。①

　　不幸的是，尽管该学派做出了巨大努力，但其核心关切是基于一套假设命题设计出的法律"进化"系统，而这套系统在经验主义的人类学看来是站不住脚的。德国学派的研究缺乏对司法过程或法律相互关系之功能的动态分析。因此，德国民族法学派的研究看上去很热闹，但在他们的圈子之外，并没有给人类学留下什么太深的印象，而且对法学研究而言几乎没有产生任何影响。②

　　荷兰学者同样对法律和人类学做出了巨大贡献，且情况与德国学派稍有不同。实际上，在原始法的研究领域，荷兰的法律人类学无论在质量还是数量上均冠绝全球。他们关于荷属东印度群岛的阿达特法（adat，即习惯法）的研究成果已达数百卷之巨。但这些作品都是用荷兰语书写的③——一种只有少数非荷兰籍的社会科学家和法学家能够阅读的小众语言。在法律和人类学的融合方面，荷兰学者已经取得了长足的进步。他们不仅收集了关于土著法律的第一手知识，还充分利

---

① Schultz-Ewerth, *Das Eingeborenen-Recht*, Strecker und Schröder, 1929 – 1931.

② 古特曼（Bruno Gutmann）的作品 *Das Recht der Dschagga*（Beck'sche, 1926）是个优秀的例外。重要的是，古特曼是一个不属于任何"学派"的传教士，没有遵照德国学派所设计的调查问卷。

③ 特·哈尔（B. J. ter Haar）教授的《阿达特法的原则与体系》（*Beginselen En Stelsel van Het Adatrecht*, J. B. Wolters', 1939）即将以"印度尼西亚的习惯法"（"Adat Law in Indonesia"）为名翻译出版。此次出版获得东南亚研究院的赞助，我和亚瑟·塞勒（A. Arthur Schiller）还专门撰写了序言并做了案例补编。这是第一本用英语呈现的关于印度尼西亚阿达特法的作品。

用这些知识对土著村落社区实施法律管理。整个印度尼西亚足足有95%的人口都居住在这些社区里。荷兰学者的研究兴趣兼具实践性和学术性（法律研究正应如此）。如果有更多的英美学者能够看懂荷兰语，或者荷兰学者能够更多地使用其他通用语言来写作，那么我们就能更多地受益于荷兰学者的研究。尽管如此，荷兰的法律人类学研究仍然存在一些不足之处。他们依据人为划定的荷属东印度群岛的疆界来确定自己的研究范围，显然太过随意：这是行政利益带来的不利后果。① 他们对系统化问题着笔过多，而这可能是受过大陆民法训练的法学家最为关心的问题。他们对法律的程序和法律的社会心理学关注甚少，也忽视了作为社会科学的法律理论。

二

寻找法律的定义如同寻找圣杯。马克思·雷丁（Max Radin）曾语重心长地表示："像我们这样的谦卑之士已经放弃对法律下定义了。"② 此言非虚。可是，为了实现法律和人类学的相互融合，必须得在原始法律和现代法律之间寻找一些为双方所承认的共同之处并以此展开对话。从现代社会科学的立场（而不是执业律师的角度）来看，法律其实只是一种专门的社会控制机制；进一步讲，是关于人类某些特定行为的集合。那么问题在于：什么类型的行为？我们知道，有的社会与我们的组织方式并不相同，那么在这些社会中，哪些控制机制与我们所谓的法律最为相似？现代法学正是在此做出了基础性贡献。

不少人类学家都有一个奇怪的观念，即田野工作者实地调查原始

① 遗憾的是，这是任何聚焦于人类社会微观层面的法律研究所面临的永恒问题。法律是受地域和案件限制的。真正经得起时间考验的通论一定是专题研究，这也是我们现在所缺少的。不过，如果把注意力转向功能和过程，此项研究就可以加速发展。

② Radin, "A Restatement of Hohfeld", *Harvard Law Review*, vol. 51, no. 7, 1938, p. 1145.

文化时不能对社会制度抱有任何成见，否则就容易把原始社会的种种行为套入现代文明所构建的模型当中。人类学家都听说过，早期的西班牙人曾认为阿兹特克帝国施行加泰罗尼亚式的君主制，但事实上二者区别很大。人类学家也清楚，用我们的财产概念来描述原始社会的财产概念尽管很方便，但实际上，二者有着本质的差异。所以人类学家担心，如果对法律制度有任何先入之见，就会以我们的现代经验而非原始人的视角来看待和表达原始法律。作为一种方法论准则，这种警示就其核心要义而言是非常合理的。社会科学必须始终竭力地严格把控其阐释者所持的偏见和文化压力（cultural compulsives）。① 但是如果过分强调这种压力，甚至不能接受任何的先入之见，那么显然就是矫枉过正了。"先入之见"，其实就是假设，是非常重要的。如果没有合理地形成并运用假设，那么科学工作者就没有任何可以用于研究的工具。他没有"先见"，所以也就无法处理、诠释或检验他在现实中的发现。具而言之，如果他不知道什么是法律，也就无法发现法律。在过去，平庸的非专业人士并没有注意到原始社会中存在着一些有趣的现象，而人类学家之所以能提醒人们多加关注，恰恰是因为他们早在实地考察原始社会之前，就对自己期待且试图找寻的东西有了深入的了解。

那么，如果我们必须对法律可能由什么构成或什么是法律的关键要素有一个合适的概念，我们或许可以提出这个问题：什么使法律成为法律？

尽管典型的受法典化思维影响的欧洲法律人会表示反对，但法律肯定不是通过立法成为法律的。大多数原始法律都非经立法，而且，肇始于霍姆斯（O. W. Holmes）的现代社会学法学（sociological jurisprudence）和法律现实主义已经非常清楚地表明，大部分的现代

---

① 参见 Calverton, "Modern Anthropology and the Theory of Cultural Compulsives", in *The Making of Man: An Outline of Anthropology*, The Modern Library, 1931, p. 1。

法律也都非经立法。① 英国法学早就证明了这一点，正如萨尔蒙德（John Salmond）所言，"所有的法律，无论如何制定，都是由法院承认和管理的，法院所承认的规则即是法律规则。因此，为了探索法律的真正本质，我们必须去法院而非立法机关"。② 关于法律本质的概念，目前最经典的表述是由卡多佐（B. N. Cardozo）所提出的：法律是"一套已获确立的行为规范或原则，它能够在适当的、确定的情况下，预言何种行为是正当的。如果它的权威受到挑战，法院能使其得到执行"。③

这种行为主义的法律概念可以让人类学家有迹可循，但对于具体研究而言仍不足够。因为如果我们以传统方式理解法庭，即一个职业法官端坐其间，法警、书记员和律师分坐两旁，我们可能就会得出结论：没有法院，就没有法律。这就是困扰马克思·雷丁的问题，而他也深知人类学家的痛处。也许，这一问题也使他断言："要确定预设的行为是合法的还是非法的，需要借助一种权威判断。在我们的社会中，这种权威判断就是把案件提交给法庭以求获得判决。其他社会也有这种最判断，但通常可能不是由法院完成的。总而言之，尽管这种判断并不容易，但任何社会任何时间都有能力做到。"④ 马克思·雷丁说得很好。可他心目中的法院是什么样的？有些法院是很难识别的。从人类学的角度来看，它们可能是周期性的部落法庭，如具有司法职能的美国印第安部落会议，或由酋长及其长老会、亲信组成的西非阿散蒂人（Asante）的法庭。⑤

一般而言，这种类型的原始法庭并不难以识别。美国律师协会的

---

① Holmes, "The Path of the Law", *Harvard Law Review*, vol. 10, no. 8, 1897, pp. 457 – 478. 因为最新近和最优异的论述是基于对一份决定的分析，它是在一天之内传达下去的（1944 年 3 月 20 日）。参见 Llewellyn, "How Appellate Courts Decide Cases", *Pennsylvania Bar Association Quarterly*, 1945, vol. 16, no. 3, pp. 220 – 248。

② Salmond, *Jurisprudence (7th ed)*, Sweet & Maxwell, 1924, p. 49.

③ Cardozo, *The Growth of the Law*, Yale University Press, 1924, p. 52.

④ Radin, "A Restatement of Hohfeld", *Harvard Law Review*, vol. 51, no. 7, 1938, p. 1145.

⑤ 参见 Rattray, *Ashanti Law and Constitution*, Clarendon Press, 1929。

任何一位会员都能轻易地看出它是什么。但是，夏延（Cheyenne）印第安人的军事会社中却存在着更为隐蔽的"法庭"。让我们思考卧狼（Wolf Lies Down）的案例：有位朋友在他本人未在场的情况下"借走"了他的马。由于他的这位朋友一直未能从前线返回，卧狼就将这件事情告知了他的会社——厄尔克士兵团（Elk Soldiers）。"现在我想知道该怎么做，"他说，"我想让你们告诉我正确的做法。"会社酋长们派了一位信使将这位朋友从一个遥远的军事营地带了过来。这位朋友对自己的行为做了充分的、可接受的解释，还向控诉人提供了丰厚的赔偿，两人还结拜成血盟兄弟。之后，酋长们说："现在这桩事情了结了。"但是，他们如同立法机关似的继续说："现在我们要制定一个新规则。不得再有不问自取的借马。如果再有人不经询问而拿走他人的物品，我们将替他直接取回物品。不仅如此，如果拿东西的人试图据为己有，我们就给他一鞭子。"① 谁能否认厄尔克士兵团实际上就是整个部落的法庭？如果把这个法庭理解为上文所提到的那种权威判断的话，那么，首先，它判断的是责任的承担。对此，士兵团一清二楚。其次，这种判断有没有权威性？士兵团显然具有。最后，是关于判断的方法。士兵团没有正式地遵循先例制度，所以并不"需要"遵守过去的做法。后来，士兵团的酋长们意识到解决这个案子的规则是崭新的，于是就宣布了这一新的规则。

加利福尼亚的尤罗克（Yurok）印第安人是一种典型的专业组织化程度较弱的人群，所以他们的"法庭"不太明显，但不代表没有。一个权益受损且认为自己有合法诉求的尤罗克人可以雇佣其社区之外的两个非亲属人员为其提供服务。被告也可以这样做。这些人被称为"穿梭者"，因为他们在当事人之间来回穿梭。争议的双方并不直接见面。在了解了每一方提供的证据和诉求后，"穿梭者"将基于事实做

---

① 参见 Llewellyn and Hoebel, *The Cheyenne Way: Conflict and Case Law in Primitive Jurisprudence*, University of Oklahoma Press, 1941, p. 127。

出判决。如果原告胜诉，他们就会根据众所周知的既定标准确定一个赔偿数额。他们每个人都会因辛劳和付出得到一块被称为"莫卡辛"（moccassin）的贝壳货币。[1] 这种穿梭者也是一种法庭。

　　甚至在更原始的部落，如果受害方或其男性亲属非要在没有第三方介入的情形下提起并完成诉讼，而诉讼程序符合公认且既定的秩序，那么仍然会有一个"法庭"，即至少会强制执行一种公认的"法律"程序，尽管最终的法庭可能只是"公众舆论的舞台"。如果公共舆论一边倒地认为原告在程序上无可指责，且原告提出的解决方案或赔偿请求合情合理，而过错方认为自己必须做出让步从而接受解决方案，那么原告和支持他的公众舆论就构成了一种原生态的"法庭"，而整个程序也就具有了"合法性"。

　　让我们来思考爱斯基摩人（Eskimo）处理杀人惯犯的问题。初次实施杀人行为只会导致仇怨，因为复仇者并不享有一种公认的权力，可以手刃凶手或凶手的男性亲属且不会招致新一轮的复仇。当然，复仇是由于法律的缺位，因为喋血复仇与其说源于法律规定，还不如说是某种社会法则。在爱斯基摩人看来，第二次实施杀人行为会让罪犯成为公敌。这时，一些有识之士便有义务主动询问社区内所有成年男性的意见，以确定他们是否赞成处死罪犯。如果大家一致同意处以极刑，那么这些有识之士就会承担处死罪犯的任务，而罪犯的亲属不得报复他们。过去的实例表明，从未发生过报复行为。[2] 这显然是一种社区"法庭"。这也是马克思·雷丁设想的一种法院类型。

　　尽管在大多数原始社会中都存在这种意义上的法院，但在识别法律这个问题上，并不需要执着于讨论法院的概念。在任何社会中，法

　　① Alfred Louis Kroeber, *Yurok Law*, International Congress of Americanists, 1922, p. 511 及以下页。

　　② Franz Boas, *The Central Eskimo: Sixth Annual Report of the Bureau of Ethnology to the Secretary of the Smithsonian Institution*, Government Printing Office, 1888, pp. 399–670; Rasmussen, *Across Arctic America*, G. P. Putnam's Sons, 1927, p. 60; Hoebel, "Law-Ways of the Primitive Eskimos", *Journal of Criminal Law and Criminology*, vol. 31, no. 6, 1941, pp. 663–683.

律都有一个真正的必要因素，即合法使用人身强迫。法律是有牙齿的，尽管不需要龇牙咧嘴，但牙齿是会咬人的。正如霍姆斯法官所说："司法权的基础是实体权力，尽管在文明时代，没有必要在整个诉讼过程中都维系这一权力。"① 我们可以对这一说法略加补充：权力的潜在性并不仅仅是文明时代的专利；原始社会的案例表明，如果被告愿意配合履行适当的程序，那么也就无须显示法律背后的力量。耶林（Rudolph von Jhering）同样强调法律中的强制力因素，"没有强制力的法律徒具空名"。② 还有一个更有诗意的说法，"没有强制力的法律规范就如同一把不燃烧的火，一缕不发亮的光"。③ 对此，我们表示同意。

但法律中的强制力有其特殊的含义。强制力意味着强迫，其极端形式是身体压迫。当然，有多少种权力，就有多少种强迫，只有符合特定条件和形式的强迫才是合法的。匪徒的强迫就是非法的。甚至父母施加的人身强迫，如果形式极端，也是非法的。合法强迫在本质上是一种为各方所普遍认可的动武，而这种动武行为必须由特权方基于合法的原因、在合法的时间、通过合法的方式，以威胁或实际的方式加以实施。这使得法律制裁有别于其他社会规则。

动武的特权构成了法律中的"正式"要素。如果一个人被公认或特别承认有权施加人身强迫，那么他就代表了社会权威。他不一定是一个有法律职务或警务头衔的官员。在任何原始社会中，针对私犯的所谓"自诉人"其实都带有临时官员的性质，且仅限于某一特定案件。他代表的并不仅仅是他自己、他的家人或他所在的氏族。在解决案件的过程中，他得到了整个社会中无利害关系的其他民众的认可或默许。如果该部落的其他成员在舆论上支持他，即使这种支持未公开表示，从最广泛的意义上说，也意味着社会认为被告的行为是错误的，因为其行为违背了全社会的基本准则。因此，对整个群体而言，

---

① McDonald v. Maybee, 243 U. S. 90, 91, 37 Sup. Ct. 343, 61 L. Ed. 608, 609 (1917).

② Jhering, *Law as a Means to an End*, Creative Media Partners, 1924, p. 190.

③ 同上书, p. 241。

被告行为其本身就是对社会的一种伤害，尽管这种群体感受可能还没有强烈到足以使得整个群体主动采取公开且具体的行动。但对于自诉人而言，他不仅代表了广义的社会利益，同时代表了他自己。在关于原始法律的研究中，人们普遍忽视了这一事实。而正是在这个意义上，我们可以说，刑法和私法的差异是程度上的而非种类上的。当然，我们也要承认，在原始法律中，有些行为毫无疑问在事实和感情上更加强烈地触动了普遍利益。例如，亵渎神灵、杀人倾向以及经常出现的叛逆与通敌。

现代观念倾向于将刑法和私法加以对比。本文的上述观点无意于否认这种对比的价值。事实上，这种现代观念能够帮助我们认识到，与组织化程度较高的文明世界的法律体系相比，原始法律的侧重点在于，私法占主导地位。

法律的第三个明确特征是规律性（regularity）。规律性是合法性意义上的法律与科学意义上的法律的共同点。人们必须注意到，规律性并不意味着绝对的确定性。只要有人类的地方，就不可能有真正的确定性。然而，规律性还是比比皆是的，因为这是所有社会赖以存续的基础。就法律而言，先例规则并非普通法系法学家们的私人物品。正如我们将要看到的，原始法律也建立在先例之上。因为在那里，新判决有赖于旧的法律规则或习惯规范，而合理的新判决往往为未来的判决奠定了基础。

因此，我们可以说，在我们所观察到的任何社会中，如果要把法律与纯粹的习俗或道德区分开来，那么就必须按照现代法学的提示，寻求以下三个要素：武力、官方权威和规律性。

除此之外，现代法学还迫使人类学家关注了其他因素，比如，原告的角色以及问题案件（trouble-case）的极端重要性。在原始社会法律的发展过程中，原告的角色是最为关键的一个要素。许多研究者都讨论过原始社会的管理机构相对缺乏立法的情况。在美国人类学家当中，罗伯特·罗维（Robert Lowie）教授关于法律现象的研究可谓独树一帜。他提出了一个相当典型的主流观点："……应当注意的是，与更复杂的文明相比，大多数原始社群的立法功能似乎被奇怪地削减了。"① 萨尔蒙德也异曲同工地表示，"在早期的孕育阶段，国家的职能是执行法律，而非创造法律"。② 罗维接着提到，"习惯法已经预测了社会日常运行过程中的所有紧急情况，所以现有管理机构的任务是严格遵守惯例，而不是创造新的先例"。③ 这种说法对完全静止的社会来说是正确的。但我相信，罗维教授会第一个承认，没有社会是完全静止的。新的变故总是会随时出现。人类社会的一条永恒的规律就在于它没有规律。特别是当陌生的文化彼此接触时，新的素材、新的行为方式和观念就会进入文化图景当中。

这些新元素通常不会被所有社会成员同时接受。不可避免的后果是，当一些成员获得新的物品和新的理念时，他们会取得新的利益，然而旧的文化并未对此做出规定。他们对新取得物的利用必然会与他人所持的旧标准发生冲突。因此，必然产生新的习惯和法律。

最近，人类学家对涵化（acculturation）的过程给予了相当多的关注，④ 但值得注意的是，他们对文化调适（cultural adjustment）的法律手段却着笔不多。⑤ 同时，我们还可以说，学者们对这种变化发生的具体过程并没有太多认识。所谓具体过程是指，每一天都有什么变化，以及变化如何在人群之中传播。

现代法学通过诉讼过程研究法律的形成，这也给人类学家带来了很多启示。社会学法学指出，权利冲突中的违约和纠纷是最常见的法律来源。"违约"，西格尔（William Seagle）认为，"是法律之母，正

---

① Robert Harry Lowie, *Primitive Society*, Boni and Liveright, 1920, p. 358.

② Salmond, *Jurisprudence (7th ed)*, Sweet & Maxwell, 1924, p. 213.

③ Lowie, *Primitive Society*, Boni and Liveright, 1920, p. 259.

④ 参见 Ralph Linton, *Acculturation in Seven American Indian Tribes*, D. Appleton-Century Company, 1940.

⑤ 也有例外，最近的一部作品参见 I. Schapera, *Tribal Legislation among the Tswana of the Bechuanaland Protectorate*, Percy Lund, Humphries & Co. Ltd（由该出版商为伦敦政治经济学院出版），1944, p. 9。

如必要性是发明之母"。① 霍姆斯告诉我们："法律体现着那些在观念斗争中凯旋从而将自己转化为行动的信条。"罗斯科·庞德（Roscoe Pound）同样写道："法律试图调和、协调、中和那些重叠或冲突的利益。"② 法律的存在是为了指导行为，使利益冲突不至于发展成公开的争斗。法律的存在是为了清除利益冲突时产生的混乱。而新的规则想要获得确立，通常需要经历一次综合判断，即这种利益是否符合公认的有益于社会的标准。当然，不幸的是，暴君、篡权者和讼棍可以而且也的确按照他们自己的意愿玷污了法律的宗旨，而没有考虑社会利益或者公认的社会准绳。

现实中的法律有一条金科律例，可以这样来表述：除非一项纠纷的发生本身是为了通过诉讼的历练来检验法律规则的成效，否则无论我们怎样设想各种可能性，都不可能为具体情形提前确定最合适的法律规则。需要指出的是，这一点对于人类学家也极其重要。如果有什么"法律"从来没有人违反过，那么其充其量只是一种万能的日常习惯，它得经历一次法律事件并引发相应的法律后果，才能让人们深入认识到它的法律性质。

与原始人打交道的田野工作者就面临着类似的遭遇。一方面，这些原始人无法清晰地总结出他们的规范，而另一方面，田野工作者无论在哪里找到案例都得被迫利用案例来识别法律。例如，当我尝试性地询问科曼契（Comanche）印第安人，部落法律如何处理妻子与他人私奔，回答通常如下："嗯，我不知道这一点。但是我可以告诉你，当我的叔叔灰袍（Grey Robe）与吼狼（Howling Wolf）的妻子私奔时发生的情况。"当你在许多类似的案例中发现一条规律性的线索时，法律就会浮出水面。

当你将目光聚焦于问题案件时，也就无法忽视原告和被告在法律

① William Seagle, *The Quest for Law*, A. A. Knopf, 1941, p. 35.

② Roscoe Pound, "*A Theory of Social Interests*", *15 Publications of the American Sociological Society*, The University of Chicago Press, 1920, p. 44.

形成过程中的关键作用。判例法告诉我们，法律是在诉讼即判例中生长的，但是民族学研究往往忽视了这一点。帕克（Parker）的这一结论显然不是信口开河："尽管在逻辑理论上，实体法优于程序法，但历史上的情况恰恰相反。原始法典几乎完全由程序性规则构成；我们也不能忘记'法律隐匿在程序的缝隙中'这一经典格言。"①

在任何纠纷案件中，无论裁判如何或由谁做出，都是由原告和被告为诉讼请求、反诉和反驳提供依据。并且，如果一方或另一方巧妙地、恰当地、聪明地做到了这一点，那么就很有可能根据他的陈述来确定判决理由。无论争讼者的动机多么自私，除非他是个傻瓜，否则他都会在"正确的"社会原则、普适性正义以及全社会福祉的背景之下，提出自己的诉求。不然，凭什么社会一直站在他这一边？所以，这里就涉及他的诉求与既有的社会秩序原则的一致性。实际上，他越敏锐、越能熟练地记录和论证他的案子，他就越有可能按照自己的意愿塑造法律。

通过案例能够更加详细地阐明这种塑造法律的过程，从而证明其在原始社会所发挥的作用。卡尔·卢埃林和我的另一本书中详细地展现了我们在夏延印第安人的法律方式中所搜集的丰富案例，② 此处就不再赘述了。简·理查森（Jane Richardson）博士关于基奥瓦人（Kiowa）的研究同样揭示了辩护（pleading）在原始法学中的建设性作用，但是基奥瓦人并没有发展出如夏延人那般不同寻常的法律技能。③

霍菲尔德（W. H. Hohfeldian）式的法律分析体系是现代法学创造的另一工具，它对于理解原始社会的法律具有重要意义。霍菲尔德的基本概念至少能在以下四个方面对人类学家有所帮助。

第一，霍菲尔德的基本前提是，所有的法律关系都是特定的人与人之间的关系。只要我们试图认识和理解法律，就要谨记这一点。当我们

---

① Salmond, *Juriprudence* (*7th ed*), Sweet & Maxwell, 1924, p. 652, n. 378.

② Llewellyn and Hoebel, *The Cheyerrne Way: Conflict and Case Law in Primitive Jurisprudence*, University of Oklahoma Press, 1941, 尤其是第 12 章。

③ Richardson, *Law and Status among the Kiowa Indians*, J. J. Augustin, 1942.

试图构建一个强制系统或关系系统时，法院、警察和监狱都是次要工具，而非法律制度的基础。它们是构建系统的行为数据（behavior-data）。

第二，霍菲尔德提出了八个概念、四对关系，即请求权（demand-right）—义务（duty）、特许权（privilege-right）—无请求权（no demand-right）、权能（power）—责任（liability）、豁免权（immunity）—无权能（no-power）。他不仅定义了这些关系，还示范性地展示了如何使用这些关系作为分析框架，从而阐明了法律关系中的基本要素的确切含义和内容。正如库克（W. W. Cook）所言，霍菲尔德通过许多例子展示了西方社会的法院所面临的困境：一方面，它得不断地区分出这八个概念；另一方面，又因缺乏清晰的概念和精确的术语而难以区分。① 人类学家在试图阐释原始人的法律制度时，也面临着同样的需求和困惑。然而，正如雷丁向我们保证的那样，运用霍菲尔德的精准、清晰的概念，很有可能将"……纷繁复杂的法律事务简化到其最真实的构成要件或分子样态的程度……"。② 因此，"使用更好的术语、更好的思维工具来思考问题，你就能使问题变得清晰而非模棱两可，因为你的术语是明确的"。③ 空谈不如实践。在哈洛韦尔（A. I. Hallowell）对于财产制度（现代的和原始的）的精彩分析中，④ 在霍菲尔德关于尤罗克法律以及其他一些原始社会案例的研究中，我们都可以发现可供检验的材料。⑤

第三，霍菲尔德的分析确凿地证明了，原始社会与文明社会在法律关系的组成方面具有根本一致性，换言之，原始法律和现代法律有

① Cook, "Hohfeld's Contributions to the Science of Law", *The Yale Law Journal*, vol. 28, no. 8, 1919, pp. 721 – 738.

② Radin, "A Restatement of Hohfeld", *Harvard Law Review*, vol. 51, no. 7, 1938, p. 1164.

③ Llewellynt, *The Bramble Bush: Some Lectures on Law and Its Study*, Columbia University School of Law, 1930, p. 88.

④ Hallowell, "The Nature and Function of Property as a Social Institution", *Journal of Legal and Political Sociology*, vol. 1, no. 3 – 4, 1943, pp. 115 – 138.

⑤ Hoebel, "Fundamental Legal Concepts as Applied in the Study of Primitive Law", *The Yale Law Journal*, vol. 51, no. 6, 1942, pp. 951 – 966.

一个最小的共同点。

第四，它可以有效地应用于任何具有强制性互惠关系的社会复合体，即使是非法律的，因此它有助于理解社会组织的其他方面。

简言之，任何社会科学家都能理解和运用霍菲尔德的概念。如果有人类学家想要研究法律却面临种种困扰，那么霍菲尔德的概念就是扫除这种困扰的最精准和最可靠的工具。所有认真从事文化整体研究的学者都可以也应该使用这种工具。

三

目前为止，我们用了大部分篇幅讨论了法律和人类学的融合对于人类学学科的意义。那么反过来，人类学对法律而言，有什么意义呢？

人类学在研究人类行为方面的主要价值在于，它能够使我们跳脱出自己的"舒适圈"（cake of custom），带领我们站在一系列的制高点上，审视我们自身的文化和行为。由此，我们可以看到不同的人是如何通过相似的或不同的方式实现类似目标的；我们可以看到他们如何设想他们的目标，而这些目标在我们看来可能完全没有价值。此外，当我们解决那些疑难问题时，人类学的发现有助于激发新的想法和思路。当我们可以找到某种现实存在的社会体制时，人类学能够提供一种真空环境，让我们可以利用类似的条件进行实验。因此，人类学往往能够为社会科学家提供一种替代性的实验环境，通过已经准备好的对照材料，来检验其对西方社会的观察。

埃利希（E. Ehrlich）曾表示，"法律史和民族法律科学（ethnological legal science）重点关注的是法律的发展，对于理解现行法律没有价值"。① 此外，他还提到，"试图通过历史或史前研究，即

---

① Ehrlich, *Fundamental Principles of the Sociology of Law*, Harvard University Press, 1938, p. 489.

一种民族学式的研究来理解当下，是一种原则性错误"。① 我认为，埃利希的这些评价针对的应该是德国的那种进化论式的法律人类学，②而我们在一开始就对其做了批判。

在现代人类学家当中，出版了名著《原始社会的犯罪和习俗》③的马林诺夫斯基（Bronislaw Malinowski）是首位对法律学说产生了真正影响的学者。他没有从原则和规则的角度出发，而是从他所观察到的真实人类，即特罗布里恩岛民（Trobriand Islanders）的行为视角，来描述他所看到的法律。詹姆斯·弗雷泽爵士（Sir James Frazer）写道："马林诺夫斯基方法的独特之处在于他充分考虑到了人性的复杂。可以说，他是在立体而非平面的空间中看待人类的。他始终牢记，人类是一种感性与理性同样丰沛的生物。此外，他总是不厌其烦地讨论人类行为的情感和理性基础。"④ 正是凭借着这些品质，马林诺夫斯基为二十年前就已奄奄一息的新生儿——人类学法学注入了生命力。他的材料是真实而鲜活的，因此对于法学而言，就构成了一个不容忽视的挑战。这并没有夸张，尽管他的法律概念多少有些不够准确；甚至到最后，在确定什么是法律的问题上，他依然否认违法行为和权威性制裁的重要性。⑤ 他坚持认为，法律的关键在于互惠，而基本的制裁就是中断互惠义务。他的法律概念过于宽泛、过于社会学，且容易遭到法学家完全否定的评价。⑥ 尽管如此，他还是在正统法学的外壳上

---

① 同上书，P. 488。

② "然而，从根本上来说，即使是民族学也是历史性的，因为它以如下主张为基础：所有民族的法律都经历了大致相同的发展阶段，因此民族学法律研究所关注的是处于较低发展阶段的民族的法律，它至少在主要框架上与其他所有民族过去的法律相吻合。"同上书，p. 474。

③ Malinowski, *Crime and Custom in Savage Society*, Transaction Publishers, 1936.

④ Frazer, "Preface to Malinoski", in *Argonauts of the Western Pacific*, Dutton, 1922, p. ix.

⑤ Malinowski, "A New Instrument for the Study of Law—Especially Primitive", *The Yale Law Journal*, vol. 51, no. 8, 1944, pp. 1237 – 1254. （此处的发表时间有误，应为1942年。——译注）

⑥ 参见 Seagle, "Primitive Law and Professor Malinowski", *American Anthropologist*, vol. 39, no. 2, 1937, pp. 275 – 290。

打入了一个强有力的楔子，还有力地支撑了如下学说：法律是社会行为而非逻辑抽象。

正是在这最后一点上，原始法律研究对法学做出了最根本的贡献。如果法律人士能够阅读且吃透原始法律研究，可能就会发现其自身的法律思维的基本逻辑：法律是一种社会工具，亦即，达到目的之手段，而非目的本身。我无法确定，这在多大程度上会增强他们的社会良知。但毫无疑问的是，如果在工作中能够树立一种科学家的态度，且努力构建一种"法律的社会生理学"（social physiology of law），那么必然能够激发出法律人士的社会科学意识。这一定大有裨益，因为法律人士之于国家，如同内科医生之于人体解剖学一样重要。

人类学对于法律技术和法律学说做出了更为具体的贡献。法律行业最致命的社会痼疾可能就是法律主义（legalism）：对于实质性规则和程序性礼节的控制越发地膨胀。专门性（technicality）压倒了技术性（technique）。幸运的是，法律主义从未使美国法律的血管完全硬化，尽管有时会以一种令人难受的方式堵塞它们。我们也发现，正义和法律并不总是同义的，并且有时法律会导致骇人的后果。对于规律性的需要、对确定性的追求以及对手头案件做出一个符合社会期待的判决，都是长期困扰法学家的基本问题。当暴君控制了规律性规则的制定，或者当整个社会弥漫着法律主义之时，外行人士就会诅咒法律和法律工作者，或者像诗人所写的，通人性的拉灵车的马会嘶吼着"送一位律师上路"。①

现在，与法律史学家的论断相反，② 法律主义并非原始法的一个基本特征。除了非洲黑人的专制君主——他们对诉讼和仪式性程序表

---

① Carl Sandburg, "The Lawyers Know Too Much", in *Smoke and Steel*, Harcourt, Brace and Co., 1921, pp. 85 - 86.

② 梅因爵士（Sir Henry Maine）指出："古代法保留了其对于专门性和形式主义的偏好的基本特征。"参见 Maine, *Early Law and Custom*, Henry Holt and Co., 1883, p. 389。梅因不应该因此受到太多的指责，毕竟他所研究的是早期文明的古老法律，并不是原始人的法律。一个又一个法律史学家奇怪地、刚愎自用地将这个"古代"视为"原始"的同义词，并错误地将梅因的理论标准化。

现出显著的偏好，大多数原始人并没有发展出法律技术。所以，专门化的职业官员也就不能利用法律来谋取私利。法律在很大程度上是掌握在人民手中的。它与巫术的关系也不像人们通常认为的那样密切。每个诉讼当事人都希望获得他认为自己应该获得的，而且只要他有把握能够控制住程序，为了利益他就不会冒险寻求什么超越功能成效（functional effectiveness）的仪式化的解决方式。

然而，在原始人中，的确有一部分民族能够更有意识地认识到他们的文化可以被用来解决问题。有学者认为，野蛮人是自觉遵守习惯的奴隶。马林诺夫斯基嘲笑了这种愚昧观念。像现代人一样，所有原始人都或多或少地意识到，文化是一种可以利用的东西，而当文化阻碍人们的生活且不能完全被人操纵时，就应当被束之高阁。当这种意识很强烈，并且他们有能力将其用于解决自身的法律问题时，他们就掌握了卡尔·卢埃林所生动地称之为"法律方法"（legal method）的精髓。[1] 当这种技能使他们能够凭借实体规则以健全且公平的方式解决内部冲突，从而使程序引导法律行动的过程，以整个社会的智慧来解决纠纷，那么由技能所产生的方法就叫作"法学方法"（juristic method）。[2] 这就是以自己的工作为荣的法学家们所追求的高雅艺术。外行人对此赞不绝口，内行人也欣然自得。讼棍或更资深的法律人对此也并无异议。

在法学方法这个问题上，最大的困难是，掌握法学方法的人似乎无法将这一方法传达给其他人。法学教师是否能做到这一点？也许只有非常优秀的少数人能做到。经验丰富的法官能否将其传授给即将升任法官的律师？一些律师能从优异的法官的工作中感受到这一点。但是卡多佐曾以案例表明，甚至很少有法官能以口头方式描绘出判决的

---

[1]　Llewellyn, "The Normative, the Legal, and the Law-jobs: The Problem of Juristic Method", *The Yale Law Journal*, vol. 49, no. 8, 1940, p. 1398.

[2]　同上；另见 Llewellyn, "On the Good, the True, the Beautiful, in Law", *University of Chicago Law Review*, vol. 9, no. 2, 1942, pp. 224 – 265。

司法过程，更不用说更为微妙的法学方法了。① 既然法官和律师都认为传授确切的法律方法是件困难的事儿，那么，如果我们在法院和立法机构中看到有人试图做出尝试，大概率也是种偶然现象，而非有意为之。

在这个问题上，法律民族学的作用是什么？当我们置身事外地观察法学方法，也就更容易看清它的运行状态。之后，我们可以识别它，阐明它的运作方式，并有意识地、亲手将其应用到我们自己的法律研究中，以提高我们的研究水平。

四

在即将到来的趋向于融合的新世界中，人类学和法律有很好的机会携手为人类服务。在非洲和亚洲，数以亿计的人民正在形成自我意识，寻求自我选择适合自己发展的道路。世界上的大多数国家正准备在世界组织中团结起来。现如今，人类社会正前所未有地试图推动世界各地法律制度一体化。随着联合国的发展臻于完善，对于那些为全人类立法的人来说，广泛了解全人类法律制度的基本原理就成了一个绝对必要的前提条件。人们必须不断加强比较法的学习和研究。既然人类社会的法律经验存在着多个层面，那么法学家和人类学家必须携手努力合作，找到其中最适合用来应对挑战的那些事实、方法和价值观。

（译者单位：上海外国语大学法学院）

---

① Cardozo, *The Nature of the Judicial Process*, Yale University Press, 1921, p. 9.

研究论文

义序"迎将军"*
一个闽东乡村游神民俗的展演与记录

阮云星　王静妮

摘　要　闽东"义序研究"由林耀华先生开创于 1930 年代。本文记录诠释了 2008 年义序"迎将军"迎神赛会之台前幕后过程和结构，并就当代乡村民间信仰民俗组织的困境以及人类学影视表现的问题做了初步讨论。本文认为，当代中国乡村民间信仰民俗的人类学"深描"任重道远，影视人类学有助于"主位"记录和表现民间信仰民俗的行动与观念；当前乡村信仰民俗的组织"困境"有赖于"文化多元社区"的（"社区多元文化"之）合法性正名，而乡村各种内源性组织的培育是基础，文化遗产保护项目的实施是契机。

关键词　影视人类学；民俗组织；视觉记录；义序；"迎将军"

　　本文记录了 2008 年义序"迎将军"这一乡村迎神赛会台前幕后的全过程，并就当代乡村民俗组织存续之困境以及人类学影视表现的问题做初步讨论。

---

　　*　今年（2024）是林耀华先生义序人类学田野调查 90 周年，谨以此文纪念先生开拓性的义序社区研究业绩。此未刊旧文投刊之际，我们仅做了审读性润色和个别添加。

一、序章

携带上摄影机（JVC201）和三脚架，我们追踪了一个闽东乡村迎神赛会台前幕后之全过程。虽然这次追踪得以成行，得益于一个科研项目的立项和一个"世界大会"的感召，[①] 然而这种聚焦的热望实则由来已久。

1995年，笔者（阮云星，下同）进入闽东义序乡村开启人类学的回访研究。"义序研究"由林耀华先生于1930年代开拓。林先生提交燕京大学社会学系的硕士论文《义序宗族的研究》（1935）是"义序研究"的开山之作，其后进一步说明当时新锐的功能主义理论与中国乡村研究关系的硕士论文要约《从人类学的观点考察中国宗族乡村》（1936）成为莫里斯·弗里德曼（Maurice Freedman）构建中国宗族理论的重要依据（弗里德曼，2000［1958］；Szonyi，2002）。而笔者"义序研究"的理论契机恰是对弗里德曼中国宗族理论的批评性讨论（阮云星，2001）。2005年，一部提起"宗族风土论"假说的政治人类学著作的问世，终是给了自己十年的研究一个交代（阮云星，2005）。其后，义序的田野还在继续，而笔者更多将注意力放在了"民间信仰"这一民俗文化的复兴和变迁问题上，本文的基本素材就源于此。

（一）义序

义序（黄氏聚居村落），位于福建省会福州市南郊的南台岛南端。

---

① 该科研项目为2007年浙江省钱江人才计划资助课题"非物质文化遗产保护和研究中影视人类学的运用"（本文亦为该项目的阶段性成果），又恰逢国际人类学与民族学联合会第十六届世界大会即将在中国召开，特以此人类学影视片和论文参会。借此机会，谨向浙江省钱江人才计划基金、2009年昆明"世界人类学民族学大会"影视人类学专题组以及义序乡村的父老乡亲等有关方面深表谢忱！

1930 年代的义序方圆约 7.5 平方公里，人口约 10000（黄氏占 98% 以上）。① 林耀华称之为"宗族乡村"（single lineage village）。② 现在的义序隶属福州市仓山区盖山镇，含七个村委会的"习惯片"（历史宗族地域）；村委会的并立，分别隶属于镇政府的行政与村域结构，加之经济发展和人口流动引发的社会分化，强化了"习惯片"中的分化倾向，而包括"宗族"活动、迎神赛会在内的民俗活动则维系着传统的社会关联、认同和"习惯片"的民间秩序和团结。

（二）"迎将军"

"迎将军"，即每年农历二月在义序乡间进行的"地头神"迎神赛会民俗活动。③ 将军信仰迟至 18 世纪初（约雍正年间）开始在义序地域流行起来。"三将军"（宋室荩臣张世杰、杨亮节、李庭芝）信仰原是义序民间诸神信仰中的一种，后因其"灵验"，很快就在当地成为香火很旺的神灵。乾隆初年，义序兴建"将军庙"，在义序宗族（尤其族内乡绅）的积极参与下，"三将军"成为日渐扩大的大义序地域的守护神（新的"义序境"的"地头神"）。迟至 19 世纪初，"迎将军"游神活动业已成为地域性盛大节庆。"迎将军"游神活动于 1940 年代福州抗战时期，以及新中国成立后至改革开放前的一定时期偃旗息鼓，最近的复兴始于 1980 年代初。

---

① 此为 1935 年林耀华先生根据当时入手的可精确统计的那部分户数资料统计而得（林耀华，2000［1935］：190），下文"约 2 万人"是笔者根据《福州市盖山镇志》（1997）及田野资料统计而得。

② "宗族乡村"是林耀华先生提出的概念。先生在其硕士论文《义序宗族的研究》中首次提出这个概念（林耀华，2000［1935］：1［导言］，1［正文］），随后又在《从人类学的观点考察中国宗族乡村》一文中重加定义。林先生指出，"宗族乡村乃是乡村的一种。宗族为家族的伸展，同一祖先传衍而来的子孙，称为宗族；村为自然结合的地缘团体，乡乃集村而成的政治团体；今宗族乡村四字连用，乃采取血缘地缘兼有的团体的意义，即社区的观念。义序一方面全体人民共同聚居在一个地域上，一方面全体人民都从一个祖先传衍下来，所以可称为宗族乡村"（林耀华，1936：28）。英译采用日本学者西泽治彦的译法。

③ 2009 年已降，义序"迎将军"的将军巡乡，由惯例每年各村"吃宴"结束后的吉日巡游，改为每逢闰年方才举行。

（三）主要田野和资料

2008 年春义序乡村"迎将军"节庆的影视人类学拍摄，使笔者有了一个重新考察近现代义序"迎将军"的仪式、过程、结构以及历史变迁的机会。本文资料主要依据：2008 年 3 月的田野拍摄、拍摄前的预备调查和拍摄后的补充调查（2007 年 10 月，2008 年 2 月、8 月，2009 年 2 月、7 月）等田野材料，以及 1930 年代林耀华先生的相关研究成果、世纪之交学界的相关研究成果。

二、义序"迎将军"的现在

（一）关注与记录

直至 1930 年代，年例"迎将军"游神活动仍然是义序乡村（"义序境"）地域统合和集体信仰生活的重要节庆。民国中后期以降，尤其社会主义革命时期，随着现代化旨向的国家建设运动的深入，国家权力下沉，行政乡、村建制的确立切割着义序黄氏聚落，而"新生活""破四旧"式的革命（无神论）意识形态冲击以至于"封杀"了民俗、民间信仰。改革开放时期（就现代与传统、革命与建设、国家与社会、"科学"与民俗等关系）的反思与探索，一定程度上返还了民众进行社区传统文化生活及其再生产的权利。1990 年代以来，年例"迎将军"游神活动渐渐公开地返回义序地域的舞台：她可谓是传统的"复兴"，但并不是过往时代"原封不动"的仪式（结构与组织）的复原，而是经历变迁之延续的当代的"迎将军"。

笔者似乎与"公然"的"迎将军"一起回到了义序；长年"回娘家"式的田野，①使笔者深感民间信仰在乡村民众日常生活（尤其

---

① 准确地说是"回舅家"。笔者母亲原籍义序，虽然外祖父时代家族走出了乡村，但笔者仍"广义"地被看成是义序的"外甥"。

精神生活）中的位置和分量。祖先崇拜只是其一，民俗世界中的民众自有一套信仰（彼岸）世界的图景和逻辑；其中，神明和鬼时常具有更重要的地位。逢年过节的焚香、遇事卜问的"礼仪"（祭品）、祭拜之后的那一份安心，这一切亦点点滴滴渗入参与观察者的心底，搅动起感官和思维对"集体表征"的回味；民俗实践中乡村民众的信仰成了笔者近年探寻的主要课题之一。①

笔者也为具有新媒介的记录和表达而兴奋。此前的义序田野与研究主要以文字为媒介（辅以静态瞬间的照片。在义序实地研究的过程中，虽也曾用摄像机采集过一些田野影视资料，但并未编辑制作成影视学术作品），习惯了文字（抽象、逻辑）思维，笔者意识到，还需要影像（具象、直观、感悟）思维的冲击和融合，于是邀请了掌握新媒体艺术的新锐参与拍摄和制作。人类学的影视欲求和影视的人类学热情在这一过程中磨合、融会，而人类学影视片《义序"迎将军"》(*The Ritual of Yingjiangjun in Yixu Village*, 2009) 也记录下了 2008 年义序"迎将军"台前幕后的全过程。

（二）过程与结构

即使在义序乡村，"迎将军"也是在广、狭两义上（下意识地）被使用的；将军巡乡日（一天）是狭义的，迎出（"落馆"）—"吃宴"—巡乡（游神）—迎回将军的整个节庆期间（约三四周）是广义的。看热闹的人们是冲着将军巡乡这一日而来的，而对社区民众和研究者言，整个节庆过程（诸环节）都具有重要意味。

1. "迎将军"的诸环节

2008 年义序"迎将军"从 3 月 9 日（农历二月初二）拉开帷幕到 4 月 2 日（农历二月二十六）谢场闭幕，节庆全程共 25 天，主要

---

① 笔者近年参与的非物质文化遗产研究也促使了这一关注。下述影视人类学探索和影片拍摄与"非物质文化遗产保护和研究中影视人类学的运用"课题有关，该课题对"非遗"申报 DV 片的检视研究也促使本片之研究型记录式的拍摄和制作。

有下述八大环节。

(1) 神前"会谈"①

"会谈"是神事组织者会议。"迎将军"的"会谈"由"大堂"（核心组织）主持，主要有两次：惯例的农历二月初二（本小节以下叙述均用农历）启动会议和卜问决定将军巡乡日会议。

二月初二开始"迎将军"是义序百年以上的定例，现在的启动会议主要议决各村的"吃宴"日期（抽签决定排序）、经费定额与筹集及其他重要事宜。②

将军巡乡日会议一般在"吃宴"结束前三天举行，③ 主要卜问巡乡日并议决各村的巡乡队列序位（抽签决定）。

(2) "请神""开祠堂门"

"请神"和"开祠堂门"须在二月初五（"良愿司"进入祠堂）前完成。

"请神"即把将军庙神龛内安放的三位将军（"越国公"张世杰、"忠国公"杨亮节、"显国公"李庭芝）神像请出，安放入神舆（为入"行台"接受"吃宴"祭拜和将军巡乡做准备）。现在此环节不见特别的祭祀仪式，只是请神前清洁庙内卫生。

"开祠堂门"（搭建"行台"）是在义序黄氏宗祠内搭建将军"行台"（包括搭放将军麾下诸神氏的香炉——现今搭放在祠堂前的"九龙壁"前），相比常见的直接从社稷庙迎出迎入的游神仪式，这可

---

① 会议须在上午举行（乡俗认为神事须在上午），放在祠堂是为了需要时可"问神"（卜问）；义序称"会谈"，笔者根据乡俗对"神事""问神"的强调，故将此环节称为"神前'会谈'"。

② 当天参会的有24人（浦口村3人、中亭村6人、竹榄村1人、中山村4人、新安村3人、尚保村2人、半田村1人，此外，观音亭、埕埔头的林氏共4人），当天议决事项：(1) 每村交大堂2000元（观音亭、埕埔头各500元）；(2)（学邻乡）不巡香炉（有利沿途的"卫生"和节省巡游时间——避免了沿途村民争相上前插香影响队列行进），改为各家户门前插"柱子香"；(3) 抽签决定"吃宴"顺序。

③ 春季多雨，这个规定适宜择准巡乡日，又有一定时间便于巡乡的组织安排（如约请外地"金鼓吹"——"十番"等鼓乐演唱队，高跷等表演队的方言统称）。是年的卜问决定将军巡乡日会议开了两次，第一次定在"吃宴"结束周的周六，后因那个周五晚还在下雨，故又临时"会谈"卜问决定改在周日（3月23日，农历二月十六）举行。

谓义序宗族乡村独具特色的环节。搭建将军"行台"前先须用红帷幕把祠堂神龛遮上，民间认为这样可以避免神灵"对冲"。①

（3）"'良愿司'祠堂办案"

二月初五，"良愿司"（将军帐下内务总管）先于将军到祠堂"办案"（办理将军落馆事宜）是旧制。

"良愿司"祭奉在义序"竹榄村"的一个"把社"里，当日是该"把社"弟子的节庆，大家更衣礼拜，举行迎出仪式，把"良愿司"从"竹榄村"迎经"将军庙"，再到"义序祠堂"。

（4）"将军落馆"

二月初七的"将军落馆"（将军进驻祠堂"行台"）也是定制。

当日清晨，众"把社"祀奉的各路神氏汇集"将军庙"，随三位将军浩浩荡荡进驻祠堂"行台"。

（5）"吃宴""踩街"

"将军落馆"象征着本年度"祭拜-赐福"神人交往仪式的开始。

"吃宴"从"请将军吃宴"（备办"礼仪"——祭品。宴请将军——祭拜祈福）的说法而来；"祭拜"和祈请神明"赐福"是不可分离的。不同于传统（请将军入村入户"吃宴"），现今的"吃宴"基本上在祠堂"行台"内外举行，是年按一村一日共安排七天，第一天（即二月初七的"将军落馆"日）定例为林氏一族的"吃宴"日，其他六天原则上按一村一日（抽签）安排"吃宴"日。

"将军落馆"到"将军巡（全）乡"期间还有所谓的"踩街"，是指各村择日巡游该村的诸"把社"神（穿越本村境内所有大小街巷）为村域驱邪赐福，同时为村内富户（"大户"）提供义捐祈福良机。②

---

①　这种观念在遭遇清明"迎将军"要暂停（以便村民祭拜祖宗）的习俗中也有体现。

②　我们跟拍了中亭村的"踩街"，此个案中为企业义捐祈福的主要目的左右了行进的路线。

（6）"迎将军"（游地头神、将军巡乡）

将军巡乡是义序"迎将军"迎神赛会的高潮和象征。

是日，三将军率麾下众神按既定路线载歌载舞巡乡一周，接受全乡村的祭拜。[①]

是年三将军的巡乡路线[②]如下：

祠堂→中亭→大王宫→红旗会馆→竹榄→二十一中→尚堡→中亭新安交界→中亭书记新村里弄→旗杆里→后山顶→中山→新安→八江环→观音亭→半田→中山→将军庙

巡乡结束后，三将军和部分"把社"神安放回将军庙内神龛前（另有部分"把社"神安放在各自的"把社"内）。

（7）"演戏谢神"

将军巡乡回庙后，神舆面对戏台，谢神戏剧始开。

演戏分为"谢戏"（求神应验者谢神）和"公家戏"（村庄等集体出资的酬神）；[③] 当最后一出戏剧落幕后，须把三将军安放回庙中的神龛内，安放在庙中的将军麾下神氏也卸了盛装（"塔骨"）安放回各自龛阁之中。

（8）"安神"宴饮

"安神"（庆贺安位）宴饮是"迎将军"的最后一幕。

安放回神龛的三将军接受村民们的祭拜，将军庙前摆满宴席，[④] 参加者按村、"把社"等"单位"入座，神人共饮；宴饮结束，每位宴饮者还带回"酒包"（礼包），"酒包"内有三样菜肴：豆腐干（福

---

① 是年农历二月十六（周日）上午十一点到下午五点半许，按既定路线，三将军率麾下众神（70多尊，民国的记载为50多尊，参见林耀华，2000 [1935]：54）巡乡一周接受全乡村的祭拜。

② 民国时期的路线记载，参见林耀华，2000 [1935]：55、69。1990年代的补充考察和分析，参见阮云星，2005：88—92。

③ "迎将军"是浦口村主办的神事（将军庙在浦口城内，"大堂"骨干来自浦口；浦口也是义序诸村中人口最多的村庄），巡乡后由浦口请戏班演戏，是年浦口出资演了8场戏。

④ 是年的统计为28桌。

州方言谐音为"乡间")、包子(福州方言"包"与"保"谐音)、染红的鸭蛋(福州方言"鸭蛋"与"压乱"谐音,故称红鸭蛋为"太平蛋"),三样菜肴谐音转意为"乡间保(包)太平"。"迎将军"的主题在此被独具匠心地点题,至此整个"迎将军"方才降下了无形的帷幕,义序社区的日常生活重又起步。

2. 义序"迎将军"的民俗结构

随着"迎将军"那无形大幕的起降,义序析分出了一段有别于日常的节庆期;在这个神人交往的时空里,人们不难触摸到一个人神"祭拜-赐福"的民俗结构。

以地头神为首的义序各路神氏全体接受辖区"弟子"的祭拜,同时也各显神通,合力赐福,保佑界内芸芸众生;张灯结彩、全猪全羊的仪式中神氏被高高地祭拜尊奉,而焚香祭拜后村民的安详、巡游队列中大小组织者的自豪随爆竹的硝烟在义序地域内书写"乡间保太平"的祈愿。

显然这种人神交往、"祭拜-赐福"的民俗结构是一种媒介性的结构,通过"迎将军"节庆此岸(现实)世界与彼岸(神灵)世界实现了沟通;由此人们还可以感受和触摸到被沟通的两个世界的结构。

现实世界是村民们关注的重心所在,人具有社会性、政治性,现实世界中形成的许多关系格局需要各种形式周期性地加以确认(维系或改变);通过"迎将军"节庆,人们尤其能看到社区个人和"社会"的非正式制度关系的结构得到了某种调整:诸如家户邻里、村内社群以及村际关系(个体与邻里、"宗族"、村庄之间的包括庇护与依存等的关系结构)等等。现实世界中的问题与纠结的确时常有赖于超现实的关系及力量来加以调节,虽然这种超现实世界中的内容时时折射出的是人们日常生活中的实践和图式。

"迎将军"节庆游神队列诸神的世界,尤其能表征乡民们关于彼岸(神灵)世界结构的描绘——文臣武将、升格的"鬼魂"、其他俗神以及神氏"社会"图式等——并折射着现实世界有以此特殊的超然形式影响现实世界（格局调整）之力。

义序"迎将军"提示的民俗的关于此岸（现实）、彼岸（神灵）以及媒介两者的世界的三重结构（地方民间社会信仰民俗的网络、组织及个人身心之关系；彼岸世界的神、鬼、祖先之权力权威关系；仪式实践过程中此岸彼岸的互动互构关联）值得人类学进一步聚焦和诠释。以下仅就与此有关的社区民间信仰组织状态问题做一初步讨论。

三、社区民间信仰组织状态

（一）"社区多元文化"中的民间信仰

从近年来笔者在闽浙乡村田野工作的观察，以及从事非物质文化遗产研究的工作实践看，乡村社区实际上存在着社区多元文化；若权且以笔者的分类述之，则可大致归为：

（1）"新传统"文化（韩敏，2009）

当今乡村社区的主流文化（上承新中国成立以来的"革命"文化，近及当代"和谐"文化），由各级政府及基层准行政组织和一些民间组织推动，具有合法性（高丙中，1999），尤其具有很强的政治合法性。

（2）传统文化

当今乡村社区的重要的亚文化（以民间信仰为重要内容的传统民俗文化，源于久远的民族、民间记忆和惯习，与相关的制度性宗教基层组织及活动互动，也与其他民俗口头、技艺的文化形式互动），主要由社区的"爱好者"和老人组织（"老人会""宗亲会"）及"把社"等来支撑，总体而言合法性较弱，尤其民间信仰的政治合法性弱。

（3）形成中的"混成文化"

上述分类难以穷尽的其他文化、亚文化现象，行为主体及合法性需要具体分析；其中笔者尤其提示由政府从非物质文化保护取向推动的有关工作，在基层社区引发的混成性（商业性、文化政治性等）文化现象，它或许可作为这种"混成文化"的代表性、方向性内容，尤值得关注。

本文讨论的民间信仰主要是上述分类中的第二类问题。这种"传统文化"，因其历史性、民俗性，尤其其中的民俗宗教性（渡边欣雄，1998：3［注1］；杨庆堃，2007［1961］；刘志军，2008；阮云星，2009），① 具有其他类型的乡村社区文化难以替代的，促进社区整合、抚慰心灵、增进和谐的特有功能；但同时，其自身仍然面临合法性暧昧的困境。笔者称之为"'悖论性'的传统文化"（其内含的重要的社会功能性与"原罪性"的内在紧张，也是"悖论性"的内涵）。

（二）"迎将军"的台前幕后和"组织"困境

义序"迎将军"台前幕后忙碌着的主要是社区内的中老年"热心者"，主要的组织支撑也是非正式制度性组织。以下是2008年义序"迎将军"活动各种组织及其关系的概要。

（1）核心组织

"大堂"组织（"临时"）。以保管将军印、将军庙符印的"爱好者"② 及一位助手为核心，以各村"迎将军"组织（老人为主）骨干协动的"临时性"核心组织。当年（2008）的人数为20人左右。

----

① 笔者在一篇未刊近作中写道："当代中国的民俗宗教、民间信仰沿用'宇宙三元'说来分类和整理仍然大致有效；'神明''祖先''鬼魂'可视为民间信仰的三个面向。本文主要考察和讨论'神明'（人神信仰）这一面向。'神明'这一面向，广义上可包括自然、人神及器物信仰，且在一定程度上与'祖先''鬼魂'相交叠；尤其其中的'人神信仰'在当代中国乡村社区民俗宗教的实践中相当常见，是乡村社区民众祈福消灾，抚慰心灵以致社区认同的重要诉诸对象。闽东义序的'将军信仰'主要是一种'神明'（人神）信仰。"（阮云星，2009）

② 依法老人是年82岁，热心神事并有"奉献"精神，大家称之为"爱好者"。与传统社会的乡绅主导神事不同，依法老人出身贫寒、小学文化程度，参过军，回乡前在外工作，晚年方始笃信佛道神氏。

（2）层级组织

各村"迎将军"组织（"临时"）。老人为主，以老人会骨干为核心，人数在 10—20 人左右。

各角落"把社"组织。以邻里地缘为主的神事及连带组织，各"把社"祀奉的神氏基本上均为将军麾下的部将，"把社"弟子平时祭拜"把社"神，"迎将军"时他们似乎成了基本的"组织性"参与者。

（3）其他组织

相关性的信仰组织。如义序祠堂（宗亲管委会）、乡村内的部分其他宫庙组织（包括部分参与的）。

幕后"支持"的乡村正式组织。如各村村委会（通过"老人会"）捐助"大堂"一定额度的资金。

乡村的亚文化活动成败和存亡，召集者的状况尤为枢要。义序"迎将军"活动中，"大堂"组织，尤其其中的核心人物始终是关键。目前，随着召集人的老龄化，①义序"迎将军"面临严重的"组织"困境。

民间信仰民俗活动"组织"困境的根本摆脱，需要民间信仰民俗正名后的制度性保证；如部分乡村的有关事项被纳入文化遗产保护项目后的制度性保障。学理上、意识形态上的社会科学研究论证需要学者们的不懈努力和探索。

（三）"文化多元社区"的提起

笔者提起"文化多元社区"概念，呼吁首先在"文化多元社区"内进行民间信仰民俗的返魅和摆脱"组织"困境的探索。

---

① 据依法老人介绍，近年主要由三位老人协力主持年例的"大堂"事务，这两三年剩下他和另一位老人；神估他身体硬朗，但亦渐觉年老难承担繁重工作（是年"迎将军"后生病并开了刀）和重大责任（如将军巡乡中的安全治安等），2008 年底曾对笔者坦言，担心来年的"迎将军"无力承担且后继乏人。

1. 社区多元文化与文化多元社区

这两个概念在这一讨论中有其特定的意涵。笔者使用"社区多元文化"所强调的是，它只是一种事实上的状况（诸类型、形式的文化的"自然并存"），但不一定（都）具有（综合）的合法性；而使用"文化多元社区"时，毋宁在强调这是一种具有（综合）的合法性的文化的多元。

提起"文化多元社区"概念要解决的核心问题是民间信仰民俗活动的合法性问题。

2. "合法性"困境

"组织"困境折射"合法性"困境。一如近年全国上下申报各个级别的"非物质文化遗产"名录代表作时，不少和民间信仰有关的申报项目，因有嫌与"封建迷信"沾边而被搁置一样，一些已经在地位和结构上降为亚文化和非正式组织的民俗（传统神明信仰文化）及其相关团体，又因"封建迷信"之祛魅而得不到传统性的村庄次生组织（如"祠堂会"）的有力支持（虽然它能理直气壮地组织祖先祭祀——因其在海外"寻根"和中华祭祖热中被意识形态返魅）（李林荣，2007）。义序的"迎将军"民俗虽然具有社会的合法性，但仍缺少政治等的（综合）合法性，这无疑是其"组织"困境的一大重要根源。

3. "遗产保护"契机

近年，我国的"非物质文化遗产保护"工作的开展，从民间传统、民族记忆、民族文化基因的保存这一（政治）立场和路径，促使人们重新认识民间信仰（有关内容被纳入"民俗""文化空间"等申报、保护项目）（王文章，2006），这使得包括乡村社区重要的亚文化——传统民间信仰在内的民俗信仰文化的保护具有了现实的可能性。如，闽北樟湖闽蛇崇拜民俗于2005年被福建省政府批准为福建省第一批省级非物质文化遗产代表作，同年樟湖蛇王庙被列为福建省第六批省级文物保护单位，随之而来的制度性的保护使该地区的传统神明（自然）信仰民俗得以更好的开展和传承，有效地保护了社区的文化多元互惠（李琳琅，2009）。

4. 村庄内源性组织培育

"非物质文化遗产保护"进社区为多元文化社区的现实可能提供了一个契机，这一契机的重要价值或许还在于它为培育作为村庄内源性组织的信仰文化团体提供了合法性资源。只有村庄内源性的信仰文化团体的健康发育，才能在组织层面上有效地承载多元文化社区中的传统民俗文化；村庄内源性组织的健康成长是包括孕育文化多元社区在内的农村公民文化的重要社会基础。

5. 乡村社区文化中的民间信仰正名

村庄内源性组织的健康成长是包括促进文化多元社区在内的农村公民社会发育成熟的必要条件，① 而充要条件，在当代中国乡村社会，以实现文化多元社区言，其关键为文化多元社区的政治合法性返魅：为乡村社区文化中的民间信仰正名。

以上结合"义序研究"个案主要讨论了乡村社区民间信仰组织状况问题，以下我们转入另一个相关议题：对人类学研究中影视媒介的可能性问题做一初步讨论。尽可能按照音像语法来拓展以致"转换"人类学研究或许是影视人类学的一个核心课题，以下先由本文的第二作者从媒体艺术专业的角度结合《义序"迎将军"》的拍摄制作来反思性地做个讨论。

四、影视表现：人类学的艺术可能性

在接下来的篇幅里，我（王静妮，下同）将拍摄 2008 年义序"迎将军"的工作方法、中间的失误和对人类学研究媒介的思考做一个陈

---

① 笔者近年田野调查的浙东刘村就具有内源性自治的老人会组织，但社区中的传统信仰民俗文化却基本被区隔在他们自治工作的"盲区"里，村民的公共精神文化显得有点单调苍白。参见阮云星、张婧，2009：3；阮云星等，2022。

述。希望能给观看者更加完整的信息，也希望能给相关的研究者一些实例的参考。

　　片子拍摄的时间是 2008 年 3 月，内容是义序"迎将军"仪式的过程。在片子开拍之前，阮教授已经对义序村庄有过十几年的考察和调研，对当地的人和事都已经很熟络。当时，我的背景是美术学院的本科学生，主修当代艺术，学习中涉及影像和纪录片。因为和阮教授的接触，对义序村有了一些理性上的粗浅的了解。

　　拍摄的前两个月是春节。那个时候阮教授带我去过几次义序乡村，认识了村里的几个老人和村干部。老人们都非常和善，感觉像是去拜访亲戚一样。在一个老奶奶家里的桌面上，玻璃下还压着十年前与阮教授的合影。阮教授过去十几年的田野打下的基础，让片子的拍摄得到了很多便利。

　　我们的拍摄从"迎将军"的筹备开始。第一次拍摄是"大堂"筹备会议。拍摄之初，因为对乡村风俗的陌生，"迎将军"在我的了解中只是一个充满了各种密码的庞大的仪式，只知道要拍这个仪式的全过程，并不清楚地知道哪些是重要的，也不能完全听懂他们的方言和用语。这个"不知道哪些重要"的状态持续了大约一周。在这种情况下，能做的只有不吝惜磁带和耐心，借着镜头去观察，在画面里发现一些可能有意思的东西。

　　看素材对于我们的拍摄来说是个很重要的过程。在拍摄的时候，精力更多地集中在画面，并且更多地用视觉的和感性的思维，持续拿着摄像机，借用监视框里的画面来观察。拍摄的时候得心里是充满好奇的，因为不知道将要发生什么，也不知道会拍到什么。这个时候，能做的是去预见，然后注意力很集中地等待被触发。回家看片子的时候，已经知道片子里大致有什么了。看的过程中，当很多素材放在一起的时候，什么是重要的，什么是不重要的，自然就有了区分；不过，更有趣的是，重新看拍摄的素材，经常可以发现很多在拍摄的时候没有着意要拍的亮点，这些"不小心"摄录进的东西，让一段原本认为"浪费磁带"的随意拍摄变成"重要素材"。特别是在与学者互动一起看素材的时候，了解他们从素材里的发现，并且由此展开对后续一些相关环节的关系的讨论，也让我对日后的拍摄有了更多的了解和预见。

在拍摄时，我希望与摄像机达成的关系是，让摄像机成为我的一个大脑和眼睛。并不是为拍片而拍片，拍摄者同样应该具备人类学家的敏感度或者就是人类学家本身，只是，观察手段不再是文字记录，而是直接的视觉记录。传统的人类学家是用眼睛在观察，话语在交流，然后再将得到的这一切信息转译成文字，记录在自己的笔记本上，后来的研究者和阅读者需要再将文字转译成活生生的田野形象。这个过程会产生些许的偏差。而影视的拍摄，其实是在补充这种文字转译带来的信息损耗。而以磁带和硬盘作为大脑也让这些鲜活的材料可以重新被审视和再次挖掘。

所以，在这部片子的拍摄中，我们主张的方式是每一天都没有剧本和设定，只是拿着摄像机进入村子里守候"迎将军"的每一个环节，用影视的方式去观察和发现。在这个过程中，拍摄者和学者的互动是随时随地发生的，有任何疑问，任何见解，任何想说的，都会很直接地沟通。绝对不孤立地为拍片而拍片。

接着上面的语言转译来说，人类学家惯常用的是文字思维：看到一样东西，再将之用文字记录下来；或者看到文字将一个东西想象出来。文字作为一种语言媒介在描述逻辑和精确事物的时候体现出来的建构抽象的优越性，至今没有任何媒介可以比拟，所以它在所谓的文明时代人们的生活中占据着主导地位也就不奇怪了。

而在艺术领域，文字思维和逻辑思维作为一个媒介是很难解释艺术的。例如一段很美的音乐，是无法用文字来描述它为什么是美的；一幅很震慑人的绘画，也是无法用严密逻辑来阐释它对你内心产生的作用的。很多人感觉无法领悟艺术，原因何在？人们说"是没有艺术天赋"。实际上，是他对于艺术的感官或者感觉神经没有得到足够的开发。就像盲人的听觉比常人灵敏，人的感官是有很多可能性的。而因为我们太"限定"地生活在"被限定"的世界里，忘记了这些有趣的可能性。

媒体是一个中介。当人们说到"媒体"时，大家多想到电视台，报纸。对，这是媒体，已经被社会广泛承认的"大众媒体"，而媒体这个词的本义是用来承载和传达信息的一个中介。什么可以是媒体？视觉材料可以是媒体，听觉材料可以是媒体，触觉材料可以是媒体，嗅觉材料可以是媒体，而仅仅视觉材料就有很多的可能性。

"视觉"作为一种媒介已经开始渗透进人类学，成为一种记录方式。从艺术家的角度来讲，回看艺术史，一些当代艺术家在作品中也表现出人类学的倾向。比较典型的如法国女艺术家苏菲·卡尔（Sophie Calle），她出生于1953年，被冠以作家、摄影师、装置艺术家、观念艺术家等诸多头衔。她的作品关注人类的关系和身份。在她的作品《好好照顾你自己》里，她将男友给她的分手信传给107位从事不同职业的"女性"，邀请她们站在收信者的立场来解读这封信。这107位"女性"，包括作曲家、钢琴师、歌手、文学家、数学家、舞者、木偶……甚至是一只小鹦鹉。她们以各自擅长的"语言"诠释了这封信。

一位文字校阅工作者用荧光笔在信纸上写满批注，标出用语重复和不明的地方；心理分析师开始分析他为什么不敢当面解释分手，而选择写信，接着进一步指出写信人的性格；广告人则据此做出一则小广告的分镜头表；小学生写道，"我不懂他既然说爱她，却还是离开了她"；射击选手把信件当成靶，在上面射了三箭。

这位女性艺术家像是一个艺术界里的田野调查者。她选取了107个个案作为调查对象，只是她没有拿文字文本，而是用影像记录了这107个解读者的种种反应（方式）。在这个解读里，没有文字的转译，一切直抵内心，用不同职业的女性最熟悉的语言方式表达出来。这个"语言"，并不局限在某种文字文本里，它是广义的，包容的。"媒介"

的可能性，在这个过程里得到了扩展。

再譬如，"村民影像计划"是应"中国-欧盟村务管理培训项目"委托策划，一个让具有"草根背景"的村民亲自参与拍摄的影像计划。该计划于 2005 年 9 月正式通过报纸、网络等媒体面向社会公开，之后项目组从来自全国各地的数百报名者及其申报计划中，评选出 10 个村民作者和 10 个青年导演到北京进行拍摄技术培训，然后回到所在村子进行拍摄。在这个计划里，村民成了"摄影师"，他们带着摄像机来到田间地头和自己家里，拍摄乡亲们怎么剥菜、聊些什么、夫妻间的半夜斗嘴等等生活最琐碎的片断。以往的记录者是带着相机，并且带着观点来记录对象，因为毕竟不是被拍摄对象"自己"，与被记录者的隔阂（包括情感上、时间上、空间上的各种隔阂）是无法避免的。而村民自己成为摄像者恰恰是把被记录者变成了记录的思考主体。隔阂被减到最小。

在这个计划里，主持人之一吴文光是活跃的艺术家和剧场倡导者。他组织村民做培训，告诉他们如何使用 DV 机，然后村民们回乡自由地拍摄；一段时间后，再回到北京的培训营地，剪辑人员开始和村民一起看素材，大家开始讨论素材，更多是讨论他们的生活和想法。这个过程并没有人类学家的直接参与，只是艺术家在用人类学的方法观察和思考生活，而其成果恰恰是很好的人类学研究素材。

这是视觉作为一个媒介，给我们带来的转换主客体的新的可能性，从而给人类学带来的新可能性。

艺术家是愿意遐想和尝试的。他们总是在身体的各种感官中开发新的表达媒介。在剧场领域，一个叫作"身体剧场"（physical theater）的概念开始被提出和重视。身体剧场是以身体为材料，身体冲动为动因的剧场，是与先前文本剧场和逻辑化思考的剧场相对立的。这些艺术家相信"身体知道许多脑袋不知道的事情"（Callery，2002：4）。有趣的是，这种身体剧场许多关于身体开发的训练和一些古老的仪式、瑜伽、太极有着相通之处，训练者开始在神秘主义里找有别于

"脑袋"（mind）的一些东西，试图打破身体的"日常行为"，建构有别于逻辑思维控制下的另一种身体行为。

人类学已经开始注视视觉表达，虽然其主体的思维线索还是挂靠在文字之上。随着人类实践的丰富，各种新的媒介方式一定会陆陆续续地被开发。人类学是可以从中得到启发和灵感的。这种媒介的启发，可以从研究方法上，也可以是呈现方法上。利用多媒介来思考和研究人类社会将给人类学带来的创新和丰富是令人期待的。

结语：影视田野与拓展"深描"的可能性

拓展个案法和扎根理论有着各自的强调，拿到影视人类学实践和探索方面来说，影片的拍摄在研究以后，强调理性的理解和理论改进的方法似乎比较亲和前者；强调尽可能避免先入之见，到对象中去发现并建立理论的路子（后者），似乎可以转义地支持主张视觉有别于文字（思维），让视听艺术来开拓出另一种人类学研究的探索。《义序"迎将军"》的拍摄恰好是这两种"试图"交织的一次尝试。

本文的第四部分颇具新鲜度和冲击力地声张了让视听作为视听来给人类学以艺术，拓展出"新天地"的热情和展望。作为另一交织维度的补充，结语中特别强调通过影视观看有效建构"互主性"的话题（邓卫荣、刘静，2005：118—140）。从粗剪片到完整字幕片，笔者带着影片走访义序，与相关"群体"进行了五场"自然的"观摩交谈，获得了改善文本、拓展文化"深描"的收益和启迪。

人类学的"深描"理论主张在文化背景和脉络中解读事项与行动；到你熟悉的人们当中，放映他们"熟悉"的音像，拾取由此碰撞出来的由衷的喜怒哀乐，在一次次相互的对话和转换中，识别差别、寻找弥合的拓展和提升，共建各自的又是共同的理解和融会，音像放映也许是绝好的嵌入"场域"、扎根进特定脉络，又可从相关维度和层面进行对话、反思、拓展"地方性知识"的契机、方法和"对象"。

这里的"对象"主要是从田野与撰写（拍摄制作）反思的视角言，团队作业的交织性紧张和融会也由这种"技艺"反差强的互动而更具挑战和魅力；团队与研究对象的有效的"互主性"建构有赖于团队成员自身的有效的互动、互补和共同提升。一种逼近研究对象的激情与学习、协力，力图"创造"的愿景，可以促生斑斓视听和思辨的自由登场及有效演绎、融合。知识生产的"组织"及"公共性"追求也许是对象"组织"有效的研究"范式"。

这样看来，拓展个案法和（忌先人之见影响客观研究的）扎根理论及（以意义之网诠释文化的）象征理论虽有着各自的强调，却不是截然两立的，而是部分重叠、互通的，宽容地互借、互补与融会还有助于提升和拓展的惊喜。影视人类学的团队研究也许聚焦凸显了这里的内在张力和"建构性""公共性"的兴奋；"矫枉"也许须声张"过正"，而常态的宽容性的知识生产，无论个体或是集体、"客位"还是"主位"，这样有反差、更激起学习与拓展的结构性冲动是内核，也许人类实践日益丰富的当今，此道亦更为雄辩。

你的思维不会因为观看而真正失语，身体跨出"限定"，观看开拓并熬熟自身逻辑是丰富；对于带上笔和小本，端起摄影机的你，你要逼近的它——你们共同搭建的剧场和摄制的影片，我暂时失语的守候如同荒野日月的注视，如同你们绿草茵茵的心野里陌生的赛博世界：影视田野拓展了文化"深描"的天地了吗?!

附录 人类学影视片《义序 "迎将军"》字幕（中英对照版）

［片头］

| 义序 "迎将军"
（中国 福建 2008年）

义序乡村位于闽东福州南郊，是一个面积约六平方公里，人口约两万人的传统黄氏聚落（内含七个 "行政村"）。"迎将军"（地头神）迎神赛会是义序乡村的传统民俗活动（至迟自清同治初年已成定制），每年农历二月份在乡间举行。影片是2008年春义序 "迎将军" 迎神赛会的全程记录。 | The Ritual of Yingjiangjun in Yixu Village（Fujian, China, 2008）

The village of Yixu is located in the southern Fuzhou of eastern Fujian Province. It is a traditional Huang settlement of about six square kilometers；the population of the community is about 20000 composed of seven "administrative villages". The ritual of Yingjiangjun（Local God ritual）is one of the traditional folk activities in the village life of Yixu. As early as in the Tongzhi period of Qing dynasty, the ritual had been customized and was held in the countryside every lunar February. This video recorded the whole celebration process of Yixu's Yingjiangjun Ritual in the spring of 2008. |

［第一幕］

开会·"请神"	Meeting & "Inviting God"
每年二月（农历，下同）"迎将军"，从例行的二月二会议开始。	Every February（Lunar, the same as below），Yingjiangjun Ritual begins with the routine "Feb. 2" meeting.
义序的 "请神" 有两个环节："将军庙" 请神（下神龛，入神舆）；"开祠堂门"（黄氏祠堂内架设 "将军行台"）。	There are two parts in Yixu's "Inviting God"："Inviting God" in the "Temple of the Generals"（to move down the shrine, and to put into the sacred palanquin）；"Open the Door of Ancestress Temple"（set "the General's Cantonment" in Huang Ancestral Hall）.

第一段

开会	Meeting
00：37	
（大堂总理）大家商议商议如何把迎神搞得更好，更兴旺；现在政府一直提倡文化要搞好。	（Managing director of the supreme headquarters）We should discuss how to make the ritual of Yingjiangjun better and more prosperous；now the government has been advocating developing our culture.
00：52	
（大堂副总理）这两年看到一个人抱香炉抱到累的时候，他推给他抱，他推给他抱；有个福州（市区）人喜欢抱，他说"拿给我抱"，抱完之后没地方放（没人接手）。	（The associate manager of the supreme headquarters）In recent years，when people felt tired of taking the censer，he would randomly give it to another，so did the second guy—he might sloppily hand it to any one. A Fuzhou（urban）people wanted to take the censer，so he said "let me do it"，but after that，he had no place to put it（for nobody would go on）.
今年打算改一改，直接把香插在家门口，一条也好，三条也好，这样又有秩序；想祭拜时，也可以合手拜一下。	So this year，we plan to change it in a more orderly way. We are going to burn one or three sticks of incenses directly in front of the home gate. When people want to worship，they can do that by putting their own two hands together.
是，这样也很好。	Yes，that sounds good.
01：32—02：38	
（张灯结彩）我这里也是大路都没有挂，他那里又还有挂，我们主张即使是新村也不要挂了；从市场开始转一圈过去，到"金太师"为止吧，该花多少钱就花多少钱。	（Decorated）I have not hung on the main road；but it is still hung in his area. We advocate that there should not to hang even in the newly settlement；turn around from the market to the "Golden Master"，let us see how much we should spend.
要不要用一千多？	Does it take more than 1000 yuan？
买这个（彩带）就一点点钱。	Buying this（ribbon）will cost only a little money.
现在最主要就是看大致需要多少钱。	Now the key point is to see how much money it will roughly need.

无所谓大致，如果不够的话，再开车过去买回来，还担什么心？	It's OK. If not enough, we can drive to buy them again. Don't worry.
我记得一条只要几块钱，	I remember that each just costs several yuan.
很便宜的。	It's pretty cheap.
一条多长？	How long is it?
很长。	Very long.
很便宜，有灯（小灯笼）的贵一点。	Pretty cheap. Those with small lanterns maybe a little expensive.

第二段

请神（义序"将军庙"）	Inviting God（"Temple of the Generals" in Yixu）
03：07	
过来一点。	Come here.
好。	Ok.
04：06	
这个（花）要绑过去一点。	This (flower) should be tied there.
嗯。	Yeah.
只绑一个不行，会倒下去，要绑两层。	It's necessary to tie two layers. With only one, it might fall down.
04：30—04：49	
花绑上去，会不会挡住灯？	Will the tied flower obstruct the light?
话说回来，其实上面那个角不用装龙，装龙没有用，拿几个珠子装下就可以。	Maybe you are right ... actually there is no need to install a dragon in that angle. It's unnecessary and useless. Putting some beads instead is ok.
04：51	
（姜中军）下来了，下来了。	（Jiang Zhongjun）Coming down, coming down.

05：11	
你衣服拿一下，我这边卫生也做清楚了。	Please take the clothes. I've completed the cleansing.
05：27—05：34	
把衣领拿过去，灯就遮住了。	The light will be covered with the collar.
（姜中军）可能没有用帽子。	（Jiang Zhongjun）Hat may not been used.

第三段

开祠堂门（义序黄氏宗祠）	Opening the door of the Ancestral Hall （Huang Ancestral Hall in Yixu）
08：17	
（这根绳子）要这样横着扎过去。	The rope should be tied transversely, like this.
08：47	
走过去，再过去……再过去。	Walk over, walk … walk.

［第二幕］

"良愿司"祠堂"办案"	"Good Hope Secretary" handling affairs at the Ancestral Hall
二月五，"良愿司"（将军帐下内务总管）先到祠堂"办案"（办理将军进驻行台事宜）。	On lunar Feb. 5, "Good Hope Secretary"（the governor of internal affairs of The Generals）will handling affairs at the Ancestral Hall（dealing with affairs of the general's entering Cantonment）.
"良愿司"为义序域内的一"把社"所祭奉，须从该"把社"迎出（迎出仪式，从"把社"所在的"竹榄村"迎到"将军庙"，再到"义序祠堂"）。	"Good Hope Secretary" will be out-invited from a "Ba-She" of Yixu area where he is worshiped（The route of the out-inviting ceremony is from the Zhulan village to "Temple of the Generals", then to "Yixu Ancestral Hall"）.

第四段

09：30	
将军帐下"良愿司"	"Good Hope Secretary" (under The Generals)
09：54（唱歌）	
一年能赚上千上百万啊…… 子孙事业发达百业兴旺啊…… 年年平安发大财啊……	Bless us earn thousands of millions every year ... Bless all descendants' business to be prosperous ... Bless us enjoy safety and wealth every year ...

［第三幕］

将军落馆·"吃宴"	"Luo-Guan" (entering the Cantonment in the Huang Ancestral Hall) of The Generals & "Having Banquet" (A sacrifice to the Generals)
随着将军进驻行台（二月七"落馆"），祭拜将军（"吃宴"）活动开始，近年按七个行政村各一天的安排举行。	Along with Generals entering their Cantonment ("Luo-Guan" on lunar Feb. 7), worship of The Generals (" Having Banquet") begins. During recent years, it has been held in 7 administrative villages consequently, one day in each village.
影片选取了祭拜结构上有特色的三个祭拜日。	The video selects 3 characteristic worship days in the worshiping structure.
"头宴"比较特别，是现在已居住在乡外的林氏祭拜的特权日，据传，三将军神木由林氏疍民所拾，故其有首祭等特权。	"The First Banquet" is special. It's the privilege day for worship of Lin people who are nowadays living outside Yixu area. It is said that the "Shen-Mu" of Three Generals was got by Tanka (Tan People) of Lin. Therefore they have the privilege of worship first.
另两个祭拜日为"新安村"和"中亭村"祭拜日。	Another two days of worship are held in "Xin'an Village" and "Zhongting Village".

第五段

观音亭林氏首祭日祭品	The sacrifice of the Lin's first worship in Guan-Yin (Avalokiteśvara) Pavilion Hamlet

12：03	
一　二　抬上去！	One, two, carry up!
12：22—12：27	
在下面，在下面，帮我割一下。 一拿回来就都没有动过了。 上面这破掉了怎么还能要。	Down, down, help me cut. We never touched it after getting it back. How could we use it? It's broken on the surface.

第六段

将军落馆·林氏首祭日	The Generals "Luo-Guan" & Lin's first worship day
13：45	
三声礼炮响不停， 三炷名香迎接神明， 叫终年保善中财中宝， 财丁双旺金玉满堂， ……	Salutes firecrackers areresounding all the time, three incenses are incensed to meet the Gods, bless the thriving of our wealth and families, …
14：46	
高盖南山，义序境，郭宅观音亭，第一村小组全体弟子，为纪念将军庙历史庆典……	The southern Gaogai Mountain, Yixu area, Guan-Yin (Avalokiteśvara) Pavilion Hamlet of Guozhai Village, the disciples of the first group of the village, to commemorate the historical ceremony of the Temple of the Generals.
自己念，自己念。	Read by yourself, read by yourself.
敬仰越、忠、顕三位国公千秋寿诞， 吉及弟子，特备厚礼全猪全羊前来国公府敬祭三位国公。 ……	We pay homage to the birthday of the Generals (Lord Yue, Lord Zhong and Lord Xian). We disciples, have prepared a great deal gifts, a whole pig and a whole sheep, to worship you three Lords. …
保佑弟子阖家平安、如意幸福，生意兴隆，财源广进。	Please bless your disciples with safe family, happy life, prosperous business and money in-flooding.
弟子： 林美琪、林美安、欧美光、林依光、林建平、林瑞德、林瑞发……林瑞新、欧美景、林伙龙、林瑞水。	Disciples： Lin Meiqi, Lin Meian, Ou Meiguang, Lin Yiguang, Lin Jianping, Lin Ruide, Lin Ruifa … Lin Ruixin, Ou Meijing, Lin Huolong, Lin Ruishui.

观音亭第一村小组全体弟子，公元二〇〇八年农历二月初七吉日叩拜。	The disciples of the first group of the village at Guan-Yin (Avalokiteśvara) Pavilion Hamlet Worship on lunar Feb. 7, 2008.
有漏念吗？没有的事！ 有念，有念，他的名字有念。	Miss anyone? That's Impossible! Yes, yes, his name has been read.
拿到外面焚烧。	Burn it outside.

第七段

新安村"吃宴"日	"Having Banquet" day in Xin'an Village
新安村"吃宴"方式传统色彩较浓厚，将三将军请入村落、角落设宴祭拜；这一天上午请入村老人会馆，下午巡回在村内各角落接受祭拜也是荫福弟子。	The way of "Having Banquet" in Xin'an Village is more traditional. Three Generals will be invited into the village, and be worshiped by banquet in the corners. In the morning, the Generals will be invited into the village hall of Elders' Association. In the afternoon, it will be worshiped at some corners of the village in order to bless the disciples.
18：12	
上午三将军等神氏请入新安村接受祭拜。	In the morning, Three Generals and other gods will be invited into Xin'an Village, and be worshiped by banquet.
20：08	
下午三将军等神氏巡回在村内各角落"吃宴"。	In the afternoon, Three Generals and other gods will have banquet and be worshiped at some corners of the village.
这个（香烛）可不可以拿回去？ 等（神）出去了再拿。 不要急。 好。	Could we bring these (incenses) back? Only after (the god) go out. Be patient. Ok.
21：15	
黄瑞英 …… 黄连华 黄连梅 黄东旭 黄金亮 ……	Huang Ruiying ... Huang Lianhua Huang Lianmei Huang Dongxu Huang Jinliang ...

21：30	
第一拜，跪一下， 酒拿过来敬一下， 拿去烧。	The first worship, knee down please, make a toast, burn it.
21：59	
多吃点。	Eat more.

第八段

中亭村"吃宴"日	"Having Banquet" day in Zhongting Village
中亭村"吃宴"表现了当下义序"吃宴"较典型的结构：村落（集体）祭拜由老人为主的组织代行；同时进行的是家庭（村民个体）的祭拜，这天拍了一个祖孙祭拜全程的记录。	"Having Banquet" in Zhongting Village shows the typical structure of Yixu "Having Banquet" nowadays. The village worship（collective）is accomplished by the elders' group. At the same time, the individual worship is often held within the family. On that day, we recorded the whole worship process of a Grandma and her grandchild.
23：04	
宝贝　先拿到那里去拜一下。	Dear, bring it there and have worship.
26：15	
村集体祭拜代表（村老人会骨干为主）	Collective worship on behalf of the village（mainly consisted of the leaders of the Elders' Association）
26：45	
那一捆（鞭炮）在哪里呢？	Where is the bundle of the firecrackers?
大鞭炮在哪里？	Where is the big firecrackers?
在那里，在那里。	Over there, over there.
纸钱烧了没有？	Have you burned the joss paper?
纸钱还没烧。	Not yet.
纸钱在哪里？	Where is the joss paper?
在这里呀。	Should be here.

被拿走了，拿走了。	It has been taken away.
鞭炮在哪里？	Where is the firecrackers?
拿出去燃放了。	Set off outside.
炮燃放完再烧（纸钱）。	Burn (the joss paper) after firecrackers.
你叫我放，我就放呀。	You ask me to ignite, and I ignite.
慢着，慢着。	Wait, wait.
28：05	
定于戊子年二月初七始为越、忠、颢三位国公民族英雄于各村设公宴，孝敬三位国公。中亭村定于2008年二月十三全体设公宴为三位国公摆香花蜡烛，祈求三位国公保佑全村弟子阖家平安、一帆风顺、老年人健康长寿！	From lunar February 7th of the year of Wu Zi, every village starts to feast for our National heroes, Lord Yue, Lord Zhong and Lord Xian. Zhongting Village is scheduled to feast for you three Lords with fragrant flowers and candles. We're praying for our families' safety and good luck of all the disciples, for the good health and long lives of the elderly.
28：59	
保利鞋业公司……于二月十三全厂职工设大宴公宴三国公，祈求国公福星高照，保佑全厂生产安全、职工阖家平安、终年挣大钱、老年人健康长寿，并祝全厂男女老幼万事如意！	Baoli Shoes Co., Ltd. ... On lunar Feb. 13, the workers of the factory feast for you three Lords and pray for the production safety of the factory, the safety of the workers' families. We wish that each of us could make a fortune, keep good health and enjoy a long life. We beg happiness for all the people of our company, men and women, the youth and the elderly!
30：00	
先走！ 锣鼓家什要拿回。 排好一起走！	Go! Don't forget to take back gongs, drums and every staff. Go in rows!

［第四幕］

"迎将军"（将军巡乡）	Yingjiangjun Ritual

将军巡乡是义序"迎将军"迎神赛会的高潮和象征。二月十六（周日）上午十一点到下午五点半，按既定路线三将军率麾下众神巡乡一周，接受全乡村的祭拜。	Township Patrol is the climax and symbol of Yingjiangjun Ritual. From 11：00 a. m. to 5：30 p. m. on lunar Feb. 16（Sunday），accompanied by their subordinates, Three Generals make a parade along the regular route and accept worships of all the villagers.

第九段

30：39	
家家户户门前烧高香（改革往年往队列香炉插香方式）	Incenses burning in front of the gates of every family（reforming the traditional way of sticking incenses）
31：19	
出祠堂行台	Going out the Cantonment of the Ancestral Hall
义序中心巡游（浦口、中亭村域；队列全景）	Touring in the central of Yixu（Pukou, Zhongting Village. Panorama of the queue）
33：00	
在尚保村"泰山宫（府）"前	In front of the "Tai Mountain Palace" of Shangbao Village
上国道（新安村域，背景为高盖山）	Walking on the State Road（Xin'an Village, Gaogai Mountain as its background）
进中山村出乡界	Entering Zhongshan Village and going out of the town
入郭宅观音亭林氏村落	Entering Guan-Yin（Avalokiteśvara）Pavilion, a Lin Lineage Hamlet of Guozhai Village
出半田村（经过分香半田将军庙前）	Leaving the Bantian Village（passing by the Sub-temple of Generals in Bantian Village）
35：39	
尾声（分发辛苦费）	Epilogue（dispensing the rewards）
36：15	
祠堂行台神去台空	The empty Cantonment of the Ancestress Temple

［第五幕］

演戏酬神	Play acting in thanks to the Gods
将军巡乡回庙后，将军和诸神放置神龛下；戏台始开，演戏谢神。	After touring back to the temple, the Generals and other Gods are put under the shrine. The acting begins in thanks to Gods.

第十段

36：27	
演戏谢神（义序将军庙戏台前）	Acting to thank Gods（In front of the stage, the Temple of the Generals in Yixu）
…… 好啊！ 金银财宝滚滚来啊， 好啊！ 金银财宝用不完啊， 好啊！ ……	… Attagal！ The wealth is flooding in， Attagal！ The wealth is everlasting， Attagal！ …

［第六幕］

安神	Place Gods Back
演戏结束后，方将三将军及诸神安放回神龛（安位）；须在将军庙及“把社”进行祭供，并举行安神聚餐。至此整个“迎将军”结束。	After the show, the Three Generals and other gods will be placed back to the shrine (place in positions); there will be a worship in the Temple of the Generals and Ba-She, and arrange a Place-God-Dinner. The whole "Ying jiangjun Ritual" is concluded.

第十一段

37：22	
义序将军庙前安神聚餐	Having a Place-God-Dinner in front of the Temple of the Generals in Yixu.

38：00	
（做得）很好！ 很好！很好！	Well done! Well done! Well done!

第十二段

谢词	Acknowledgement
本片为浙江省钱江人才计划资助课题"非物质文化遗产保护和研究中影视人类学的运用"项目的部分成果。感谢浙江省人事厅钱江人才计划基金，浙江大学非物质文化遗产研究中心、浙江大学影视制作与传播中心、浙江大学地方政府与社会治理研究中心，教育部人文社科重点研究基地福建师范大学闽台区域研究中心、福建师范大学社会历史学院，和义序乡村的父老乡亲等有关方面给予的宝贵支持！	The video is part of the achievements of the project "Application of Visual Anthropology to the Protection and Research of Intangible Cultural Heritages" funded by Zhejiang Provincial Qianjiang Talent Program. We hereby forward our great gratitude to the support of Zhejiang Provincial Qiangjiang Talent Program Foundation, Zhejiang University (Center for Intangible Cultural Heritage Studies, Center for Media and Movie Research, Center for Local Governance Studies), Fujian Normal University (Center for Studies of Fujian and Taiwan, and School of Social History) and local people of Yixu Village.
策划/编导/撰稿/监制：阮云星	Director：Ruan Yunxing
拍摄（录音）/制作：王静妮	Photographer and Recorder：Wang Jingni
后期制作字幕：黄明波	Subtitles：Huang Mingbo
英文译校：李琳琅、阮立（译），刘志军（校）	English translation：Li Linlang, Ruan Li (tr.)；Liu Zhijun (review)
拍摄时间：2008 年	Time of Photograph：2008
制作时间：2008—2009 年	Time of Production：2008—2009
影片长度：40 分钟	Length of Video：40 minutes

参考文献

Callery, Dymphna 2002, *Through the Body: A Practical Guide to Physical Theatre.* London & New York: Routledge.

Szonyi, Michael 2002, *Practicing Kinship: Lineage and Descent in Late Imperial China.* Stanford: Stanford University Press.

邓卫荣、刘静，2005，《影视人类学——思想与实验》，北京：民族出版社。

渡边欣雄，1998，《汉族的民俗宗教》，周星译，天津：天津人民出版社。

弗里德曼，2000［1958］，《中国东南的宗族组织》，刘晓春译，上海：上海人民出版社。

高丙中，1999，《社会团体的兴起及其合法性问题（论文节选）》，《中国青年科技》第3期。

韩敏，2009，《当代日本中国人类学研究中的政治分析——以日本国立民族学博物馆的一个共同研究课题组为例》，《浙江大学学报（人文社会科学版）》第4期。

李林荣，2007，《经典的祛魅和返魅》，《社会科学论坛（学术评论卷）》第8期。

李琳琅，2009，《樟湖镇元宵节（游蛇灯）调查手记》，未刊文稿。

林耀华，1936，《从人类学的观点考察中国宗族乡村》，燕京大学社会学会编《社会学界》第9卷，北京：燕京大学社会学丛书委员会。

林耀华，2000［1935］，《义序的宗族研究（附：拜祖）》，北京：生活·读书·新知三联书店。

刘志军，2008，《乡村宗教信仰的大小传统及其变迁：Z镇个案研究》，《汉学研究与中国社会科学的推进国际研讨会论文集（民俗文化与乡村社会）》，内部交流资料。

阮云星，2001，《宗族研究中的"义序"与"义序研究"中的宗族》，《福建论坛（人文社会科学版）》第3期。

阮云星，2004［2000］，《义序宗族的重建》，庄孔韶等《时空穿行：中国乡村人类学世纪回访》，北京：中国人民大学出版社。

阮云星，2005，《中国の宗族と政治文化：現代「義序」郷村の政治人類学の考察》，东京：创文社。

阮云星，2008，《宗族风土的地域与心性：近世福建义序黄氏的历史人类学考察》，常建华主编《中国社会历史评论（第九卷）》，天津：天津古籍出版社。

阮云星，2009，《乡村文化多元社区何以可能：基于闽东田野的民俗信仰文化讨论》，中央民族大学、日本日中社会学学会"中国研究的可能与课题——新社会的构想"国际研讨会。

阮云星、张婧，2009，《村民自治的内源性组织资源何以可能？——浙东"刘老会"个案的政治人类学研究》，《社会学研究》第3期。

阮云星等，2022，《村庄内源性组织与乡村治理：浙东刘村老人会的人类学研究（1990—2020）》，上海：上海社会科学院出版社。

王文章主编，2006，《非物质文化遗产概论》，北京：文化艺术出版社。

杨庆堃，2007［1961］，《中国社会中的宗教：宗教的现代社会功能及其历史因素之研究》，范丽珠译，上海：上海人民出版社。

中共盖山镇党委、盖山镇人民政府、福建师范大学地理系《福州市盖山镇志》编写组，1997，《福州市盖山镇志》，福州：福建科学技术出版社。

（作者单位：浙江大学社会学系；中国美术学院新媒体系）

中国父系制度下母系的地位

一个江西村庄的调查

庄雪婵（Catherine Capdeville-Zeng）

侯仁佑　译

摘　要　对中国祖先的研究往往牵涉亲属关系、超自然信仰及其相关仪式等研究领域。此项针对江西一个村庄的仪式戏剧——"傩戏"的研究，有助于我们审视及修正学界对中国研究所持有的常见的"男性中心主义视角"。本文所提出的假设如下：傩戏实践中所使用的面具代表着女性与母性的存在，可以为村庄带来生殖力。这些存在不能以祖先的身份示人，因为只有父系男性先祖的身份才被公认为祖先；而前者必须以一种"非祖先"的形式出现，即所谓的鬼或神。我将首先回顾已有的研究中国社会的西方人类学著作，随后从村庄的社会与仪式组织、面具与塑像的关系、面具的出现与消失、仪式实践的过程、生殖力、性、演员的地位及其服饰等方面探究江西石邮村的仪式戏剧，旨在揭示祖先、鬼与神之间存在的互补性的逻辑，以及傩戏面具所代表的女性与母性存在——被看作鬼或神——对村庄生育力的贡献。

关键词　中国农村；祖先；神；鬼；父系；母系

就中国社会而言，对祖先的研究往往牵涉亲属关系、超自然信仰及其相关仪式等研究领域。基于此视角，在本文中，我将借助近年来的田野调查（2002—2017）集中讨论一个中国村庄的仪式戏剧——傩戏。这项研究有助于我们重新审视父系祖先在汉族社会中的地位，并指出与家庭生育息息相关的女性与母系存在的重要性；而不是通常所认为的那样，女性在中国亲属关系制度中被"排除在外"。例如法国人类学家洛朗·巴里（Laurent Barry）在《亲属关系》（*La Parenté*）一书中认为中国的情况在世界范围内是非常极端的，即女性被完全排除在代际传承之外。他认为中国的亲属关系制度建立在"男性亲属关系原则"之上，主要强调男性身份，即"男性被认为是（亲属关系的）主要载体"，在这一制度之下，"男性本身或从本质上就是代际传承的起源"（Barry，2008：172、196）。他的分析数据主要来自古代文献，其中很大一部分都是儒家著作，这些著作的意识形态本就建立在父系制优越性、祖先中的男性权威以及生者中的男性与父亲权威的基础之上。

这种想法建立在儒家意识形态之上，但今天我们必须考虑到强调妇女解放必要性的共产主义思想。为中国革命提供合法性的共产主义思想宣称，传统上对女性的压迫与亲属关系制度有关。用来支撑这一观点的论据有很多，比如缠小脚、包办婚姻、一夫多妻制等。这一观点认为妇女普遍处于劣势地位，而且几乎毫不承认女性对社会的参与和贡献。

但是，包括道教思想、文学和诗歌在内的许多资料都指出女性和阴性在中国的重要性。此外，在社会人类学和汉学领域所进行的大量实地调研也指出了姻亲和母系在礼仪中所扮演的角色，并审视中国女性在这个悠久历史中的地位。

对江西省（东南部）一个村庄傩戏的研究也使我们得以修正汉文化圈的男性中心主义。此项研究主要分析与超自然实体相关的信仰和实践，以及当地的亲属关系，并提出以下假设：在仪式戏剧中所用的傩戏面具代表母性的存在，可以为村庄带来生殖力。这些存在不能以祖先的身份示人，因为只有父系男性先祖的身份才被公认为祖先，而前者则必须以一种"非祖先"的形式出现，即所谓的鬼或神。

傩是一种非常古老的仪式，很多古籍中都有提及，包括孔子的《论语》。在《论语》中，傩被看作一种驱魔仪式，也就是说，驱除那些携带了邪恶能量的鬼。在十一二世纪左右，"傩"演变成了"傩戏"。不过傩戏与中国的其他戏曲不同，它保留了驱魔仪式的大部分特征。这种仪式戏剧在今天还存在于几个地区，尤其是我做田野调查的南丰县。

在介绍人类学著作中对中国的研究之后，我将着重描述石邮村的仪式戏剧以及实践这一仪式戏剧的不同场合，并特别强调女性在其中扮演的角色：村庄社会仪式的组织，面具和塑像的关系，面具的出现与消失，不同仪式步骤的流程，生殖力与性，演员的服装和地位。最后，我会回到对祖先、鬼和神之间互补逻辑的讨论，并论证嵌入面具（不管是神，还是鬼）之中的女性存在于二元的乡村社会中，扮演着不可或缺的角色，虽然她们在社会层面上处于从属地位，但在仪式和社会宇宙层面上，她们非常重要。

一、古典文献与父系制度的出现

中国的亲属关系制度以及由之而来的祖先观念曾是很多社会人类学著作的关注对象，既有专注亲属称谓的研究，也有讨论亲属关系与父系祖先崇拜之关联的研究。最早的研究主要是对商周时期古代中国社会的古典文献和儒家经典的分析。汉学家葛兰言（Marcel Granet）于 1939 年（他逝世前不久）出版了一本题为《古代中国的婚姻范畴与亲族关系》的巨著，为列维-斯特劳斯（Claude Lévi-Strauss）写作他出版于 1949 年的《亲属关系的基本结构》提供了灵感。在葛兰言更早发表的《中国文明》一书中，他就曾写道：

> 曾经，生育被认为是女性的特权，唯一能够获得转世的也是母系的祖先。……因此，曾有一段时间，有人居住和占有的土地仅具有女性特质。当时的组织非常接近于母权制。到后来，当男

子成为耕作劳动的主体时，他们开始缔造父系社会，土地的性质
也开始被赋予了男性特质。(Granet, 1988 [1929]: 195)

原始母权制的人类学假设源于摩尔根 (Thomas Hunt Morgan) 的
进化论思想，在 1920、1930 年代葛兰言写下这些话时，这一假设仍然
十分流行。不过，在《古代中国的婚姻范畴与亲族关系》中，他提出
了以下观点：中国社会的起源是基于两个相互通婚的家族村庄之间的
联姻。他将这种模式称为两个集团之间互换女人的制度，而列维-斯
特劳斯则将它称为"狭义交换"(échange restreint)。这一制度随后演
变为两个以上集团之间对女人的交换 (échange différé) 制度，即列
维-斯特劳斯所说的"广义交换"(échange généralisé)。第二个制度充
分体现了父系原则和父系祖先崇拜。祖先崇拜与亲属关系密不可分，
并形成了商朝及之后的周朝的社会政治组织。但是，与其说亲属关系
建立在亲子关系和血缘关系之上，还不如说是建立在"立嗣"之上，
也就是说，子对父的隶属需要通过祖先崇拜的仪式确立。葛兰言表
示，祖先是至关重要的存在，需要被祭拜，因为作为权威和后世的载
体，他们处于差序关系和社会组织的核心。只有父系先祖才可以成为
祖先，而女性则由于要遵守从夫居的制度而注定要离开她们的娘家，
不过她们并不会因此而失去自己的姓氏。交换女性是中国父系社会的
基础，因此在这一体制之下无法承认女性祖先的存在，尽管母亲也可
以随着她的丈夫进入祠堂和祖庙，被后代祭拜。

法国汉学家汪德迈 (Léon Vandermeersch) 长期以来致力于古代
政治制度的研究。他于 1977 年出版了题为《王道》(上卷)的著作，
主要研究商周时代的中国社会，并在书中对葛兰言的一些假设做出了
历史批评。不过，他同时承认在这一时期亲属关系和政治关系是重合
的。与葛兰言一样，汪德迈也将祖先崇拜主要看作社会性的制度，而
不只是宗教性的制度。这一制度与亲属关系体制相关联，因为确立亲
子关系的规范取决于婚姻。他在另外一篇文章中援引了多本中国典

籍，指出"［以前］人们只知道谁是他们的母亲，而不知道谁是他们的父亲"；还引用了《吕氏春秋》"昔太古尝无君矣。其民聚生群处，知其母不知其父"；并评论，"［中国］社会始于婚姻……古籍作者们认为，社会始于从儿子知道谁是他父亲的时候，换句话说，文明始于婚姻制度化之时"（Vandermeersch，1991：60、67）。婚姻制度使得父子关系得以确立，这也是中国社会秩序的基础，也正因为此，只有"父系"祖先才被承认。

后世的作者们参阅这些中国典籍的段落，并由此推论出在父系制度出现之前存在着一种古老的母权制。此外，20 世纪乃至今天的许多中国作者们都受到了弗里德里希·恩格斯在他《家庭、私有制和国家的起源》一书中所表达的共产主义思想的影响，而恩格斯的思想又在很大程度上受到了摩尔根《古代社会》的启发。还有一定数量的中国作者至今仍坚信原始母权制的存在。但是西方人类学家们早已抛弃了进化论的观点，并认为这些阐释皆属无稽之谈。不过，在父系制度之下，女性和阴性在中国的地位很有问题。难道这一问题主要是由于女性被赋予的象征性和制度化的地位与男性不同而且不能被直接观察到所致？

我们从研究村庄信仰和实践的文献中所呈现的中国超自然现象的不同面向入手来探讨女性的地位。英国人类学家莫里斯·弗里德曼在一项丰富而有影响力的调查中描述了福建省的仪式与社会图景。祖先——男人和他们的妻子——是这一图景的组成部分，他们的灵位（上面刻有死者名字并嵌入他们灵魂的垂直木制牌位）在家屋内部的供桌上和宗庙里被后人祭拜（Freedman，1958）。实际上，所有的人死后都有可能变成鬼，但如果他们得到了很好的供养——也就是说通过祭品的供给——就会成为有益的祖先，庇荫后人。反之，如果没有祭品或者祭品的供给不足以满足死者在冥间的需求，他们就会变成"饿鬼"，夜晚在乡野游荡，为祸人间。鬼是人间苦难的原因。正如研究从福建到台湾地区移民的武雅士（Arthur P. Wolf）所总结的那样：他们会造成"事故，不育，死亡，各种疾病，作物歉收，商业损失，赌运不好，个人的不良习惯"（Wolf，1974：169）。有一些鬼非常危险，还有一些则没有那么危险，或者比较被动。在一些节日期间，人们会向这些孤魂野鬼提供各种祭品，以减少或消除它们对人的伤害。

这些信仰与中国观念中的礼仪实践和父系秩序的维系有着内在的关联。只有后代的祭拜才能安抚祖先，并避免他们变成恶鬼。因此，鬼和祖先是人类死亡之后的两种走向。每个宗族都祭拜他们自己的祖先，而他们的祖先对于其他家族的人而言，则是鬼。在武雅士看来：

> 一个特定的亡灵被看作鬼还是祖先取决于看待它的人。一个人的祖先对于另一个人而言可以是鬼：因为祖先一直是亲人，而鬼则总是一个陌生人。（Wolf，1974：146）

祖先崇拜是强制性的，没有人可以摆脱。与之对应的是，除了土地神和灶神之外，人们有选择是否祭拜地方神灵和国家神灵的自由。人们祭拜神灵以求保佑，但如果神灵无效，则会放弃对他们的祭拜，即使他们的能力比祖先更大：

> 他们可以镇压叛乱，控制流行病，逮捕罪犯，驱逐恶魔，治愈疾病，控制天气，干预自然和社会进程。……Chi'chou 的土地神非常有名，因为他强大的能力甚至可以控制猪肉的市场价格。（Wolf，1974：144）

与这些神打交道的方式是许愿，即在许愿时先提供少量的祭品向神求助，并许诺一旦愿望达成，会赠予更大量的祭品。因此，人们与这些神的关系纯粹是出于实用角度的考量，并没有道德上的义务。毫无疑问，也正是由于这些仪式的工具性导向和自由性，因缺乏祭品而被忽视的神明不会带来不祥之事。还有一些死者在成为祖先之后也可能有幸成为神。

神比较强大，代表着公共道德，而祖先则相对较弱，仅仅关心他们自己以及他们后代的福祉。……与祖先的关系是一种亲属关系，而跟神的关系则是一种政治关系。（Wolf，1974：168）

神明和祖先有着很多共同之处：他们都被看作神（正面意义上的神灵），而鬼和死者则是鬼（负面意义上的魂魄）。因此，祭拜祖先与祭拜神灵是不可分割且互为补充的。此外，这两种存在共享家庭供桌，通常也会收到类似的祭品。对于鬼而言，他们所获得的祭品都被放到家屋以外，但在阴历七月的鬼节他们会受到整个中国人民恭恭敬敬的祭拜。

根据武雅士和莫里斯·弗里德曼的调查，中国的神、祖先和鬼是三种超自然的存在，他们之间的不同在于地位和能力，而不是性质：根据各自的命运，他们分别代表了死者的三种存在形式。但是，神并不总是善良的，就像鬼也不总是坏的。因此，祖先与神和鬼互为关联，单独研究祖先并不能完全反映出社会宇宙的全局，因为不是所有的死者都能够成为祖先。

通过对这三种存在互补关系的超自然存在在福建和台湾地区的回顾，我们现在来研究毗邻福建的江西省石邮村的超自然景观。

二、石邮村的社会仪式组织

在石邮村，我们也可以看到这三种存在：家庭和宗族的祖先，神（土地神、佛教的释迦牟尼或观音女神、当地的傩神等），以及鬼（尤其是在阴历七月十五的鬼节。据农民说，这些鬼首先是本家的鬼，然后是姻亲的鬼）。

在本文中我们主要关注傩神：傩戏的主体和村庄的主要神灵。傩神全年都在他自己的神庙——里面有一个真人大小的塑像，以及两个小的傩仔。傩戏演员在各家各户表演的时候会带上傩仔。"傩神"所拥有的不同物品也包括了十一个面具，它们只会在过年的时候出现。这些面具也被认为是真正的神，也有很多相关的禁忌。

刚开始的时候我并不是完全理解这些面具的含义，它们到底代表了哪些神灵，抑或它们跟村民的关系究竟如何，因为村民们对此有两种不同的释义（Capdeville-Zeng, 2012）。尽管每一个面具都有它自己的名字、颜色、特点（或文或武）和配件，但它们所代表的超自然存在并不总是固定的。我们可以对这些面具进行大致分类，但根据出现的时间和地点，它们可能会对应不同的存在。这种灵活性与傩神塑像的不变性形成了鲜明的对比。傩神和两个傩仔共同构成了一个与男性宗族相关的稳定整体。实际上，关于傩这一受村民崇拜之神的组织和管理主要由村里的男性头人来负责。但是，这些面具所指代的对象会有一些模棱两可和变化不定，有时候甚至会让我们觉得这跟女性祖宗有关。

现在让我们来看一下使我们提出这一假设的很多事实和线索。

三、面具和塑像之间的关系

与神灵一样，这些面具每三年都会在由雕塑师主持的开光仪式上再次被神圣化。雕塑师带着一个点燃的蜡烛在面具和塑像的前走过，将光引入它们的体内。以前，塑像和傩仔背后空腔的"心脏"位置的一个名单会被替换，这是一个记载着宗族头人的名单，每三年根据出生和死亡的情况再次更新。这个"心脏"还包括了与宗族有关的各种各样的小物件，代表了男性的生殖能力：海马干、五谷的种子等。因此，塑像和傩仔与村庄的父系宗族和男性生殖力有着关联。面具跟塑像和傩仔之间有着一个很重要的不同点：它们并没有"心脏"，尽管它们也完完全全地属于傩体系的一部分。2004 年，村庄发生了一起悲剧——这些面具全部被盗，在我看来，村民的态度恰恰反映了他们对面具的依赖。他们用一种遗憾的语气说道："傩神不见了！"由于塑像和傩仔都没有不见，我并不理解他们这样说是什么意思。他们因此向我解释道："重要的是面具，而不是神像和傩仔！"鉴于祭祀的对象是傩神的塑像，以及宗族在这一祭祀的重要性，村民的这种说法多少有些悖论。不过，这座塑像好几次都被重塑，傩仔也换成了新的，但这种以新换旧的做法不会影响到它们效力的维持。面具也可以重塑，尤其是当它们被盗或者当村民们想要建造一座村庄之前没有的傩神庙时。但是，至关重要的是，要想进行这样一种更换，必不可少的是至少要有一个旧面具，这也是为什么过去面具被盗很常见。这说明面具——而且只有面具——有生殖力，即从一个面具传到另一个面具。我们也因此可以推断，面具有流动和传承的能力，而塑像和傩仔则是固定不动的，因此开光就足以让他们重新恢复效力。实际上，塑像和傩仔体现了男性特质和阳气，而面具则体现了女性特质和阴气。如果说面具在"傩神"体系中占据了最重要的一个部分，那在很大程度上是因为它们的消失能力和繁殖能力。再者，需要补充的是，它们的能力很重要，但确实很短暂，它们的出现也是暂时的，而且仅限于春节期间。

图 1　傩庙里的傩神和面具（曾年　摄）

四、面具的出现与消失

面具只在新年期间出现，这是一个高度敏感的时期，因为神、祖先和活人都聚集在村落里。在这种情况下，家庭聚会和宴席都会有祖先在场，人们会用祭品来敬拜祖先，并在随后享用。在所有家庭的供桌上，人们也会向祖先和神，即天、地、国家、土地神以及其他的神灵，献上祭品。通过祭品的香味，纸钱、香烛和鞭炮的烟气，神和祖先得以滋养。

除了新年期间，面具都被藏在神庙的屋顶上。对于普通百姓，尤其是女性而言，这是一个秘密，只有演员和宗族里的一些头人才知道面具具体藏在哪里。因此每一年面具的出现都有一定的神秘性。整个安排非常有组织性，除了熟悉内情的人之外，没有人知道面具来自哪里。

每一年在临近春节的时候，风水先生会选择一个吉日把面具挂到神庙里。这是一个非常隆重的仪式，只有头人才有权利参加，而面具则会被挂在傩神像的上方。同样地，在仪式周期结束之后，这些面具会被重新放回箱子里面，然后被藏起来。

还有一些别的仪式，女性也只能作为旁观者，而不能参与其中，比如在河边举行的送神仪式，抑或以前在庙里举行的"寻傩"的驱魔仪式。不过，在1984年的时候，有一位来自省会的女干部要求参加驱魔仪式，村民们没能拒绝她的请求。清晨的时候，庙里遍地的大蜡烛将大部分的面具都烧毁了，这也被看作不尊重规范的直接后果。不过从那以后这些禁忌被打破了，女性也可以参加这些仪式。

为何女性之前被排除在这些仪式之外？只有通过分析整个仪式体系，我们才能认清男女两性各自的角色，以及每个性别根据其在当地亲属关系制度的位置所需要履行的责任。女性的边缘性处境其实是两性仪式地位的一种符合逻辑的结果。这种说法没有任何歧视的意思，我们之后会看到，其实恰恰相反，正是女性在傩上的重要地位使她们在仪式中反而处在边缘的位置。现在让我们继续分析这一仪式体系。

五、仪式进程的逻辑

组成傩的四个步骤在逻辑上是有序的。迎接面具的仪式被称为"起傩"，之后的两个步骤为"跳傩"和"搜傩"，在所有的房屋中依次进行。最后一个步骤是"圆傩"，即将面具送到村外的住所，等到明年再迎回来。所以这些面具共经历了三个阶段：它们先会出现，然后采取行动，最后在任务结束之后消失。不过，当人们"跳傩"和"搜傩"，或是"起傩"和"圆傩"时，行动的方式是反向的。跳傩这个步骤是沿着一个由西至东的线路，在白天进行，只提供甜的祭品；"搜傩"这一步骤则是由东至西，在夜晚进行，而且所有的祭品都是咸的（两条小鱼和熟猪肉），再加上一些煮熟的米饭。起傩仪式于大年初一的早晨在傩神庙在民众面前举行，而圆傩仪式则是于正月十七的黎明之前在河边举行，出席的人只有演员和几个头人。

整个流程因此可以分为两个截然不同的区域（一个是起傩和圆傩，另一个则是跳傩和搜傩），其组成部分是相互对立的。最重要的是，这些步骤之间也是相互补充的：起傩之后是圆傩，跳傩之后是搜傩。这种既对立又互补的流程顺序是绝对合乎逻辑的：首先迎接那些来自别处的神灵——他们并不是一直待在神庙里面的；然后开始"跳傩"以求"吉祥"（这里包括了各个方面的吉祥，尤其是生育儿子的吉祥）。在每个家屋里所跳的面具舞都是为了赋予这些家庭生育能力。然后在正月十六的晚上会举行"搜傩"仪式，旨在"驱鬼"。"搜"在这里意味着"驱"和"抓"：三个战士面具戴着"神链"，目的在于收服邪魔妖怪。一些鬼魂附身的现象标志着这一流程在过去有着暴力和好斗的特征。"跳傩"则是一个比较柔和、热情的仪式,那些甜的祭品以及传达愉悦、欢笑、温柔和爱情的正面能量则象征着吉祥。"搜傩"是一个严肃庄严而且危险的仪式,因为它调动了很多负面的、鬼的能量。为了吓退恶魔,一些火药枪声的轰鸣是必不可少的。尽管村民并没有公开说明,但用来"跳傩"的那些面具所带来的正气随后会转变成邪气,所以才需要"搜"。也就是说,要将它们聚在一起,用链条束缚起来。当这些邪魔妖怪都被收服之后,演员们和头人们会齐聚河边,因为水有能力将这些超自然存带到别处。他们将面具放在地上,在寂静的黑夜里围成一个圆圈,先朝着一个方向转圈,然后再反方向转圈,目的在于将这些邪灵送走,即所谓的"圆傩"。

至此我们介绍了仪式的整个流程:人们先迎接正面的神灵,然后跳傩之后他们变为邪恶的鬼,之后他们被集中起来并被驱逐到村庄之外。我们在上文中已经介绍了,只有面具在仪式过程中可以代表不同的超自然存在,甚至可以在神为村庄带来来年的福禄之后,将神变为鬼。虽然神一般情况下都是正面的和友善的,鬼则是负面的和危险的,但鬼和神之间的转变往往是一个观点和视角的问题,而这——我们在此重申一遍——是中国超自然存在关系的特点。面具为村民带来神的庇佑。但是神的能量一定要被很好地把握和衡量,否则这一能力也会变成危险的和有破坏性的,并呈现出鬼的特征。现在有必要来分析一下神/鬼与宗族祖先、女性和母性之间的关系。

六、生殖力与性

石邮村的主姓为吴氏,根据吴氏家谱,这里的吴姓村民是一个名叫吴宣的后代。此人于936年离开四川来到江西,并在南丰定居。不过这个吴氏祖先是短命王朝后蜀(934—965)皇帝孟知祥的驸马。皇帝驾崩之后,皇帝的儿子曾有意将皇位传给吴宣,但他拒绝了继位,

图 2　始祖宣公像和孟夫人遗像（吴氏宗谱）

并因此带着全家流亡在外。他的"三子、十八孙、七十七曾孙、三百玄孙"曾遍布整个江西省境内。他的一个五世孙定居于石邮，并在此成为该村吴氏家族的先祖。石邮的吴氏家谱上记载吴宣的故事以及他妻子孟氏和他们三个儿子的画像。最近在重建宗祠的时候，这些画像被挂在祭坛上，或许是为了替代那些在"文革"中被烧毁的祖先灵位。因此，族内男性后代名单直接反映了父系意识形态，但孟氏在族谱中所处的显要地位以及吴宣驸马身份的重要性（尽管他最终离开了后蜀王朝）也补充了这一父系意识形态。毫无疑问，这应该被视为对女性贡献的认可，因为跟其他地区只关注男性祖先不同，在这里，女性和她的丈夫一样都被看作祖先。再者，驸马在古代是一个非常显赫的身份，但与此同时，跟他妻子娘家的皇室身份相比，他又处在较低的地位，这与中国普遍的状况不太一样，因为在一般情况下，女方家族的地位往往没有男方家族高。吴宣只有拒绝继位并离开后蜀，才能使他和他的后代在女方那里占据更为优越的地位。他离开蜀地并建立了属于他自己的宗族，而得益于孟氏的生育能力，这一宗族才得以繁荣发展。石邮吴氏家谱中的故事与起源神话很像。但不管怎样，它反映了一个家族的发展与女性的贡献是密不可分的。

女性角色的重要性也体现在"跳傩"仪式的一个短剧上。一对代表着傩公和傩婆的面具在一起跳傩,对着傩仔欣喜不已。使他们开心的是获得儿子的幸福。这幕短剧重新演绎了这样一个传说:

> 傩公已经84岁了。他没有儿子,只有一个女儿。女儿有一个儿子,有一天来看他。孩子请祖父去他家吃饭,并使用了"爷爷"一词。傩公以为外孙弄错了,回答说:"好的,我会来吃饭。"谁知外孙答道:"我不是叫你呢,而是叫我的爷爷。"傩公非常难过,因为他(意识到了自己)没有孙子。他因此想要再婚。他遇到了一个正在田间劳作的妇女,然后问她:"如果你种了一棵老种子,它能否长大成熟?"对方答道:"土地必须很好才可以发芽。"他因此意识到需要跟一个年轻的女子结婚才行。在一个餐馆里,他遇到了一个18岁的女子,跟她结了婚并一起回家。他们随后有了一个儿子。人们恶语中伤并影射他,说一个84岁的人是不可能再有孩子的。傩公非常生气,为了证明他就是这个孩子的父亲,他预言:孩子会成功地通过科举考试。确实,他的儿子随后通过了考试,并成了长沙市的官员。①

这个传说揭示了祖父地位在某种程度上具有不确定这一特征:事实上,这个地区在没有儿子的情况下,外祖父也可以通过外孙来延续他的香火。但是传说中的外孙并不愿意依附于外祖父的家系,这也是为什么他的外祖父想要再次生育。这个故事转变成了一个对生育能力的赞歌。因为傩公之所以能够生育得益于他的年轻漂亮的傩婆。同样地,男女两性的重要性在此得以体现。这两个面具很是俏皮,他们的嘴都歪向一侧:傩公歪向左边,傩婆歪向右边,这说明了他们对性生

---

① 系我在2002年的田野调查中收集到的口头材料。

活很满意，而且很幸福地怀上了孩子。这个故事既肯定了女性对生育有着不可或缺的贡献，同时又赋予女性相对次要的地位：外孙否认他的母系先祖，但同时母系先祖也通过年轻的傩婆所扮演的不可或缺的角色而被认可。傩公遇到的那个知晓生育秘密的、正在田间劳作的妇女也很有意思，因为一般情况下在田间劳作的都是男性。毫无疑问，正如短剧所呈现的那样，这个故事也是为了彰显女性贡献的重要性。尽管在制度层面上女性的贡献没有男性的贡献那么重要，但女性最终还是在生育实践中起着决定性的作用。

图 3　傩公面具在一户人家里抱着傩仔（曾年　摄）

与生育相关的性行为在仪式中也没有缺失。傩仪式中一些场景很明确地反映了年轻两性之间的性行为。在"挤判"这一仪式中，这些年轻人试图阻止判官跟他的随从（大神和小鬼）会合。年轻人推推拉拉，又叫又笑，都挤在屋子里面，男孩和女孩都东倒西歪，完全混在了一起。同样地，每天晚上，年轻的少年会在庙里等着演员的归来：他们会在庙里排成两排，直通祭坛，中间留出一个过道以便演员们可以走进来。两排队伍之间打闹嬉笑，此起彼伏，队形也是变来变去，最后男孩子和女孩子又混在了一起。傩仪式是男女青年相互认识的好机会，这与两性之间平常很正式、很客气的关系形成了鲜明的对比。傩是生育的赞歌——生育在此涵括了性行为——将男女两性在繁衍后代的角色和贡献结构化。要想对傩戏所调动的体系有一个整体的把握，我们还需要去分析演员的角色，这也将有助于我们确定女性的地位。

七、演员的地位及他们的服装

今天，吴姓占该村人口的75%以上，其他的十一个姓氏则被统称为"外姓"。由于同姓之间禁止通婚，这些外姓村民是吴氏的姻亲。在村庄内部，村民根据他们的亲属关系而被划分为两种差序的社会地位，吴氏成员占据高位，姻亲则占据低位。傩戏中也遵循了这种差序关系：吴姓头人是傩的"主人"，而"外姓"则为傩戏提供演员（所有的演员都为男性），被置于"仆人"的位置。吴姓村民不能"跳傩"，因为这会有损他们的身份。我曾在书中详细地研究了这种主姓和姻亲的关系（Capdeville-Zeng，2012），在此我们只需要记住这种亲属关系的重要性，就可以让我们理解那超越了短剧本身，也就是很长时间以来就存在的，还得在村庄里延续的傩。

与吴姓存在着姻亲关系的"外姓"会指派一些外姓男性去为吴氏"跳傩"和"搜傩"。这些外姓男人往往是吴姓的姐夫、妹夫、姑父、岳父或舅舅等。这些通过与吴姓女性联姻的亲属可以操办傩仪式，从而为他们提供了一个仪式上的重要位置。当然，他们的地位还是从属的：既因为他们是姻亲，也因为在中国，演员普遍被认为是社会底层，是"贱民"。不过，在石邮，他们一旦戴上了面具就变成了神：村民对他们毕恭毕敬，他们还会得到跟傩神一样的供品。当他们"跳傩"和"搜傩"的时候，人们会特意为他们准备上饭菜，或是在厨房

图 4　圆傩之后（曾年　摄）

里，或是在外边。"跳傩"的时候是甜食，"搜傩"的时候则是一系列的咸食。而在正月十五元宵节的时候，他们所享用的饭菜在石邮被叫作"神饭"（在其他的村庄则被称为"鬼饭"）。剩下的饭菜会被再次煮熟，然后第二天分给各位头人。因此，很明确的是，不管这些演员戴不戴面具，只要是在仪式期间，他们就代表了鬼神，这样看来，他们对于吴氏的贡献是至关重要的。综上所述，虽然说他们的姻亲身份阻止他们成为父系的祖先，但他们较低的社会地位并不阻止他们在仪式期间扮演鬼神的角色。另一个很重要的事实是，傩演员们穿着红色和印花的仪式服装：上衣和裙子。而一般情况下只有那些处在育龄阶段的年轻妇女会穿这种颜色和裙子，男人是不能这样穿的。红色是阴性的颜色，但也是吉祥、婚姻、快乐和生育的颜色。让男人穿这样的服装就等于把他们伪装成女人，并清楚地表明了他们从属于女性领域。在"圆傩"的最后一个步骤，演员们脱掉裙子，然后把它们像外套一样放在肩上：他们不再站在女性那一边了，重新回到了男性领域。

因此，姻亲和与女性的关系是傩戏的核心所在。这一戏剧呈现了姻亲对男性家族内部家庭生育力的贡献，而姻亲也被看作女性特质的载体。面具和在仪式期间戴着面具的演员们通过引入神的、积极的和女性的能量而将吉祥带入各家各户。再者，这些面具也会被用来进行受精仪式：当一对刚刚结婚的年轻人希望尽快生育时，傩公和傩母会被请到婚房，借助仪式使年轻女子怀孕。这种仪式被认为是灵验的，因为它每年都在这个时候由戴着面具的姻亲演员们来进行，而不是由神庙里的傩像来完成，这也再次说明了女性在生育方面的重要贡献。

通过与女性联姻而成为亲属的"外姓人"在吴氏宗族的生育力上扮演着至关重要的角色，就像我们上文所说的那样，傩面具是属于女性和母性领域的，他们是生育能量的载体。但是，正由于他们是女性和母性存在的代表，演员和面具同时具有一定的危险性。一旦完成了任务，他们便由神变为鬼，因此也必须被驱逐出村庄。因此，与姻亲的关系是双重的，在傩仪式的实践和过程中姻亲被看作是有利的，但在父系主义的观念之下姻亲又是不被重视的，正如我们在仪式中所看到的那样，每年的这个时候，一旦仪式结束，他们就会被驱逐出去。

总结：傩戏和母系在仪式中的存在

由于父系制不能公开地承认女性和母系先祖在父系世系延续所起的重要作用，它只能变相表达，目的在于向女性掩饰她们在生育后代上的贡献。然而，江西的傩戏则表明了乡村社会还是赋予女性和女性先祖一个重要的位置。但是，在中国的父系社会结构当中，只有父系亲属才可以成为祖先：祖先一词本身就意味着"父系先祖"。正因为此，母系先祖并不是祖先，她们通常都是鬼。不过在傩仪式中，她们也是神。这也是为什么面具代表了具有生殖能力的存在和能够表现出神性的母性存在。因此，中国社会中存在的三类互补的超自然存在——祖先、神、鬼——是社会结构和亲属制度得以建立的必然条件。

在实践傩仪式的江西村庄以及其他地方，一年一度的仪式戏剧是对女性的庆祝，对生育这样一种得益于女性能量传承的行为的仪式性再现。所有当代傩实践所反映的事实最终也只是对《礼记》中相关内容非常具体的体现，即"傩去阴气"。阴气属阴性，与阳气和阳性相对。不过，它们被认为在阴历新年交接的时候能量最大，所以需要消退阴气以防它们入侵活人的世界。然而，这些古文典籍并没有明确地提到驱邪只是傩仪式的最后一个部分，也没有提及傩往往是从生育仪式开始的。这也是为什么汉学家和一些中国的研究者过于沉迷阅读古典儒家文献，将傩戏看作一个驱邪仪式，从而忽略了它吉祥的一面。在我看来，正是"跳傩"仪式的节庆、欢乐、柔软和甜美的特点使我重新思考傩戏，因为它完全不具有任何驱邪的色彩。民族志观察使我能够修正那些仅仅根据儒家典籍而做出的分析。

面具代表的存在是女性，与母系相关联，即母系先祖。她们必须适应并融入父系意识形态当中，而在后者看来，除非一对夫妇只有女儿没有儿子，否则只有男性才能够承担起传宗接代的重担。在此还必须强调的是，一个家庭没有孩子的时候，也会很乐意收养女儿，然后等女儿成年之后借由入赘婚来延续后代。的确，收养儿子要更困难一些，因为男孩与他的父系家族直接相连，很少有家庭愿意将男孩拱手让人。因此，在没有儿子的情况下，则由女儿来传宗接代。

如果孟氏被尊为吴氏宗族的女性祖先，那是因为她是吴宣的妻子，而不是因为她是皇家后裔。从制度上来说，她的角色是次要的，她所有的后代都只能是吴氏的后代。就像在该地区妇女墓碑上的碑文所写的那样：吴母×氏。一个外姓女人并不会成为吴氏的女人，即使死后也不行。而她之所以可以在使用原来姓氏的同时被当作祖先来祭拜，主要也得益于她的母亲身份。反过来讲，那些没有后代的人不能成为祖先，只能成为鬼，需要一些特殊的仪式来平息他们——不过应该指出的是，在过去，收养往往能帮助人们解决大部分的问题。虽然从整体上来看中国的亲属关系制度是父系制，但傩戏在仪式层面上通过赋予母系亲属神或鬼的身份而认可了母系的贡献。傩面具与父系祖先的这种互补性是围绕着两性之间的社会差序关系来组织的，不管是在意识形态方面还是在祖先崇拜的仪式实践上，男性显然处于优势，而女性则只有在傩实践和村民对傩面具的依赖上才会受到重视，而这同时伴随着针对女性的禁忌和当地差序价值观的反转。

葛兰言指出，在两个及以上集团之间对女人的交换（或列维-斯特劳斯所说的"广义交换"）制度中，往往会有两种亲子关系：一种是父系的，一种是母系的。但中国的父系制度之下，只有父系血亲才被认可，虽然大量的线索使我们认为广义交换体制存在于中国的某些地区或某段时间，但这一广义交换体制的实践终究没有得到确切的证实。无论如何，在石邮村和南丰县的傩戏实践中，女性、母性和阴性的存在确是实实在在地被赋予了重要的地位。家谱可以为我们提供几个世纪以来代际传承的重要信息，尤其是与女性贡献有关的信息，但遗憾的是，这些家谱经常会被重订以便重新统计出生和死亡人口。而在修订的时候，这些文献或多或少地被改造了，因为那些跟儒家意识形态相悖的东西经常会被删除。所以对文本的研究只能提供给我们一个中国社会相对碎片化的形象，这也是为什么对傩戏的观察所得出的分析和结果一定更有价值和说服力，而不像那些只专注于被正统意识形态所渗透的、高估了父系制度地位的文本研究。

这意味着中国社会绝不是像以前所说的那样是一个完全男性中心主义的社会，我们需要进行更全面的调查，而不是仅仅参考儒家的文献。不过，今天关于祖先的记忆正在逐渐消亡，在该村，尽管"文革"之后重建了两座宗庙，但在宗庙里所举行的集体祭祀活动并未恢复。与此同时，我们目睹了乡村图景中其他本土、佛教和道教神灵的兴起。如果说对傩面具的依附直到今天还是深入地渗透到当地社会，那么与之相关的祖先记忆如今正在逐渐淡化，趋于消失或者变得民俗化，这自然是中国社会现代化的后果，但没有人知道这是否会导致对女性贡献的新认识。

参考文献

Ahern, Emily 1979, "The Problem of Efficacy: Strong and Weak Illocutionary Acts." *Man* 14 (1).

Barry, Laurent 2008, *La Parenté*. Paris: Folio.

Capdeville-Zeng, Catherine 2010, *Le Théâtre dans l'Espace du peuple: Une enquête de terrain en Chine*. Paris: Les Indes savantes.

Capdeville-Zeng, Catherine 2012, "Entre mythe et roman: Le Théâtre *nuo* dans un village de la Chine du sud-est." In Hélène Bouvier & Gérard Toffin (éd.), *Théâtres d'Asie á l'œuvre: Circulation, expression, politique*. Paris: Études thématiques n° 26, EFEO.

Freedman, Maurice 1958, "Lineage Organization in Southeastern China." In *London School of Economics Monographs on Social Anthropology 18*. London: Athlone Press.

Gipoulon, Catherine 1997, "L'Image de l'Épouse dans le Lienüzhuan." *En suivant la voie royale: Mélanges offerts en hommagâ à Léon Vandermeersch*. Paris: EFEO.

Granet, Marcel 1939, *Catágories matrimoniales et relations de proximité dans la Chine ancienne*. Paris: Félix Alcan.

Granet, Marcel 1988 [1929], *La Civilisation chinoise*. Paris: Albin Michel.

Morgan, Lewis Henry 1877, *Ancient Society: Or Researches in the Lines of Human Progress from Savagery, through Barbarism to Civilization*. London: Macmillan & Company.

Vandermeersch, Léon 1977, *Wangdao ou la voie royale: Recherches sur l'E sprit des institutions de la Chine archaïque*. Paris: EFEO.

Vandermeersch, Léon 1991, "Le Mariage suivant le ritualisme confucianiste." In Yuzô Mizoguchi & Léon Vandermeersch (eds.), *Confucianisme et sociétés asiatiques*. Paris: L'Harmattan & Tokyo: Sophie University.

Wolf, Arthur P. (ed.) 1974, *Religion and Ritual in Chinese Society*. Stanford: Stanford University Press.

Zufferey, Nicolas 2003, "La Condition féminine traditionnelle en Chine: État de la recherche." *Études chinoises* 22.

鲍宗豪，2006，《婚俗与中国传统文化》，桂林：广西师范大学出版社。

（作者单位：法国国立东方语言文化学院；

译者单位：法国国家科学研究中心）

西方人类学家的游戏见解[*]

王媖娴

摘　要　虽然游戏研究长期被排除于人类学研究的主流之外，但实际上仍有不少知名的西方人类学家在研究中关注到游戏现象，并发表了带有其所在理论流派鲜明烙印的游戏见解：泰勒等早期学者倡导"游戏乃文化遗存"，马林诺夫斯基强调了游戏的功能，玛格丽特·米德考察了儿童游戏与不同文化模式之间的密切关联，贝特森关注游戏中的信息交流，格尔兹则将巴厘岛的斗鸡游戏视为文本加以深描。这些来自不同理论角度的见解，凸显了游戏及游戏研究一直被忽视的重要意义，启发并影响了多个学科的研究，对其进行梳理具有重要的学术史意义。

关键词　游戏；儿童游戏；西方人类学；人类学视角

　　长期以来，无论在学者还是大众眼中，游戏[①]多被视为琐碎的、消遣的、无足轻重的，且往往被置于与（幼稚的）儿童相关联、与（严肃的）工作相对立的位置。人类学界在很长的一段时间里也盛行着"人类学在很大程度上并不涉足游戏和体育研究"（Dyck，2000：1）的说法。在绝大多数人类学家眼中，游戏只是一种存在于文化核心之

---

　　*　本文是教育部人文社会科学研究青年基金项目"中国传统民间游戏研究的范式转换与理论构建研究"（19YJC850019）的最终成果之一。
　　①　本文所论述的"游戏"仅指传统的游戏形式而不涉及电子游戏。

外，难以对文化变迁产生实质影响的文化映象。在这种轻视游戏研究的学科主流传统下，直至 20 世纪中叶，大多数西方人类学家在开展田野调查的过程中，都仍未将游戏纳入研究视野和民族志写作的考量，更未将游戏视作重要的社会、文化实践，而展开系统、深入的调研。及至 1959 年，罗伯茨（John M. Roberts）、亚瑟（Malcolm J. Arth）和布什（Robert R. Bush）在泰勒（E. B. Tylor）的启发下发表了《文化中的游戏》（"Games in Culture"）一文。该文试图发展游戏研究的理论框架以解释其地理分布和社会文化意义，为人类学家打开了游戏研究新的大门。此后，游戏研究引发了越来越多的西方人类学家的兴趣与加入。

纵观西方人类学自 19 世纪后期诞生至 20 世纪末这百余年的发展历程，我们将发现，即便在游戏研究被视为边缘领域的时期，仍有人类学家，甚至是知名人类学家，注意到了游戏的重要意义，针对游戏现象发表过极为重要的观点，给予不同学科的学者以视角和方法方面的重要启迪。可惜，这些人类学巨擘对于游戏的智识，大多在国内学界未引起足够关注，专文讨论更是缺乏。有鉴于此，特撰此文，对西方著名人类学家的游戏见解择要加以整理，以资国内学界参考。

一、游戏乃文化遗存

19 世纪晚期，在当时的时代背景尤其是西方发达国家殖民扩张的影响下，古典进化论及传播论的研究旨趣大行其道。"原始""野蛮"人群之风俗，乃至西方社会中的农民、儿童等非主流人群的习惯，都成为西方人类学家构建宏大的人类文化发展史之"有效"材料。在这种情势下，各种搜集、整理与存档之"采风式"研究蔚然成风，游戏研究亦是如此。

　　古典进化论的代表人物、"人类学之父"泰勒，很早就注意到了游戏研究的意义，认为游戏可作为文化的一个重要特征予以研究。而他所身体力行开展的游戏研究，则主要服务于其对宏大的世界文化发展史（古典进化论）的构建及其对文化接触的观点。具而言之，他认为，游戏发展史能够为文化进化的具体、复杂轨迹提供有益的证明（Tylor，1879，1971）。在其名著《原始文化》（*Primitive Culture*）中，泰勒指出，许多儿童游戏"仅仅是重要生活事情的滑稽性的模仿"，"常常重演着如同儿童时期一般人类部落历史的早期阶段"（泰勒，2005：58、59）。值得一提的是，泰勒的这一观点在心理学界引起了较大反响，其中，美国心理学家霍尔（G. Stanley Hall）的"复演论"（recapitulation theory）可能最为人所知。霍尔认为，"出自本能、未经教育、非模仿型的儿童游戏是了解旧时代成年人活动的最佳索引和向导……"（Hall，1904：202），儿童游戏的"阶段"从整体上重演了人类的生物文化史。尽管该理论颇受诟病，却提供了一个讨论儿童行为发展的重要线索，极大地影响了后来的学者。随后，雷尼（Mabel J. Reany）提出儿童"游戏期"说，将其对应于人类不同的进化阶段，例如"动物阶段"（从出生到 7 岁）对应于荡秋千和攀爬游戏，"野蛮阶段"（7—9 岁）对应于狩猎和投掷游戏，"游牧阶段"（9—12 岁）对应于简单的技能和冒险游戏以及"养宠物的兴趣"，"农业阶段"和"部落阶段"（12—17 岁）则借玩偶、园艺及团队游戏展示出来（Reany，1916：12）。

　　此外，作为古典进化论的代表人物，尽管泰勒的观点与传播论大相径庭，在游戏研究的问题上，他却开创了人类学从传播角度研究游戏的先端（Schwartzman，1978：62）。他认为，游戏这种"琐碎"的习俗可作为验证文化接触的有用证据，这一观点在他对于中美洲十字戏（patolli-pachisi）的著名研究中表现得淋漓尽致。在 1879 年的一篇文章中，泰勒指出，阿兹特克人的帕托利（Patolli）游戏与印度的十字戏有许多共同之处（如掷骰子决定移动步数、"棋盘"的交叉形状

以及计分方式），这种相似性说明美洲的骰子游戏系哥伦布时代之前
以某种方式从亚洲传播而来。借这一个案，他明确指出了自己对于游
戏的看法以及游戏之于人类学的价值，"任何一种文化事项，即便是
微不足道的一个游戏，若能清楚地证实系源自亚洲后在北美的未开化
部落中站稳脚跟，我们便可借此管窥其文化中的其他要素是如何同样
受到亚洲文化影响的"（Tylor，1879）。在另文中，他也明确表达了类
似观点：

> 　　旅行者看到欧洲和亚洲某些儿童游戏的相似之处，有时会这
> 样解释：世界各地的人头脑都是相似的，同样的游戏在不同的地
> 方发现也很自然。……若果真如此，为什么在边远的野蛮国家，
> 总会发现一些游戏似由与其近邻的文明民族学习而来？更重要的
> 是，为什么欧洲的孩子直到几个世纪前才知道他们最喜欢的那些
> 运动？例如，他们没有战娃娃和毽子，也从来不会放风筝，直到
> 这些游戏从亚洲传入，并迅速在整个欧洲扎根和普及。因此，英
> 国男孩玩风筝的出现不是出于自发的游戏本能，而源于一种远道
> 而来的异域游戏的传入。（Tylor，1879）

泰勒之后，相继有不少人类学家对各种文化中游戏的搜集和整理
做出了贡献，纽厄尔（W. W. Newell）对美国的儿童游戏，高莫
（Alice Bertha Gomme）对英格兰、苏格兰、威尔士的传统游戏，以及
库林（Stewart Culin）对中日韩三国及夏威夷、北美印第安人的游戏
材料所做的广泛收集和博物馆建设工作，便是其中的代表性成果。此
后近半个世纪，除了贝斯特（Elsdon Best）的《毛利人的游戏与闲
暇》（*Games and Pastimes of the Māori*，1925）和莱塞（Alexander
Lesser）的《波尼人的鬼舞手游戏》（*The Pawnee Ghost Dance Hand
Game*，1933）之外，游戏研究并没有明显进展，以至于赫伊津哈
（Johan Huizinga）在其著名的《游戏的人：文化中游戏成分的研究》

(*Homo ludens: Essai sur la fonction sociale du jeu*）一书中批评道："人类学及其姐妹学科迄今为止在游戏这个概念上花的力气实在是太少，它们对游戏这个因素对文明的极端重要性下的功夫实在是微不足道。"（赫伊津哈，2017：44［自序］）。

总体说来，这时期的研究，一方面强调对于游戏文本的广泛、细致收集，进而进行资料的汇编和分类整理；而在另一方面，对这些游戏的文本所进行的分析也带有鲜明的古典进化论或传播论的调调，学者们力图借助游戏材料及其分析来提出自己对于人类文化发展轨迹的宏大叙事，而非真正关注游戏本身。比如纽尔在传播论影响下认为，美国的儿童游戏"几乎都源自古老的英国传统"，而在探寻游戏在不同国家之间的扩布时须谨记，"传播总是遵循着自高而低的法则"（Newell，1883：1—2）；库林将美洲视为游戏向世界各地传播的中心（Culin，1903：495），认为美洲的游戏系当地土著直接和自发的产物，而绝非外地传入（Culin，1907：32）；高莫的研究则不断透露出儿童游戏是早期社会中严肃的成人活动之幼稚遗存的观点（Gomme，1894，1898）；甚至直到1950年代，布鲁斯特（Paul G. Brewster）仍指出，研究游戏的重要意义在于"20世纪的许多儿童游戏，甚至是在那些高度文明的社会中儿童玩的游戏，都有非常古老甚至原始的信仰和实践的痕迹"（Brewster，1956）——虽然他同时强调了儿童游戏作为不同民族文化接触例证的作用。

如英国学者奥皮夫妇（Opies，1969：vii）所说，这些研究者的出发点均在于将游戏视为"古代遗存"或"考古遗迹"，而非"适应新环境不断演变、自我更新甚或被取代的鲜活有机体"。在这种理论视角下，这一时期的大量儿童游戏"研究"实际上以收集和记录为主，在留下宝贵历史资料的同时，也因问题意识及理论色彩的缺乏，在很长一段时间内未能取得明显突破，也难以与其他学科进行对话。

二、游戏的功能论

继古典进化论和传播论之后，人类学的功能学派横空出世，直至今日都在持续产生影响。该学派一改古典进化论和传播论的历史论调，强调观照现实的共时性研究和针对特定人群、地区开展具有整体性视野的田野调查方法。"正是在功能主义的推进下，人类学发明了系统的实地调查方法与民族志叙述架构，使学科走进了现实主义的时代。"（王铭铭，2005：34）功能论的代表人物马林诺夫斯基认为文化的功能在于对个体基本的生理、心理和社会需求的满足，"文化是实用的、适应性的、功能上整合的，并且文化的解释包含了功能的描述"（穆尔，2009：158）。而涉及游戏方面，他虽着墨不多，却提出了一个对其他研究者影响甚大的观点。他认为，儿童往往在其成长过程中所加入的各种玩伴群体中学会服从众意、遵从习俗和礼仪，游戏具有满足个体"成长需要"的功能；在对儿童游戏进行分析时，应"着眼于它们的教育价值和它们为经济技能做准备的功能"（马林诺夫斯基，1999：101—102）。

20世纪初，著名的心理学家格鲁斯（Karl Groos）曾对当时盛行的"精力过剩说"进行反驳，并提出了儿童游戏的"预演说"（pre-exercise theory，又称"本能练习说"），认为游戏可以帮助人类实践或排练现实生活中的各种日常行为，从而第一次强调了游戏的实践意义（Groos，1901）。而马林诺夫斯基对于儿童游戏之教化功能的强调，正与其一脉相承。虽然马林诺夫斯基并未对此展开详细论述，他所贡献的大量民族志作品中也缺乏对当地人游戏活动的直接呈现，但紧随其后却有不少人类学家（及心理学家）沿着他所点亮的星星之火，将眼光投向了（儿童）游戏的现实功能——或是呈现更为细致的民族志材料，或从理论层面展开进一步探讨，从而使得学界对这一问题的探究得以步步深入。

在这个过程中，"（儿童）游戏即模仿/准备"或"（儿童）游戏即濡化"的观点颇为盛行。比如，在产生深远影响力的《文化中的游戏》一文中，罗伯茨、亚瑟和布什将游戏视为对各种文化事项进行模仿的表达性活动，从而也是一种为掌握文化所做的练习，例如技能游戏涉及对具体的环境状况的掌握，策略游戏涉及对社会制度的了解，而运气游戏则涉及对超自然力量的感知（Roberts，Arth & Bush，1959）。继之，1950 年代启动的关注儿童社会化议题的"六种文化项目"（Six Cultures Project），也将游戏视为儿童掌握生活技能的表达性活动，并鼓励研究人员以这种思路为指导，观察和记录不同文化中的此类行为，从而进行跨文化比较。再比如，特恩布尔（Colin Turnbull）在《森林人》（The Forest People，1961）一书中对巴姆布提俾格米（BaMbuti Pygmy）儿童游戏所做的描述也颇具这种色彩：

> 同所有地方的孩子们一样，俾格米的孩子们喜欢模仿他们的成人偶像。这是他们学习的开始，因为大人们总是鼓励和帮助他们。除了成长为一名优秀的成年人外，还有别的什么他们需要学习的呢？因此，一位充满慈爱的父亲会给他的儿子做一张小小的弓和由软木做成的钝头的箭，他也有可能会给他一小块猎网。一位母亲会编一个小小的背篓来逗她自己和她的女儿开心。在很小的时候，男孩子和女孩子们玩"过家家"，他们郑重其事地搜集枝条和树叶。当女孩子正在建一个小小的棚子时，男孩子则带着他的弓和箭在四处搜寻。
>
> 对于孩子们来说，生活就像是长时间的嬉戏……有一天，他们会发现，他们一直在玩的游戏不再是游戏了，而是真实的，因为他们已经长大成人。……这一切是那么潜移默化地发生着的，以致起初他们几乎都没有察觉到这种变化……（特恩布尔，2008：125—126）

不过，在另一方面，也早有学者指出，儿童游戏绝非儿童对成人生活的简单模仿。福蒂斯（Meyer Fortes）针对塔尔兰（Taleland）的田野调查发现，该地区的儿童常常别出心裁地利用自然物及其他材料，并在游戏活动中重新设计成人的角色以适应游戏中特定的逻辑及情感安排。他指出，游戏作为塔尔兰的孩子们"最重要的教育活动"，绝非对成年人生活的简单模仿和机械复制，而是基于成人和大孩子们的生活主题所进行的富有想象力的建构，因此，人类学家和其他学者都有必要重新审视"游戏即模仿"的观点（Fortes，1970［1938］：14—74）。朗姆（Otto F. Raum）在对查加（Chaga）儿童的游戏研究中也提出了类似的观点，"'模仿'游戏的本质特征是……假装，儿童通过自己对于成人社会的一知半解而构建出一个想象中的成人社会……在大多数情况下，'模仿'游戏的主题并不会直接取自成人的生活事件。相反，主题的选择及其发展往往出于儿童自主和自发的行动……"，所谓"孩子气的模仿并不是原样照搬，而往往是添油加醋的夸张再现"（Raum，1940：256—257）。

对于这种见解上的殊异，施瓦茨曼（Helen B. Schwartzman）做了较为全面的分析。她认为，强调儿童游戏的濡化功能及其模仿性的这类研究成果，令儿童游戏这种长期以来在西方社会被认为不值一提的小儿把戏获得了重要的存在意义和研究价值：

> 游戏的这种模仿功能为儿童提供了学习和练习其文化所要求的成人角色的机会。这类研究之所以重要，在于通过强调游戏作为一种社会化机制的价值，能够挑战将游戏视作一种无聊、无用的活动的传统观点。这样，游戏本身就被社会化和合法化了，变成了一种合宜且得体的行为。（Schwartzman，1978：133）

正是因此，持这一见解的研究往往更为强调儿童在游戏中的顺从与被动，以及儿童游戏在推动儿童社会、文化适应方面的积极意义，而对儿童在游戏中的主动性、创造性和反叛性存在着选择性忽视。这种选择性忽视，恰恰折射出这类见解背后的成人心态：

> 将儿童游戏视为模仿或社会化的过程，而一贯忽视其批判性和讽刺性，这一点透露出许多西方及非西方成年人以儿童为中心的观点。亦即，如果为人父母应该把大部分时间和精力都花在孩子身上（比如养育），则他们也会期望孩子把大部分时间花在成人化的游戏上（例如模仿成人）来回报父母。也许，游戏即模仿的观点只是对成人普遍存在的这种心态所做出的复杂且合理化的解释。(Schwartzman，1978：132)

三、游戏与文化模式

秉持坚定的文化决定论的玛格丽特·米德（Margaret Mead），一直对原始儿童的养育方式给予高度关注。在开展研究时，米德往往注重以民族志材料检验当时西方对于儿童养育方式、个性发展和性格形成等的理论。虽然在这个过程中，她并未对儿童游戏予以专题探讨，但散落于米德早年名作——"来自南海"三部曲中的一些细致描述，及其晚年发表的一篇关于儿童游戏研究的演讲稿，仍能充分反映出米德对于儿童游戏的基本观点。

在成名作《萨摩亚人的成年》（*Coming of Age in Samoa*，1928）一书中，米德以萨摩亚文化为镜，深刻反思了美国社会的儿童教育及由此导致的一系列问题。她指出，西方文化对工作与游戏、成人与儿童的二元式刻板划分乃至对立，在很大程度上导致了儿童和成人对游戏的错误态度并产生了令人失望的教育现状；而萨摩亚人对工作和生活、成人和儿童并没有鲜明的二元区分——成人通过派给儿童适应他们能力技巧的各种任务来为儿童的生活赋予内容和意义，儿童则"以整个社区的标准来衡量自己的工作和游戏"（米德，2008：154）。米德认为，正是"这种态度给他们的生活带来了高度的和谐，而这却是我们无法提供给自己的孩子的"（米德，2008：153）。由此，不同文化中儿童的玩耍行为与成年人工作、生活的结合方式与程度，开始进入米德的视野。

在随后的《新几内亚人的成长》（*Growing up in New Guinea*，1930）一书中，米德在针对南太平洋地区马努斯儿童生活展开的研究中，对其游戏也进行了大量关注，并借此反驳了当时盛行的西方理论。米德观察到，马努斯儿童的游戏活动几乎都是体力消耗且非想象型的，他们的游戏是"你能想到的各种活动中，最现实、最混乱、最没想象力的活动"，严重缺乏丰富、有趣的思想素材，"来自成人生活的各种刺激都被切断了"（Mead，1930：122、128）。这里的儿童从不愿也难以涉足、模仿成年人的生活，成年人则从不插手、提示或鼓励儿童的游戏行为，儿童的游戏与成年人的生活可谓平行展开、自成一派。米德认为，马努斯儿童游戏中想象力及模仿力的缺乏以及现实型游戏的大量存在，与其文化模式中想象力的缺乏进而在儿童教养方式中缺乏对儿童想象力的鼓励和引导直接相关：马努斯人不会将事物人格化，他们对事物的看法"自然而写实"，语言"冷淡又乏味，缺少比喻或丰富的暗示"，幻想型故事更是鲜见（Mead，1930：131）；其文化"对事实的坚持、状况的描述及细节的在意，都极大地限制了儿童的想象力"（Mead，1930：118）。论及此，米德针对她一直反对的基因决定论特别强调，马努斯儿童"这种乏味而缺乏想象力的游戏生活，并不能说明他们的心智水平，而只能反映出他们被养大的方式"，"他们一点也不笨。他们机敏、聪明、有好奇心，并有绝佳的记忆力和接受各种新事物的包容心"（Mead，1930：127—128）。她结合其他方面的田野发现旗帜鲜明地指出，儿童在超自然及想象力方面的心智发展是"由他们被养育的文化形式所决定的"（Mead，1930：132—

133），而马努斯人的生活呈现出这样一个事实——儿童"非借成年人供给之物，便不能自发结出绚烂之果"，要想借西方人眼中更为高级的想象型游戏活动对儿童进行进步教育，除非社会文化能够"为儿童提供某些东西来锻炼其想象力"，并加以成年人的鼓励和引导，否则便不会产生任何效果（Mead，1930：256—258）。

及至《三个原始部落的性别与气质》（*Sex and Temperament in Three Primitive Societies*，1935）一书，米德对文化模式与儿童游戏风格之关联这一问题的关注和认识愈发清晰了。在该书中，她对阿拉佩什人（Arapesh）和蒙杜古马人（Mundugumor）的儿童游戏做了生动的描述。在温良被动、崇尚和睦相助、反对竞争冲突的阿拉佩什人中，儿童"作为一个被动参与者加入其父兄们的活动"，却"很少有进行自己的游戏和支配自己生活的经历"。他们的儿童游戏"幼稚笨拙"，不鼓励挑衅与竞争，没有两方抗衡的竞赛或规则型游戏（米德，1988：55、51）。除此之外，当地的儿童游戏具有鲜明的性别差异：在丰收或庆典之时，女孩往往以团体的方式聚在一起承担各种任务，这种集体劳动使得小团体成员间的关系愈发亲近；男孩则难以形成团体，他们只是跟随父兄承担各种男性的劳作义务，闲暇之余可能会三三两两地凑在一起，用玩具弓箭练习射箭或自己制作各种玩具（米德，1988：55、52）。而在性格暴戾、冷酷残忍、具有强烈攻击性的蒙杜古马人中，儿童游戏的风格显著不同：不同年龄甚至同龄儿童之间都存在严重隔阂，以大欺小、倚强凌弱的现象随处可见，男孩和女孩也从不混在一起玩耍；男孩们热衷体力游戏，即便得以聚集成群开展游戏，也往往分成两个阵营，彼此开展激烈竞争；女孩们则从不结伴游戏，她们在社会中的行为没有固定的模式（米德，1988：203、196）。在该书最后，米德总结说："文化选择了一种气质或融合几种相关的气质，并把这种选择揉进社会组织生活的每一个方面，诸如照料孩子，儿童游戏，民歌，政治组织机构，宗教习惯以及艺术和哲学等。"（米德，1988：270）

以上"来自南海"三部曲中对儿童游戏的思考，最终在米德晚年一篇名为《儿童游戏风格：作为一种文化指标之用的可能性和局限性》（"Children's Play Style：Potentialities and Limitations of Its Use as a Cultural Indicator"）的演讲稿中得到了进一步的明确和提炼。儿童游戏对于米德而言，实际上一直被作为透视该人群的人格特征和文化模式的管道而非直接目标。她在文中明确指出，"游戏本身在文化的书写中只有有限的价值"，更重要的不在于游戏本身，而在于洞察游戏折射出的社会、文化内涵，也就是将儿童游戏的风格差异作为分析"文化类型的精确指标"。即便涉及不同文本的微妙差异，她也认为，"如此相近的游戏之间存在的这种差异的确折射出文化层面的内容，但游戏本身的存在与否并不重要"。因此可以说，米德在儿童游戏的问题上更关注儿童游戏所存在的文化语境而非对游戏文本的解读。也正是因此，米德特别强调对儿童游戏之复杂性和系统性的关注，以及田野调查中"与游戏相关的民俗也须一并采集"才能对儿童游戏的性质有更深的理解（Mead，1975）。

总之，米德基于自己身体力行、持续多年、涉及多点的扎实的田野调查，为儿童游戏研究提供了极为宝贵且丰富的第一手民族志材料；她对游戏所处的整体文化语境的观照，以及游戏风格与文化模式之间关系的强调，引领了当时的研究前沿，推动了游戏研究新范式的形成；她在南太平洋多岛及美国本土的儿童游戏间"运用跨文化并置方法进行的文化批判"（中国社会科学院文献信息中心国外文化人类学课题组，1996：33），更促使学者和大众，尤其是来自西方的学者和大众，去反思自身及自身所处的文化对儿童游戏的理解以及教育儿童的方式。[1]

---

① 本部分内容的详情，请见笔者发表于《浙江师范大学学报（社会科学版）》2020年第6期的《作为"文化指标"的儿童游戏——玛格丽特·米德的儿童游戏研究》一文。

四、游戏中的交流

1950 年代，贝特森（Gregory Bateson）提出了"元交际"（meta-communicate）理论来分析游戏中的信息沟通过程，并将其视为游戏得以开展的基础和主要特征。他认为，人类的交流能够而且常常在不同的抽象层次上展开，这些指示性的层次可大致分为"元语言"（metalinguistic）与元交际。他以"猫在垫子上"（the cat is on the mat）为例来说明两者的区别："元语言"包括显性或隐性信息，语言是其话语的主体——就这一层面而言，"猫"（cat）的发音在这里指代这一动物种类及其中的任何成员，或是既没有皮毛也不会抓人的一个语词；而在"元交际"层面，"话语的主体是说话者之间的关系"——在这一层面该句表达的是，"我很友好地告知你到哪里可以找到那只猫"或"这是个游戏"。但无论"元语言"还是"元交际"，都含有大量隐晦的信息（Bateson，1977：177—178）。因此，所谓"元交际"，可理解为一种抽象的"交际"，是"处于交际过程中的交际双方对对方真正的交际意图或所传递的信息的'意义'的辨识与理解"（刘焱，2008：133）。

贝特森在对动物园的两只小猴子的玩耍活动进行观察时发现，它们的行为看似在打架，实则并非真的在打架，而且无论是人类观察者还是参与其中的这两只小猴子都清楚地知晓这一点。他指出，游戏的参与者能够分辨出同一行为在现实和游戏中的不同含义，游戏只能存在于那些能够进行元交际的生物体之中，因他们能够区分不同逻辑类型的信息。这些作为"框架"或语境的消息，提供着关于如何解释另一条消息的信息。因此，只有在"这是游戏"这一信息的框架中，才能将某种动作视为游戏。贝特森同时指出，这条信息实际上隐含一种否定性陈述。也就是说，"这是游戏"的信息表明的是，"我（们）现在所做的事并不代表其原有之义"。比方，打架在游戏中不过被视为"闹着玩儿"。往往，一方以独有的表情或动作发出游戏信号，另一方注意并接收这种信号后，一场闹着玩儿的打架便开始了。虽然玩闹中的打架和真正的打架看似相仿，但游戏双方都明确地知道这不是真的。这就意味着，为了让游戏顺利进行，游戏参与者必须在同一个游戏框架中展开行动，也即他们必须处于同一个建构的世界中且知晓应如何展开行动。如果有一方没有及时领会这种游戏信号，也即在元交际上失败，这场打架便有可能演变为真正的打架。贝特森认为，在游戏这种现象中，"游戏"的行为往往指涉或是与"并非游戏"的其他行为相关联，因此，从信号指征其他事件的角度而言，游戏的演进可能是交际演进中的重要一步（Bateson，1977：177—183、189）。

此外，贝特森也指出，游戏并不是唯一具有内在矛盾性的"元交际"活动，他还讨论了幻想、仪式、威胁、艺术、魔法、心理治疗等案例。他专就玩耍（play）、心理治疗与规则游戏（game）做出了非常重要的区分：与玩耍相反，（规则）游戏要通过一套规则编码系统将物体、空间、时间的使用以及参与者的活动组织起来，在这种情况下，没有必要像玩耍时那样反复沟通以明确对参与者的要求，因为（规则）游戏的规则结构早已将其明确下来；玩耍固有的模糊性和矛盾性所导致的须在过程中不断沟通并达成共识才能顺利进行的情况，在（规则）游戏中因为有了规则的存在而得以消除（Bateson，1977：191—192）。

在游戏之于儿童的作用上，贝特森认为，对于儿童而言，以"元交际"为基础和特征的游戏是其重要的学习方式。通过游戏，儿童不仅学习了关于各种"角色"的知识，也学会了从框架或情境的角度去理解行为以及行为的各种类别。在游戏中，儿童将学习并获得一种新的视野，当儿童意识到行为在某种意义上可以被设定为一种逻辑类型时，就可以将之运用在现实生活中。儿童借游戏学习到的并不是其所扮演的具体角色类型，而是这种类型的灵活性以及类型或角色的选择与行为的框架和语境有关这一事实（Bateson，1956）。

贝特森对于游戏的观点引领了不少后来者从游戏中的交流角度关注游戏行为，为游戏研究打开了新的视野，更突出了游戏本身的价值和游戏研究中将文本与情境相结合的重要意义。在其影响下，不少研究者开始关注游戏中的交际，其中最具影响力的或属心理学家加维（Catherine Garvey）对3—5.5岁儿童在假装游戏中的交流过程的研究。后者将"假装游戏"（pretend play）界定为"儿童在'此时此刻'的情境下所做的某种转变"，就此划分出"对假装的否定—实施—游戏信号—程序或准备行为—口头明确提及的假装转变"五种表现方式和四种角色类型，讨论了情境对儿童游戏行为的具体影响，并提出了就这个年龄段的孩子而言"语言即游戏"的观点（Garvey & Berndt，1975）。在游戏研究领域外，"元交际-框架"理论在社会学、传播学、心理学等学界都引起了不小的反响，比如经由戈夫曼发扬光大的"框架"理论（Goffman，1975）此后便成为传播研究的重要分析工具。

除了理论上的贡献外，贝特森也从方法和资料方面为游戏研究做出了不可磨灭的贡献——他与玛格丽特·米德采用影视人类学的影像记录法合作完成的《巴厘人的性格》（*Balinese Character*，1974）一书，分不同文化主题详细记录了村民的日常生活，不仅是对巴厘岛文化全面而详细的记录，亦是民族志研究中综合使用动静态影像的典范，其中包含的关于当地儿童游戏的珍贵影像，更是为儿童游戏研究留下了宝贵财富（Bateson & Mead，1974）。

五、游戏作为"文本"

在著名的《深层游戏：关于巴厘岛斗鸡的记述》（*Deep Play: Notes on the Balinese Cockfight*，1972）一文中，阐释人类学派的代表人物格尔兹（Clifford Ceertz，也作格尔茨）对巴厘岛东南部一个村落中举行的斗鸡活动进行了深描，为游戏研究提供了一个极佳的民族志范本。斗鸡是当地社会自古以来的重要活动，虽然在格尔兹开展田野调查时已被政府视为非法活动而遭到取缔，但是当地人仍会想方设法地暗地组织，且参与者甚众。针对这种充满赌博性质的游戏，格尔兹运用他所强调的"深描"手法进行了层层呈现与剖析：

一是从个体心理角度展开的分析。格尔兹细致描绘了巴厘岛的男人与其所养雄鸡之间的亲密关系，认为雄鸡是这些男人"自身的象征性表达或放大"，是其"自恋的男性自我"，正是在雄鸡之间的搏杀中，"人与兽、善与恶、自我与本我、激昂的男性创造力和放纵的兽性毁灭力融合成一幕憎恶、残酷、暴力和死亡的血的戏剧"（格尔茨，1999：494）。

二是对游戏形式的细节呈现。他详细描述了斗鸡这种赌博游戏的内在机制，包括斗鸡的具体过程、规则及形式上不对称的两种具体投注方式——在赛圈中心进行的、赌注数额对等的大型轴心赌博，与赛圈周围观众个人之间的、赌注数额从不对等的小型赌博。格尔兹认为，斗鸡游戏的形式本身并不足以解释其深刻性和当地人对其如此着迷的根源，要对此做出真正的解释应"超越对其形式的关注而进入更为广阔的社会学与社会心理学的关注领域"（格尔茨，1999：508）。

三是将斗鸡游戏放在整个社会结构的广阔网络中揭示其社会意义。在这个过程中，他借用了边沁"深层的游戏"概念来概括这种斗鸡游戏，但针对边沁从功利主义出发所认为的游戏的参与者毫无理性及游戏的不道德色彩进行了反驳。他列举了斗鸡游戏勾连起的当地错综复杂的各种社会关系，指出人们在这种游戏中所重视的并不是物质性的获取，而是名望、荣誉、尊严等可用当地语言概括为"地位"的东西；浅层的斗鸡对应"金钱赌博"，而深层的斗鸡对应的是"地位赌博"，"根本上是一种地位关系的戏剧化过程"；整个斗鸡乃是一种对"社会基体"（social matrix）——村落、亲属群体、水利团体、寺庙机构、"种姓"等复杂系统的模拟（格尔茨，1999：513—514）。

四是从社会心理的角度，探讨巴厘人在斗鸡游戏中投射的心态价值观念，从而回答斗鸡对巴厘人到底意味着什么。他将斗鸡视为一种表达性工具，明确指出"一次斗鸡既是兽性仇恨的一次剧烈波动，一次象征自我之间的模拟战斗，又是地位张力的形式化的模仿"（格尔茨，1999：523）。这一游戏在格尔兹看来，实际上说明的是在当地人心目中根深蒂固的层级地位观，借这一游戏，巴厘人进一步理解并释放了自己在这种作为当地社会道德支柱的尊卑等级下，于日常生活中被遮掩、压抑的人性黑暗面。因此，斗鸡游戏为当地人"提供了一个超越社会的解说"，它是"巴厘人对自己心理经验的解读，是一个他们讲给自己听的关于他们自己的故事"（格尔茨，1999：528）。

在巴厘岛斗鸡这一个案的研究中，格尔兹将斗鸡游戏"作为一个文本来看待"，发掘它作为显而易见的一种仪式或娱乐方式时被掩藏的特征，这便是"文化的气质和个体的感知力（或它们的某些方面）清楚地表现在一种集合的文本中的状态"（格尔茨，1999：530）。他认为：

> 斗鸡是巴厘人对他们的暴力形式的反映……在巴厘人经验的各个层面上，可以整合出这样一些主题——动物的野性、男性的自恋、对抗性的赌博、地位的竞争、众人的兴奋、血的献祭——它们的主要关联在于它们都牵涉到激情和对激情的恐惧，而且，如果将它们组合成一套规则使之有所约束却又能够运作，那便建构出一个象征的结构，在此结构中，人们的内在关系的现实一次又一次被明白地感知。（格尔茨，1999：530）

格尔兹指出，斗鸡游戏并非巴厘人形成和发现自身气质及社会特征的单一文本，它与巴厘岛"对地位等级及其自我认知进行解释的其他的文化文本"（如宗教仪式、节日等）一起构成了巴厘人独有的文化。他由此明确提出了自己对文化的理解：一个民族的文化是一种"文本的集合"，而人类学家的任务就是"努力隔着那些它们本来所属的人们的肩头去解读它们"（格尔茨，1999：534）。这种"把文化作为一种文本的集合来检验"，对某文化事象的"文本"加以深描以洞察该人群的社会结构与文化的方法，对游戏研究所产生的重要影响是，将分析专注于游戏这一对象本身而不是化约为其他现象（如认知、社会结构或文化接触），从而挑战了长期以来学界所盛行的观点，亦即游戏及游戏研究的合理性只能通过所谓其他更"严肃"进而更重要的活动来体现的主流范式（Schwartzman，1976）。

不过，也有学者提出了斗鸡个案中的未尽之意。比如，有学者认为，格尔兹将游戏视为对不变的社会秩序的一种静态评价，这就使得对游戏体验的理解缺失了至关重要的元素——游戏的不确定性，而这正是游戏本身承载日常生活之开放性的必由之路（Malaby，2009）。

另有学者认为，格尔兹对于斗鸡游戏的诠释缺失了关乎巴厘社会的三个重要层面：一是，格尔兹虽曾提及在巴厘岛斗鸡是极少数将妇女排除在外的公共活动，但对这一游戏中的性别差异并未予以更多关注，而只是简单地将其并入地位差别；同时，格尔兹提及定期轮回的集市体系是串联巴厘岛各邻近村落的有效方式，且斗鸡往往发生在这些集市场合并伴有（以妇女为主体的）琐碎的买卖行为，斗鸡与当地的商贸之间具有非常紧密的联系，但这种联系在分析中几乎被忽略了。二是，"如果将斗鸡游戏作为一种文本，那么这种文本也是作为深刻的社会、政治、文化进程中的一部分书写而成的"——斗鸡在前殖民时代是巴厘岛的重要税收来源，随后被殖民当局及印尼政府列为非法活动而转入半地下状态，但可惜殖民主义以及现代国家的建立这些重要的政治因素所导致的斗鸡游戏的变迁被忽略了。三是，尽管格尔兹明确指出并强调了斗鸡游戏与社会地位之间的紧密关联，但读者仍无法从其研究中了解种姓、身份这些客观存在的社会过程（social process）与斗鸡之间的关系。该学者总结认为，这三个问题所引出的基本问题是，斗鸡游戏是被不断创造出来的，而这一过程无法脱离巴厘岛的历史；将斗鸡这一文本作为一种文化隐喻的主要不足在于，文本是创作的客体而非主体，把文化看成文本的集合抹杀了文化自身的创造过程。因此，对于格尔兹所提出的"文化犹如文本"这一观点而言，除了对文本的解读因人而异这一明显的事实之外，我们必须问是谁在（或正在）进行创作，或更直白地说就是，谁在展开行动，谁在创造人类学家所解释的文化形式，比如斗鸡在荷兰殖民者到来后的转变（Roseberry，1982）。

此外，萨勒兹（Jeffrey J. Sallaz）在结合后种族隔离时代（2004年前后）南非赌场的纸牌游戏与格尔兹笔下的巴厘岛斗鸡所进行的比较民族志研究中，对赌博游戏所处的政治、经济进程予以了特别关注。萨勒兹指出，印尼和南非在后殖民时期对经济、社会的不同"统治心态"及监管政策下对赌博游戏的处理方案——印尼政府继续实行殖民时期的赌博禁令，于是斗鸡作为一种表达传统地位荣誉和对中央权威的反抗工具，一直深嵌在当地乡村生活中；而相比之下，南非政府一改殖民时期的赌博禁令，通过批准企业赌场，建立了一个全新的赌博商品供应体系——导致了这两种赌博游戏在制度化、组织及主体性三方面的不同，这就将赌博游戏嵌入于其所处的政治和经济框架中进行了新的讨论（Sallaz，2008）。

结　语

如诺贝克（Edward Norbeck）所说，鉴于人类学以研究人的生命有机体及其文化的本质以及人类生活方式的习得性和社会性为己任，人类学对游戏研究的忽视着实令人吃惊；既然游戏这种人类行为无处不在又如此引人关注，人类学就必须对其加以研究和解释以达到学科的目标（Norbeck，1974）。而本文所提及的西方人类学家，即便并非直接以游戏为研究对象进行系统研究，也无疑明确意识到了这一点，并以各自的深刻见解及具体成果铺就了人类学的游戏研究之路。在其之后，人类学的游戏研究渐成气候：美国人类学学会（AAA）的年会上以游戏为主题的论文和论坛不断增加，且内容的覆盖面不断延展，尤其是其他灵长类动物的游戏行为也被纳入其中，1973年的年会上更是首设"人类游戏的人类学研究"专场。1974年，"人类学游戏研究协会"（TAASP）成立，游戏研究终于在西方人类学界受到前所未有的认可，迎来了其"高光"时刻。

然而，需要指出的是，该协会实际上成立于当时召开的北美洲体育史学会年会，且成员在部分人类学家之外，更包括诸多来自心理学、教育学及体育学等专业的学者。该协会随后更名为"游戏研究协会"，这在很大程度上反映出人类学色彩在协会架构及游戏研究领域的淡化。而这，与彼时游戏研究的三足（人类学，心理学及教育学，体育学）鼎立格局及传统游戏自身的处境直接相关。

这一时期，虽也有人类学家致力于游戏研究——比如施瓦茨曼于1978年出版的专著《转化：人类学视野下的儿童游戏》，但这些成果本身便带有鲜明的跨学科特色，且在人类学界产生的影响往往不及对本就更加重视游戏研究的心理学、教育学、体育学等学科。与此同时，西方心理学、教育学界的一些知名学者，继续推进着对人类学游戏研究的理论、视角和方法的积极借鉴——无论是埃里克森（Erik H. Erikson）针对美国两个印第安部落的童年教育展开的调研，还是萨顿-史密斯（Brian Sutton-Smith）颇具人类学特色的跨学科游戏理论，都强化了人类学对这两个学科游戏研究的影响；在体育学界，由于游戏与体育的"近亲"关系，早在学科确立之初，不少学者便十分重视对人类学游戏研究成果的采借，这种主动的靠拢最终形成了一个重要的分支领域——体育人类学。

也正是在这个过程中，随着社会的变革，现代体育运动及各种赛事席卷全球，日新月异的数字游戏（digital game）更是蔚然成风，尤其后者由于覆盖面之广、影响之深，俨然已成为当下"游戏"一词的主要所指。在这种双重冲击下，世界各地的传统游戏形势日趋衰落甚至几近凋亡，本就蜗居人类学边缘一隅的传统游戏研究更是难以为继。在这样的现实下，关注"游戏"的人类学家大多将研究视线移至现代体育和数字游戏，而少数固守传统游戏研究的学者，成果虽在议题的多样化上有所开拓，却也几未超越本文所论及的见解。

参考文献

Avedon, Elliot M. & Sutton-Smith, Brian（eds.）1971, *The Study of Games*. New York: John Wiley.

Bateson, Gregory 1956, "The Message ' This is Play'." In Bertram Schaffner（ed.）, *Group Processes: Transactions of the Second Conference*. New York: Josiah Macy Jr. Foundation.

Bateson, Gregory 1977, *Steps to an Ecology of Mind*. New York: Ballantine.

Bateson, Gregory & Mead, Margaret 1974, *Balinese Character: A Photographic Analysis*. New York: The New York Academy of Sciences.

Brewster, Paul G. 1956, "The Importance of the Collecting and Study of Games." *The Eastern Anthropologist* 10.

Culin, Stewart 1903, "America, the Cradle of Asia." *American Association for the Advancement of Science Proceedings* 52.

Culin, Stewart 1907, "Games of the North American Indians." In *Twenty-fourth Annual Report of the Bureau of American Ethnology（1902 - 1903）*. Washington: Government Printing Office.

Dyck, Noel（ed.）2000, *Games, Sports and Cultures*. New York: Berg Publishers.

Fortes, Meyer 1970 [1938], "Social and Psychological Aspects of Education in Taleland." In J. Middleton（ed.）, *From Child to Adult*. Garden City: The Natural History Press.

Garvey, Catherine & Berndt, Rita 1975, "The Organization of Pretend Play." The Annual Meeting of the American Psychological Association. Chicago: Til.

Goffman, Erving 1975, *Frame Analysis: An Essay on the Organization of Experience.* Harmondsworth: Penguin.

Gomme, Alice Bertha 1894, *The Traditional Games of England, Scotland and Ireland (I)*. London: David Nutt.

Gomme, Alice Bertha 1898, *The Traditional Games of England, Scotland and Ireland (II)*. London: David Nutt.

Groos, Karl 1901, *The Play of Man.* New York: Appleton.

Hall, Granville Stanley 1904, *Adolescence (I)*. New York: Appleton.

Malaby, Thomas M. 2009, "Anthropology and Play: The Contours of Playful Experience." *New Literary History* 40 (1).

Mead, Margaret 1930, *Growing Up in New Guinea.* New York: Blue Ribbon Books.

Mead, Margaret 1975, "Children's Play Style: Potentialities and Limitations of Its Use as a Cultural Indicator." *Anthropological Quarterly* 48 (3).

Newell, W. W. 1883, *Games and Songs of American Children.* New York: Harper.

Norbeck, Edward 1974, "Anthropological Views of Play." *American Zoologist* 14 (1).

Opies 1969, *Children's Games in Street and Playground.* Oxford: Oxford University Press.

Raum, Otto F. 1940, *Chaga Childhood.* London: Oxford University Press.

Reany, Mabel J. 1916, *The Psychology of the Organized Group Game.* Cambridge: Cambridge University Press.

Roberts, John M., Arth, Malcolm J. & Bush, Robert R. 1959, "Games in Culture." *American Anthropologist* 61 (4).

Roseberry, William 1982, "Balinese Cockfights and the Seduction of Anthropology." *Social Research* 49 (4).

Sallaz, Jeffrey J. 2008, "Deep Plays: A Comparative Ethnography of Gambling Contests in Two Post-colonies." *Ethnography* 9 (1).

Schwartzman, Helen B. 1976, "The Anthropological Study of Children's Play." *Annual*

Review of Anthropology 5.

Schwartzman, Helen B. 1978, *Transformations: The Anthropology of Children's Play.* New York: Plenum Press.

Tylor, Edward B. 1879, "On the Game of Patolli in Ancient Mexico, and Its Probably Asiatic Origin." *The Journal of the Royal Anthropological Institute of Great Britain and Ireland* 8.

Tylor, Edward B. 1971, "The History of Games." In E. M. Avedon & B. Sutton-Smith (eds.), *The Study of Games*. New York: John Wiley.

埃里克森，2018，《童年与社会》，高丹妮、李妮译，北京：世界图书出版公司。

格尔茨，1999，《文化的解释》，韩莉译，南京：译林出版社。

赫伊津哈，2017，《游戏的人：文化中游戏成分的研究》，何道宽译，广州：花城出版社。

刘焱，2008，《儿童游戏通论》，北京：北京师范大学出版社。

马林诺夫斯基，1999，《科学的文化理论》，黄剑波等译，北京：中央民族大学出版社。

米德，1988，《三个原始部落的性别与气质》，宋践等译，杭州：浙江人民出版社。

米德，2008，《萨摩亚人的成年》，周晓虹等译，北京：商务印书馆。

穆尔，2009，《人类学家的文化见解》，欧阳敏等译，北京：商务印书馆。

泰勒，2005，《原始文化（重译本）》，连树声译，桂林：广西师范大学出版社。

特恩布尔，2008，《森林人》，冉凡等译，北京：民族出版社。

王铭铭，2005，《西方人类学思潮十讲》，桂林：广西师范大学出版社。

赵奇、黄进，2019，《当代儿童游戏研究的范式演变与融合——基于萨顿-史密斯的学术历程与思想之考察》，《教育研究与实验》第 3 期。

中国社会科学院文献信息中心国外文化人类学课题组，1996，《国外文化人类学新论——碰撞与交融》，北京：社会科学文献出版社。

（作者单位：华东政法大学社会发展学院）

云南建水文庙祭孔仪式研究[*]

马斌斌

摘　要　仪式研究在人类学经典民族志作品中层出不穷，作为一种研究对象和媒介，仪式是透视被研究社区人文精神和宇宙观的一种途径，是理解人们精神世界的一扇窗户。在多民族聚居区，仪式促进了各群体之间交往交流交融，某种程度上仪式能助力铸牢中华民族共同体意识。文章以建水文庙祭孔仪式为研究对象，通过历时性的梳理，探查文庙本身和祭孔仪式的教化功能。重拾、重释祭孔仪式，在中国传统文化和仪式庆典中找寻共识，具有一定的学术价值和现实意义。

关键词　文庙；仪式；教化；标准化；能动性

在人类社会发展过程中，仪式相伴始终。于个人而言，从出生到死亡伴随着系列仪式，如庆生仪式、婚礼仪式和丧葬仪式等。这些仪式在表征个人社会性转变的同时，也作用于其所处的社会。德格洛珀（Donald R. de Glopper）更是明确指出仪式被看成是浮在社会之上的一层油膜，对于支撑它的社区而言并没有决定性作用，因此从表面上看，它赋予了较之实际存在更多的地方性色彩（武雅士，2014：50）。早期人类学家泰勒在其经典著作《原始文化》中反复提及仪式的相关问题（泰勒，2005），莫斯通过对礼物和献祭的讨论也对相伴仪式的

---

　　* 本文系笔者博士论文《移民与西南边地的儒学教化——基于建水文庙的历史人类学研究》（中山大学，2022）第三章部分内容节选，特此说明。

重要性进行了阐释（莫斯等，2007），马林诺斯基在叙及库拉交易时对伴随的系列仪式进行了细致描述和分析（马凌诺斯基，2001），萨林斯（Marshall Sahlins）笔下库克船长的遭遇是与土著的仪式紧密相连的（萨林斯，2003），这些经典研究都对仪式的重要性和仪式本身的功能有过系统阐释。在这些关于仪式的经典研究中，人们参与其中，仪式在体现一定意义模式的同时，也成了一种社会互动形式（格尔兹，1999：192）。在仪式庆典中，人们可以进行互动和交流，也可以凭借仪式庆典的机遇进行贸易活动，有时庆祝物产丰收的仪式也伴随着"人"的丰裕。在有关中国传统仪式的经典研究中，华琛（James L. Watson）通过对天后以及中国丧葬仪式的讨论，提出"标准化"概念，指出中国仪式的结构是一个将动作、程序、表演集合而成的紧密组合（华琛，2003：98—114）。依照华琛的研究，不难看到中国社会中存在的一些具有标准化特征的仪式。在诸多仪式中，文庙祭孔仪式正是标准化仪式的体现，但在地方社会的具体实践中，又体现出地方的能动性。在历史发展中，文庙的丁祭祀典作为一种地方和国家共同庆典的仪式在渐趋"标准化"的历程中纳入地方元素；同时也发挥着教化的功能，对地方社会的形塑有巨大作用，建水文庙的祭孔仪式就具备这系列功能。基于此，本文以建水文庙丁祭祀典为研究对象，结合丰富的文史资料和田野调查，梳理建水文庙祭孔仪式，在具体的"仪式"中呈现标准化的仪式是如何与能动性的地方实践相结合、共作用的，并从祭孔仪式来看中国传统文化的延续性和持久性，以及中国传统文化的凝聚力和仪式的教化意义。

一、作为教化的文庙

　　文庙、夫子庙、宣夫庙、儒学庙、鲁司寇庙、黉学、学宫、至圣庙、先师庙等都是对"孔庙"的一种称呼，但文庙的使用相对适中。

前 478 年，鲁哀公在孔子逝世（前 479）后，以孔子故居为孔子立庙加以祭祀孔子，该文庙某种程度上是一种"家庙"。到了贞观四年（630）时，唐太宗李世民颁布在全国各州县设立孔庙的诏令，由此拉开了官方主修文庙的序幕。这种在中央王朝推动下修建的孔庙，本身是一种"官庙"，其目的在于推行"教化"，此类文庙从修建之初便具备了"庙学"合一的特征。建水虽地处"云南极边"，但早在至元二十二年（1285）元王朝的地方官员张立道就在此兴建了文庙，作为官府主修的文庙，经元历明清一直保存至今，虽在少数民族聚居区，但作为官修文庙的性质一直未变。据当地人讲：

> 我们这里的文庙是一种官庙，不是家庙了嘛，我们一般都叫文庙。这里的文庙修建早，是元代朝廷修建的，修建后就开始教学生，像现在的学校一样。只是那会了嘛，和这会的学校不一样，教的内容也不一样，但它还是个学校，它就是文庙，不是家庙。我们小时候那哈子（会），学校还在里面的，我们也在里面读过书，影响很深。①

史载元代统一云南后，至元十三年（1276），赛典赤·赡思丁出任云南平章政事。到任后，"赛典赤以改定云南诸路名号上闻。立云南行中书于善阐，改为中庆路。始置郡县。诸路各升改建置。改南路为临安路。……赛典赤奏：'云南风俗未变，宜建学明伦'。从之"（倪蜕，2018：119—120）。在改路建置的同时，本着"建学明伦"、移风易俗的目的，赛典赤·赡思丁亲自进行实地调查，体察民情，主导和支持修建了昆明和大理的文庙。后其拥趸张立道任临安广西道宣抚使，在建水修建文庙，建水文庙成为继昆明、大理文庙后在这一时期云南修建较早的第三座文庙。明代丁序琨在《重修文庙碑记》中写道："临

---

① 访谈信息：2020 年 5 月 10 日，王××，67 岁，男，孔子文化广场。

安，滇南望郡，弦诵比邹鲁。胜国时已有学，国初更置府治之西。二百年来，递加修葺，规制严整，足耸观瞻。"（杨丰，2004：158）

对于建水文庙的修建时间，有三种不同的说法，第一种认为张立道于至元二十二年（1285）创建建水文庙。《元史·张立道传》载："十七年，入朝……遂命立道为临安广西道宣抚使，兼管军招讨使，仍佩虎符。……二十二年，又籍两江侬士贵、岑从毅、李维屏所部户二十五万有奇，以其籍归有司。迁临安广西道军民宣抚使。复创庙学于建水路。"（宋濂等，2013：3917）这一记述明确提及张立道始创建水文庙。① 第二种说法认为建水文庙建于泰定二年（1325），康熙《建水州志》载："庙学在府治西北，元泰定二年金宪杨祚题请建学，制可其请，遂为立庙，设教授正录。"（陈肇奎、叶涞，1987：671）② 第三种说法记述得较为模糊，康熙《云南通志》载："临安府庙学在府治西，元平章王惟勤创建。"（范承勋等，2009：390）王惟勤作平章时为"至正十年"，因而"王惟勤创建"建水文庙的时间大概在至正十年（1350）左右，刘文征的《滇志》持此观点。但嘉庆《临安府志》中的"至正十年平章王惟勤、教授邵嗣宗继修"推翻了这一说法，王惟勤是继修而不是"创建"。③ 综合来看，建水文庙修建的时间应是至元二十二年（1285）。嘉庆《临安府志》载：

　　庙学在府治西，元至元二十二年，宣抚使张立道建。泰定二年金事杨祚增建。至正十年平章王惟勤、教授邵嗣宗继修。……本朝康熙十二年知府程应熊倡修尊经阁、观水亭竝妆，贮经书，知州李湅修文星阁。二十二年奉旨重修，知府黄明于东庑瓦砾中

---

① 嘉庆《临安府志》，雍正《云南通志》，民国《续修建水县志稿》《建水县地志资料》和《新纂云南通志》等志书都以《元史》中的这一记载为依据，认为建水文庙始建于1285年。

② 景泰《云南图经志书》也沿用了这一观点。

③ 建水文庙碑亭中有至大元年（1308）立的《追封孔子圣旨碑》，立碑时间1308年足以说明，孔庙的修建应该在立碑之前，最迟也应在立碑时，而非晚40年（相较于1285）的泰定二年（1325）或晚近65年的至正十年（1350）。

见石摹圣像，恭移于尊经阁。二十九年升府黄明，署府丁炜，知
府朱翰春同捐俸铸祭器、乐器。……六十年知府江濬源同绅士于
泮池周围绕以墙垣，树圣域、贤关二坊匾额，内外焕然一新。
（江濬源，2009：77—78）①

从史料记载中可以看到，建水文庙自元代鼎建后，历经明清延续至
今，渐形成"占地 114 亩，整个文庙建筑群呈六进院布局，有一池、
一坛、一阁、二殿、二庑、二廊、二耳、三堂、三亭、五门、六祠、
八坊"②的规模，成为现存的全国第二大文庙，在规模建制上仅次于
山东曲阜文庙。作为西南地区最大的文庙，虽地处少数民族地区，但
其修建及至后期的不断修复、扩建历程始终以官方为主导、以汉族为
主体、当地各民族群体参与其中才得以形成如此规模，因此建水文庙
虽地处少数民族地区，却不是少数民族文庙。随着文庙建筑规制的完
善，相应的仪式祀典通过官员的部署和本地士绅的推动得以展开。

二、作为教化的仪式

（一）标准化的仪式

文庙的祭祀有其固定的时间、礼器和乐舞仪式，是一套包含仪
注、音乐、歌章、舞蹈等要素的完整而庞大的官方祭祀仪式，与国家
政治和信仰密切联系。祭孔仪式在孔子逝世后出现，是在文庙中每年
定期举行的具有严格仪轨的祀典活动。历代王朝在创建文庙的过程
中，通过追谥和加封孔子称号、拜谒文庙等方式，彰显对文教的重
视。在这一过程中，祭祀孔子的仪式、制度以及文庙的从祀制度也渐
趋完善，孔庙祭祀从阙里走向全国，成为一种具有国家祭祀性质的仪

---

① 原文无标点，此处标点和断句均系我根据语境做出，请各位方家指正。
② 材料由笔者 2021 年 5 月 19 日在建水文庙抄录。

式，成为一种由王朝国家主导的具有严格规制的标准化仪式。云南建水文庙自始建之初就兼具祭祀孔子和开展教学的功能，但祭孔仪式迟至明代才出现。嘉庆《临安府志》载："每岁仲春、秋月，文武官以上丁之日致祭先师孔子。"每年文武官员都要前往文庙祭祀孔子两次，这些官员作为国家在地方的代理人，以"引导"者身份出席，带领地方郡人参与其中，通过系列仪式的展演，在祭祀孔子的同时对地方社会进行教化。因此官府特别注重这两次祭祀，每年按照祭祀规制支银40两作为祭祀费，用于购买牛、羊、猪、兔、鹿、鱼、稻、黍、稷、粱、枣、栗、榛、菱、芡、笋、芹、韭、帛、香烛等（汪致敏、欧孝敏、杨涛，2018：126）。祭祀孔子用的是"三大牲"，现在用"大牲"的模型代替，献祭于大成殿外正对孔子像处。

　　祭祀前一天，在大成殿外的拜台铜炉处——正对孔子塑像的位置设置3个高度不一的供桌。供桌正中间摆放5个书写着"非礼勿动""非礼勿言""天地同仁""非礼勿听""非礼勿视"的红色木牌，木牌前方放置1个香炉和2个烛台，左右两侧各有12个小的形同"灵签"的木牌。紧挨着的较矮的供桌上，则摆放着铜制祭器如爵、俎等，祭祀当天在供桌上摆放苹果、石榴、蒸糕、韭菜、葱等供品。正前方则有一个更矮的供桌，上面摆放着香炉、铜牛、铜象。这种置于中轴线处，呈"阶序"放置的供桌及其摆放的物件，既有与中原文化相一致的传统礼制中的祭器，又有具有地方特色的如"铜象""石榴"和"笋"等祭器和祭品，是融中原文化与地方文化为一体的一种体现。在祭祀当天，按照传统的祀典方式，依照程序进行。

　　在进行祭孔之前，必须要有规制性的祭器，演奏祭孔乐舞也需要礼乐诸器。建水文庙祭器的置办始于弘治八年（1495），这一时期云南按察副使李孟晅、临安知府王济倡为建水文庙置办礼乐诸器。万历三十年（1602）时，教授胡金耀又重造礼器，后来因为兵燹被毁坏。到了康熙三十九年（1700）时，黄明花费890多两为建水文庙"计铸铜器二百一十件，共重四千五百六十斤"。这些祭器被运到建水文庙后，祭祀祭器进一步完备，祭祀规模也随之扩大。

随着建水文庙内祭器、乐器的不断完备，祭孔乐舞也于雍正四年（1726）得以确立。时任云南总督鄂尔泰竭力倡修文庙，且命令各州县设儒学，接受民族弟子儒学，接受礼乐教化；同时亲自到文庙拜谒，询问祭孔事宜，并对祭孔礼仪提出具体的明示，使孔庙祭祀得以标准化。建水文庙的祭祀也是在鄂尔泰的倡导下，逐渐兴盛并发展成体系化。鄂尔泰首先对祭孔仪式的重要性进行了说明，指出"天子有临雍之典，春秋届仲月上丁修释菜之仪，内则命夫胄子三公，外则寄于有司群牧"；继而对祭孔时的祭品、程序等做出明确指示，"恭逢丁祭，秦沐而宿黉宫，先命儒官教薄书，正祭品……于是饬郡守、州牧、县令等职，兼以诚教授、学正、谕导诸员，各矢乃心，以襄大典。预期三日，牲牷皆供乎饬饩牵，先事一朝品物，尽陈于泮璧。斋戒沐浴来观习乐，试歌舞于明伦堂前。……祭牲祭品皆有定额，一豆一笾，罔可缺遗。况牲取亲割以告虔也，取其血毛以告全也，可既宰而人学门乎？豕曰'刚鬣'，注谓'其豕肥则鬣刚'"（杨丰，2004：91—92）。鄂尔泰颁布的《丁祭严饬碑文》较为详细地规定了祭孔的"牲牷"、祭品，以及祭祀期间的仪式仪轨，为祭孔乐舞步入正轨做了方向性指导。根据《丁祭严饬碑文》的指示，结合当下建水文庙祭孔的实际情况，可以将祭孔仪式分为三个部分，即祭前准备、祭礼程序和儒学三礼的展演。

所谓祭前准备，就是在进行祭孔仪式之前，要做的准备。碑文载："丁祭先数日，集乐舞生演习精熟。先一日与祭官亲同往观，不得草率从事；丁祭先一夕，凡与祭官齐集学宫斋宿，不得有一员私宿本署。"（杨丰，2004：91—92）即在祭前数日，首先要召集乐舞生进行排练，要"演习精熟"，临祭前一日还要进行彩排，由主祭官亲自检查，以确保万无一失。正祭前三日，各官和执事人等要严格按照"丁祭严饬"的要求，进行散斋、沐浴更衣，虽然现在还未入住文庙，但在这一神圣仪式中，任何人不得懈怠。散斋二日，各宿别室。祭前一日，有司用鼓乐迎祭品及榜文，陈设张挂，后至明伦堂演乐习艺，将文庙"修治肃清"。到了夜间各官及执事人等同宿斋所，不饮酒，不茹荤，不吊丧，不问疾，不听乐，不行刑，不判署刑杀文字，不预秽恶事，一心专治祀事（杨丰，2002：84）。当下建水文庙的祭孔仪式由当地政府和文庙管理处共同操办，人员设置上也与明清时期有别，负责的各官和执事都是一些对祭孔仪式熟练并长期参与祭祀活动的当地人，因此在祭祀期间他们都会全身心地投入其中，在丁祭日当天，按规制各自执行不同的祭祀任务。

丁祭日当天，一系列祭祀程序被严格执行。"丁祭之日，庭燎灯烛，务须光明如昼，以俟祭毕，后已，除神前灯烛之外，即官员不得各自张灯；丁祭之日，棂星门内不得容一闲杂人。所有事宜，止许学书干办，及小心谨慎。"（杨丰，2004：93）当天凌晨，祭祀开始前，以鼓声为"信号"，首次听到鼓声敲响时，即燃庭缭香烛，等到鼓声第二次"咚咚"响起时，乐舞生和执事者各序立于丹墀两旁。鼓声"再次咚咚"地敲响时，引赞引各献官至大成门下站立。接着，通赞高呼"乐舞生各就位！"司节者分引乐舞生至丹墀东西两旁，各序立于舞佾（分成六列，每列八人，共有舞生四十八人）；又呼"执事者各司其事！"各执事亦各按顺序就位；继呼"正献官就位！分献官就位！陪献官就位！"引赞引各官至拜位站立。随后，祭祀正式开始（柯治国，2004：133）。

整个祭祀过程被分成九个部分[①]：瘗毛血、迎神、初献、亚献、终献、饮福受胙、撤馔、送神、望瘗，过程中均有乐章相伴。乐章内容以颂扬孔子功德位置为主，歌词为四言八句，格律上承袭了周代雅

①　建水文庙的丁祭日祭祀程序，当地学者已做过充分的考证和梳理，杨丰编撰的《建水文庙研究资料汇编》，柯治国主编的《建水文庙——开启滇南文明的圣殿》，汪致敏编的《建水文庙：旅游、祭祀一本通》和汪致敏、欧孝敏、杨涛编著的《建水文庙：一座名城的文化基石》等书中都有叙述，内容几乎相同，为了更好地对建水文庙丁祭程序进行说明，我在书写中，结合田野资料，参照阅读了这几本书，并对其内容进行了引用，特此说明。

颂乐歌诗体。这九个部分依次完成以后，祭礼就结束了。明代以来，丁祭祀典逐渐被固定为六项，即迎神、初献、亚献、终献、撤馔、送神，同时乐章也固定为六个，即迎神奏《昭平》之章，初献奏《宣平》之章，亚献奏《秩平》之章，终献奏《徐平》之章，撤馔奏《懿平》之章，送神奏《德平》之章，这些乐章都是由"洞经会"人员演奏完成的。

1911 年辛亥革命推翻了清王朝后，祭孔活动的力度在全国范围内逐步减弱，但建水人对孔子及儒家文化的尊崇并未受到多大的影响，祭孔活动依旧在进行，学校师生参与其中，仅在祭仪上把原来的祭孔乐舞改为全用舞蹈表演。这一时期，寅夜参加祭孔活动的人多达数千人，而且把祭孔的颂歌传到了"穷乡僻壤"，使得孔子的名字妇孺皆知。民国末期起，祭孔乐舞活动一度中断（汪致敏、欧孝敏、杨涛，2018：123），但祭孔的仪式仍在继续，只是随着洞经会改在天君庙中进行。

> 我们那会儿还小，我是后来听大人们讲的，只记得一点点。时间嘛，应该是打仗那会了，和日本人打，那会我们这点（里）的文庙里面已经有学校了，建水一中嘛。那哈子（那会）还在祭祀孔子，每年都有那么个活动，成为学校以后，祭孔的活动就和洞经音乐一起搬到了天君庙里，在天君庙里还举办过好多次，后来打仗打赢了，新中国成立后一直都有，就是"文化大革命"那会，就不敢整了，一直到改革开放（1978）以后，就又恢复了。①

到了 20 世纪 80 年代，建水文化局的张述孔因参加《红河州戏曲志》的编修，在云南省图书馆查阅资料时发现了三个不同版本的祭孔《舞颂图》，经过对比以及他自己的鉴定后发现，其中一本与他童年时

---

① 访谈信息：2020 年 8 月 27 日，李××，92 岁，男，孔子文化广场。

代学过的版本完全一致。鉴于建水文庙祭孔活动已经"消失"①，他就用相机拍下带回建水翻印成相片，然后将一套送至灶君寺洞经会，并亲自传授，从而使"消失"的祭孔乐舞得以在建水重现，同时也根据时代要求增添了一些表演性的内容。自张述孔先生亲授以来，这种乐舞便一直传承到现在。2005 年 9 月 28 日孔子诞生 2556 年之际，联合国教科文组织推出全球首次联合祭孔活动。在中央电视台和山东省人民政府联合举办的具有中华文明特色和国际影响力的"全球华人同祭孔"活动中，建水文庙被列为五个现场直播点之一，得以向全国乃至全球呈现这个地处边地的"小城文庙"所积淀的深厚文化底蕴，也正是这次活动把建水推向了全球，形成了全球互动、共同祭孔的盛典（汪致敏、欧孝敏、杨涛，2018：123）。在这次活动中，建水作为全球联合祭孔的分祭点之一，首次举行官方主导的公祭孔子仪式（曾黎，2012：3），拉开了沉寂半个多世纪的祭孔大典重生的序幕，建水文庙官方主导祭孔的仪式也由此每年得以进行。

当下建水文庙的丁祭祭祀主要沿袭的是明代确定下来的六个部分的祀典内容，即迎圣、初献、亚献、终献、撤馔和送圣，② 由总提调负责，以乐歌贯穿始终。从"三献"开始至"送圣"，总提调就让位于以洞经会成员为主体的"各官和执事人"，统一调度乐舞生和乐章的演奏。建水一中的学生就曾作为舞生参与其中：

> 我从 2006 年开始就在建水一中读书，那会初中部和高中部是在一起的，读完初中后就在里面接着读高中。记得读书那会，每年祭祀孔子的时候，班主任都会抽一些学生去参加，都是自愿报名参加的，但好像也对身高和相貌有些要求，太矮的肯定不

---

① 事实上只是在特殊时期没有举行。
② 与明清时期不同的是，当下的丁祭祀典中，"迎神""送神"被书为"迎圣""送圣"。

行，长得不好看的也不能参加，毕竟祭孔是件大事，这边是很重视的。①

据当地人介绍，在丁祭祀典中，"三献"到"送圣"的这一部分祀典贴近传统，是对"明清时期丁祭的完美体现"：

> 就像你今早看到的一样，整个祭孔其实可以分成两部分，初献之前是开幕式，其实就相当于一种表演了。从"洙泗渊源"坊到大成殿的拜台这个读祭文，都是开幕式，表演性是很强的。从"三献"开始直到"送圣"，是很正规的，特别正统的那种，是明清时期丁祭的完美体现，每一个环节都是按照严格的规制进行的。乐舞也是一种传统，乐章也是了嘛。我们这里的祭孔活动，就今天了嘛，每年都有很多人来参加，周边的村子，还有一些游客。还有很多都是少数民族，像彝族、哈尼族、回族、苗族等都会来，有的是作为民族代表参加，有的是自愿来的。还有的是专门来玩，今天不要门票嘛，文庙也很美，环境好，还有文运，来拜拜总是好的。②

从此叙述中可以看到，丁祭祀典中有不同群体共同参与，某种程度上体现出丁祭祀典超越了个体和民族，成为一种地域性活动。

在明清时期，这一祭祀程序被严格地执行，每一个环节都在王朝礼制的"监督"下进行，不容有半点失误。这种丁祭仪式延续至今，虽然在形式上出现了简化和表演化，但仪式却完整地保留了下来。作为一种地方化的具有国家性质的祭祀，在传承标准化仪式的同时，能动地纳入了地方文化，其本身就"是一种国家建构社会记忆的途径，

---

① 访谈信息：2020年9月28日下午，沙××，女，28岁，沙××家中。
② 访谈信息：2021年9月28日中午，杨××，女，29岁，建水文庙工作人员，建水文庙内。

其民间化过程就是国家的建构方式与民间记忆保存方式互动博弈的结果，民间保存的记忆会以象征、隐喻或宗教崇拜的方式外显"（曾黎，2012：253）。当下祭孔仪式中，"拜位"上的"文武官员"由专门的人员充当扮演，政府官员出席但并不效仿古代官员立于"拜位"祭拜。"三献"时地方政府官员代表、企事业单位代表、民族代表都会行进至拜场处，按顺序祭拜：先是政府官员代表，后是一些民族、企事业单位代表，最后是游客。这种祭拜先后的安排中存在着"差序"。政府官员作为一种地方代表，是整个地域的象征，因而享有最先祭拜的权利；企事业单位、民族代表作为一种特定群体"代表"，也可以"涵括"其所代表的当地群体，因而处在第二梯队；而游客则是"外来者"，于本地而言，只是一种"他者"，放在最后也更好地说明，虽然当下祀典中原有的帝国礼制不再重提，但丁祭仪式中又形成了新的"差序格局"。这种"差序"有别于鄂尔泰所规定的"不得容一闲杂人"及仆从，但依旧体现着一种"礼制"。

丁祭祀典当日，祀典活动约在上午10点结束，建水文庙管理处和建水县旅游局会根据祀典活动举行诸如"儒学三礼"的大型活动。2019年9月28日，丁祭祀典结束后，上午10：30左右，总提调官协同祭祀各官和执事人，乐队经由"圣域由兹"坊到"建水孔子文化广场"，在此举行"前人儒学三礼"，参加活动的主要有政府及各企事业单位、民族代表，学生及家长，和一些外围观礼的本地人和游客，约在1000人次左右。参加活动的学生和家长身着汉服，学生被分成5—9岁、10—14岁、15—18岁三组，依次进行开笔礼、成童礼和成年礼。活动进行期间，依照总提调官的指令，学生们对父母表示感谢行叩礼，然后开笔礼、成童礼、成年礼等依次进行。这种依托丁祭祀典把儒学思想和伦理以"剧场"形式进行展演的活动，不仅使传统文化得以承继，还对参与其中的个体也有一定的形塑作用，活动现场不乏感动落泪的学生和家长。

在丁祭祀典仪式中，接受"教化"的不止学生和家长，还有围观的群众、外来的游客等：

> 这种活动是很好的，每年了嘛举行一次，机会很难得，让小孩参加下也没什么坏处，反倒会增加她的认识。恰好今天星期六，小孩放假，我就是特意带她来参加这个活动。让她参加下，感受一下。刚才你也听到了，主持人讲的都是一些大道理，给孩子们听下，让她知道感恩，让她懂礼数，讲仁义，大人们也应该听一下。像刚才的那个开笔礼啊、成年礼了嘛，都很有纪念意义。虽然我是彝族，但我上过学，以前也听大人们讲过祭孔的事情，我自己当学生的那哈子（会儿）倒是没有参加过。我们这里的人，祖祖辈辈对这个活动都很热爱，你看那些穿着少数民族服装的外面观看的那些人，戴头巾的回族妇女，还有哈尼族，大家都会来。这个广场上的学生，自然就有各个民族的。像这种节日了嘛，它不是哪个民族的，是我们这个地方的祭孔活动，好像每年其他地方也搞。我基本每年都来。①

在这里，祭孔活动超过了明清时期礼制的界限，作为地域性的庆典，通过邀请民族代表和各阶层人士的方式将地域内的所有人涵括其中。游客和其他群众以自愿参与的方式加入活动，在整个祭孔仪式中接受节日仪式的教化。当下的祭孔活动有时也会宣传党和国家的政策，从而加深人们对这些政策的理解。由此可见，文庙祭祀活动从始至终都有"教化"的内涵，在节日当天文庙作为一种共在的场域，为前来观礼的不同群体之间的交往交流提供了便利，礼乐教化的推行也助推了儒家文化的传播，某种程度上促进了各群体之间的交融与共。

---

① 访谈信息：2019 年 9 月 28 日中午，普××，男，39 岁，建水人，建水孔子文化广场。

（二）能动性的地方实践

乐章贯穿了丁祭祀典的始终。仪式中奏乐伴之以舞，既是对孔子业绩的赞誉，也是对雅乐舞的一种传承。建水文庙祀典中，演奏乐章的是洞经会成员。建水地区的洞经音乐在民间有着"谈洞经"和"谈黄经"之分，所谓"谈洞经"是指使用经籍为道、释经典，而"谈黄经"所用的经籍则以儒家经典为主。建水洞经会萌芽于明末清初，因当时的儒门弟子不能直接参加佛道教派而创立的以文昌帝君为主祀神的"朝元会"组织，以洞经音乐的活动形式祈神保佑功名成就。由于奉文昌帝君①为"神"，洞经会的洞经音乐、经籍、崇拜主神和仪式活动都受到道教的影响，因此从性质上来说，洞经会组织是一种道教组织。这种由"儒生"组织而成的"道教"崇祀做法与在文庙中建文昌阁如出一辙。清代中叶以后，随着参加人数的增多，县城和城郊先后成立了"明圣学""新文学""冲文学""林文学"等较有影响的洞经组织，其会长通常由声望高且精通经文的长者担任，管理内外事务，还设"引赞""陪赞""纠仪"等司职人员，负责组织和联络各乐队。明清时期的洞经会成员多数是进士、举人或翰林的后代，他们能歌善文，精通音律，由于洞经会长期为这些人所把持，因此"不是儒生，不能入坛"（建水县志编纂委员会，1993：14—19）。某种程度上来说，洞经会的成员实际上是一群知识分子，他们扮演着地方社会中"绅士"的角色。

洞经会成立后，每年举行多种活动，除每月初一、十五两日坐坛诵经外，还有许多大型的音乐活动。如正月初五至初九的"上九会"，二月初三的"文昌会"，二月十九的"观音会"，三月十五的"龙华会"，六月十九的"观音会"，六月二十四的"关圣会"，八月二十七日的"孔子会"，以及九月十九的"观音会"（建水县志编纂委员会，

---

① 文昌指道教的"文昌梓潼帝君"。

1993：16）。一年中洞经会需要参与如此众多的节日活动，可见其并不只是"崇祀"文昌帝君的组织。这种多元性的参与实际上体现出洞经会的民间信仰色彩，其游走于不同的信仰之间，如文庙、观音会、关圣会等，这也侧面印证了中国民间信仰的灵活性，"中国的民间信仰不仅仅是调和主义（syncretistic）的；即没有独一的权威、没有教会，也没有神权国家（theocratic state）来确立教义并决定信仰，然而在此意义上，它也是灵活可变的和个人主义的"（武雅士，2014：208）。借着这种缘由，洞经会出现在多个祭祀场所，以"自己"的方式，将其他活动内化于自身，其中文庙丁祭祀典就是典型。

洞经会产生之初就参与了文庙丁祭祀典，只是在王朝时期，作为国之大事，文庙丁祭祀典由官方主导，地方官员亲自主持，这也是孔子祭祀从家祭向国祭的转变的一种延续，而洞经会成员只负责按照祀典奏乐。到了清末民初，祭孔仪式在国家政治地位中的下降并未影响到建水地区的祭孔祀典，仪式依旧在举办，只是形式上发生了一些变化。"祭孔仪式的影响深入民间，并与民间宗教生活相整合。宣统二年（1910），地方士绅捐款重建文庙西壁、明伦堂、二贤祠、名宦祠、乡贤祠、节孝祠等，于 1911 年完工。民国五年（1916），有士绅在文庙尊亲而庙祀，他们以洞经会为组织形式主办祭祀孔子的典礼，延续了祭孔的传统。建水祭孔仪式不由官方主导，而是由地方士绅把持。"（曾黎，2012：116—117）这种状况一直维持到 2005 年的全球祭孔活动，此次活动以后，建水文庙丁祭祀典又由官方主导，洞经会参与其中。洞经会把洞经音乐融入丁祭祀典，并替代了原来的祭孔雅乐。改用具有"民间"特征的洞经音乐实质上是用"民间"替代了"正统"，某种程度上是地方特色的洞经文化与儒家传统以及中原文化的系统整合，这种替代之所以能够发生，与中国历史上王朝帝制时代的终结密不可分。清朝在国家内忧外患中画上了句号，中国传统文化也遭到了前所未有的挑战和重创，此后丁祭祀典仪式也在明清时期的礼制上进行了调整，逐渐失去"正统"性，建水文庙丁祭祀典的变化也是这一历史时期的产物。洞经音乐融入丁祭祀典，更好地反映出地方实践中的能动性。

洞经音乐融入丁祭祀典后，洞经会在遵循仪式核心结构不变、引入功能"类似"的要素和保持孔子圣人形象神性色彩的原则下，对仪式进行了继承和改造，形成了独具地方特色的《崇圣礼乐》。这种礼乐独具"韶"乐之遗，由《崇圣乐章》《大成乐章》《大同乐章》构成，演奏"崇圣礼乐"的整个过程以"礼"和"乐"贯穿始终，其旋律优雅，韵味古朴，给人一种心灵的震撼（曾黎，2012：137、262）。这种《崇圣礼乐》可以说是洞经会在乐方面的"融合"，他们用民间洞经音乐"代替"了正统祭孔雅乐，把民间融入正统，使二者完美地呈现在仪式中。用地方特色的"洞经"演奏王朝国家修订的乐章，本身就是地方和国家的整合，某种程度上也是中原文化与边地文化的整合。其实在丁祭祀典中，除"迎圣"和开幕式由总提调官主持外，余下"亚献"到"送圣"五个环节皆由洞经会接手完成。就像民国时期的祭孔一样，这些由"士绅"所组成的团体在文庙的祭祀和修缮中发挥着极大的作用，他们在官员和地方群众之间起到类似"桥梁"的沟通作用，而且在这一过程中他们自身的地位也得到了提高。"祭孔仪式和文昌公信仰为士绅群体维持其统治阶级地位提供了道德和社会结构上的有力保障。"（杨庆堃，2007［1961］：28）在这一仪式过程中，他们主导着仪式，而且"仪式作为一种特殊的情境和事件，有助于权威正当化"（恩格尔克，2021：219）。这种"权威正当化"使这一部分群体（洞经会成员），以其自身的社会结构影响着地方社会。

洞经会的出现和发展伴随着儒学的传播发展而产生，与庙学的修建和教化的推行密切关联，作为一种"儒生"阶层的集合体，反过来又作用于庙学和祭孔祀典，这种相互的作用，使建水文庙祀典有了很好的组织基础，在长期的积淀中，传承至今。就像当地人所说：

　　我们这儿的祭孔仪式，主要的环节都是洞经会的那些老倌

（老爷爷或老奶奶）负责的，那些奏乐的都是一些老人，他们整得好，懂得多。从我们小的时候都是一些老人负责这些事情，后来我们长大了，我们一起的聪明点的、爱整那些乐器的、认识字的有的就去学了，有的是跟家里人学的，等老一辈不在了以后，他们就上了。像我这种笨点的就没有学到，但是了嘛，我爱听这种奏乐，每次祭孔时都来，几十年了感觉都一样，但每次有感觉不一样，哎〰〰这种感觉怪怪的。但总体来说，这几十年这种祭孔的这种乐舞了嘛，都没变过，还是以前的那种，听老一辈说，都是从古代那哈子（会儿）传下来的，一辈接一辈，一直就这样下来了，以后也会这样传下去。老祖宗的东西，丢不得的。①

这种讲述中，虽然提及的是对乐舞的传承，但也表达了地方社会对儒家文化的推崇。

结　　语

2014 年 9 月 24 日，在纪念孔子诞辰 2565 周年国际学术研讨会暨国际儒学联合会第五届会员大会开幕会上，习近平总书记发表了重要讲话，指出"孔子创立的儒家学说以及在此基础上发展起来的儒家思想，对中华文明产生了深刻影响，是中国传统文化的重要组成部分"（习近平，2014）。"儒学一向都是中华文化的决定性因素，为整个中国社会提供了结构性原则和实践价值，上至国家，下达家庭，涵盖了社会的各个层面。"（杨庆堃，2007［1961］：225）作为一种思想体系，儒学在中华民族共同体的形成过程中，发挥了巨大作用。儒家思想提倡"和为贵"，主张兼容并蓄，加之曾在王朝时期被大力推广，

---

① 访谈信息：2019 年 9 月 28 日中午，杨××，男，75 岁，建水人，建水孔子文化广场。

儒学教化深入人们的日常，渗入诸多群体的文化中，成为其文化和生活不可或缺的一部分。儒家所提倡的普世价值和关怀深入人心，使不同群体间的交流沟通成为可能，不同群体之间可以在共有的价值取向上进行交往。他们共同吸纳儒学中的普世观念——仁爱、忠孝、修身齐家，使"各美其美"成为可能；而各自对兼收并蓄、包容开放、向善向上的追求，使"美人之美"成为可能，直至通向"美美与共"。在日常实践中，儒学注重礼仪教化，就像丁祭祀典一样，是一种"礼"与"仪"并存的实践。

建水文庙于至元二十二年（1285）鼎建后，历经明清多次修复重建。明代中期，随着祭器的完备，祭孔仪式相继举行，每年的丁祭祀典就是在官府的主导下开展的，至清代得以官方文书的形式确立。虽然建水文庙的祭孔仪式曾在"文化大革命"时期有过"中断"，但到20世纪80年代当地文化人就已经从文字资料和"记忆"中将其恢复，并延续至今。元明清时期，建水作为滇南地区的政治、经济和文化中心，是王朝国家向红河南岸土司辖区乃至整个滇南地区宣化的中心。因此，自元代始，中央王朝对建水文庙的重视程度一直未变，从元至清末先后有过50多次的修缮，足以证明其重要性。文庙作为"右文求治"、文教兴边的主要阵地，在传播儒家文化、推动中原文化向边地传播的同时扮演着教化的角色，文庙某种程度上也是王朝的缩影。回顾历史，我们不难看到，文庙从阙里走向全国，不只是"庙"的鼎建，与之相伴的是儒学教化的推行，文庙祭孔仪式在"祀"的同时，也发挥着仪式教化的作用。而"人类学作为一门学问，假设人与人的关系表现于'仪'；儒家作为一种学说，认定人与人的关系根本于'礼'。两者的共同点在于把'仪'或'礼'放到理论的核心。但是，人类学讨论的'仪'，指的是文化产生的设定程式，近似于戏剧的剧本；而儒家所指的'礼'，则源于天理产生的必然定律"（科大卫，2016：312）。当我们将"仪"与"礼"置于具体事项中时，二者却能融为一体，如丁祭祀典在人类学家看来是一种"仪式"，一种"展演"，但这种"仪"体现的却是一种"礼"。只有当我们透过"仪"看其深层时，我们才有可能看到深藏其后的文化。

参考文献

Robbins, Joel 2013, "Monism, Pluralism and the Structure of Value Relations: A Dumontian Contribution to the Contemporary Study of Value." *Journal of Ethnographic Theory* 3（1）.

曾黎，2012，《仪式的建构与表达——滇南建水祭孔仪式的文化与记忆》，成都：巴蜀书社。

陈肇奎纂，叶涞修，1987，《建水州志》，康熙中刊本，北京图书馆古籍出版编辑组编《北京图书馆古籍珍本丛刊（45）》，北京：书目文献出版社。

恩格尔克，2021，《如何像人类学家一样思考》，陶安丽译，上海：上海文艺出版社。

范承勋等编纂，2009，《康熙云南通志》，凤凰出版社编选《中国地方志集成·云南（1）》，南京：凤凰出版社、上海：上海书店、成都：巴蜀书社。

费边，2018，《时间与他者：人类学如何制作其对象》，马健雄、林珠云译，北京：北京师范大学出版社。

费孝通，1998，《乡土中国　生育制度》，北京：北京大学出版社。

格尔兹，1999，《文化的解释》，纳日碧力戈等译，上海：上海人民出版社。

华琛，2003，《中国丧葬仪式的结构——基本形态、仪式次序、动作的首要性》，《历史人类学学刊》（香港）第2期。

建水县志编纂委员会编，1993，《建水古今（第三辑）》，内部刊行。

江濬源修，罗惠恩等纂，2009，《嘉庆临安府志》，凤凰出版社编选《中国地方志集成·云南府县志辑（47）》，南京：凤凰出版社、上海：上海书店、成都：巴蜀书社。

柯治国主编，2004，《建水文庙——开启滇南文明的圣殿》，昆明：云南美术出版社。

科大卫，2016，《明清社会和礼仪》，曾宪冠译，北京：北京师范大学出版社。

马凌诺斯基，2001，《西太平洋的航海者》，梁永佳、李绍明译，北京：华夏出版社。

莫斯等，2007，《巫术的一般理论　献祭的性质与功能》，杨渝东等译，桂林：广西师范大学出版社。

倪蜕辑，李埏校注，2018，《李埏文集（第四卷）：滇云历年传》，昆明：云南大学出版社。

萨林斯，2003，《"土著"如何思考：以库克船长为例》，张宏明译，上海：上海人民出版社。

宋濂等，2013，《元史》，北京：中华书局。

泰勒，2005，《原始文化（重译本）》，连树声译，桂林：广西师范大学出版社。

汪致敏、欧孝敏、杨涛编著，2018，《建水文庙：一座名城的文化基石》，昆明：云南人民出版社。

武雅士，2014，《中国社会中的宗教与仪式》，彭泽安、邵铁峰译，南京：江苏人民出版社。

习近平，2014，《习近平在纪念孔子诞辰 2565 周年国际学术研讨会暨国际儒学联合会第五届会员大会开幕会上的讲话》，《人民日报》9 月 25 日第 2 版。

杨丰编撰，2002，《建水文庙研究资料汇编》，建水：建水县旅游局、建水县县志办公室、建水县文庙管理处。

杨丰校注，2004，《建水文庙历代碑文选注》，建水：建水县文庙管理处。

杨庆堃，2007［1961］，《中国社会中的宗教：宗教的现代社会功能及其历史因素之研究》，范丽珠译，上海：上海人民出版社。

（作者单位：红河学院民族研究院）

书　评

哈桑·法赛的建筑实践与社会思考

评《为穷人造房子》

李 耕

在乡村振兴的社会潮流中，建筑师这一群体经常成为媒体报道的焦点。"爆改建筑成为网红打卡地，带动村落复兴"这样的标题常见于报端，描述一些明星建筑师的得意之作。但事实上，许多下乡实践的建筑师深知乡村工作的复杂性：任务艰巨、人际关系错综、挫折频发，这是一项全面的社会工程。世界各地怀揣乡村建设梦想的建筑师们，共同仰慕或议论着一个巨匠——埃及建筑师哈桑·法赛（Hassan Fathy，1900—1989）。法赛毕生致力于为发展中国家的贫困地区进行建筑实践和研究，他对社会的责任感、对贫困群体的关切和内心的良知，激励着无数后来者和同行。

在建筑的社会价值方面，法赛是当之无愧的先行实践者。当今，提及低技术、地域性、传统的保护、生态友好、参与式规划、农民赋能等概念，我们会自然而然地将它们视为行动的标准和理想目标。然而，在法赛的时代，这些观念都是前所未闻且极具前瞻性的。即使在欧美，直到20世纪六七十年代，知识分子们才开始转向这些领域的探索。法赛却早在20世纪40年代就怀抱着社会改良的理想，长期致力于乡村发展领域的低成本住宅实验。

尤为可贵的是，作为一位具有强烈埃及国家和阿拉伯文化认同的建筑师，法赛将他的设计理念和哲学思想传遍全球。成名作《为穷人造房子》(*Architecture for the Poor*) 在 20 世纪 70 年代英语版本问世后，他的名声日隆，在国际上获得了多个重要奖项，包括阿卡汗建筑奖"评委会主席奖"、首届"优质生活奖"、国际建筑师协会首枚金质奖章等。法赛在 70 年代之前就已是埃及著名的专家，但正是他的实践理念，即"为穷人建造并教人们自建"，在欧美世界的传播，才让他成为举世闻名的建筑大师。自此，法赛受到后人的纪念、效仿，他的理念也引发了诸多争议和历久弥新的讨论。

《为穷人造房子》不只是一本关于建筑规划的书籍，它还充满了社会学和人类学的意涵。书中记录了他在"谷尔纳新村"进行的重要乡村建筑实验，包括所遇到的社区冲突和各种难题，也集中表达了他的社会理念和建筑思想。法赛在前言中提到，他的方法不仅关注建筑师感兴趣的技术问题，还包括复杂微妙的社会文化经济问题以及项目和政府的关系。他强调，所有这些问题都是相互关联的，任何一个细节的忽视都可能导致整个项目的失败。2023 年，国内终于引进了《为穷人造房子》这一重要著作，并由建筑学者卢健松和包志禹合作翻译，译文专业而精良，为中文读者提供了了解法赛思想和方法的宝贵资源。

一、投入乡村建设的精英

从法赛身上，我们能看到 20 世纪延续至今的多重普遍性结构张力与矛盾。第一重张力体现在法赛的身份与背景之中。他出自富裕的知识分子之家，受过西式教育，平时与皇亲贵胄、社会名流及学者艺术家为伍。在他所著的献给"农民"的书中，他的品位与情趣满溢出来：整个作品用西方古典音乐结构来推进——序曲、合唱、赋格与终曲。法赛又不是一个普通的上流人物，他对当时仍处在赤贫状态的埃及乡村抱持着与众不同的深切关心。自小便爱慕乡村的他承认，这种爱更多地建立在一厢情愿的感觉，而非对乡村的真实理解上。他在 27 岁之前从未亲身体验过乡村的生活。他的父亲，一位庄园主，对于乡村的贫穷、脏乱和疾病充满了厌恶。乡村生活在法赛心中留下的是复杂的印象——既有母亲描绘的田园诗般的美好，也有现实的落魄与苦难。这种复杂性构成了法赛内心挥之不去的问题。他立志要改变乡村，明白欲解决其问题，仅仅在开罗的办公室里指挥是不够的。他愿意深入田间地头，与农民们并肩作战，努力改善他们的生活条件。

然而，不论法赛如何强调地方材料的使用、乡土工艺的保护，以及对农民自建能力的尊重，他终究是"来自首都的建筑师"。他的任务是"引导农民"，将自己的社会愿景、经过筛选的形式、技术和审美观念，推广至当地居民。法赛认为农民也渴望改变，但农民不知如何行动。他担忧农民会受到周边庸俗建筑的负面影响，模仿那些不良的范例。"在缺乏必要的鉴赏能力时，已经失去了维护自身品味的文化传统。"（p. 128）尽管法赛在书中进行了许多反思，但他从未质疑自己在项目中"大权在握、为所欲为"（p. 50）的地位是否合理。他认为农民需要像他这样的精英士绅来指导，告诉他们什么是正确的，乡村生活应当是怎样的。这样的情形，在中国以及其他农业国家的士绅与农民关系里也是常见的，本质上是"仁爱的家长制"。

士绅精英在某些社会工程项目中所发挥的引领作用不可小觑。法赛的创造力和行动力在对抗血吸虫病的斗争中表现得尤为显著。这种疾病长期困扰着农民，但为了生计，他们不得不冒着被感染的风险下水耕作。法赛通过将裤子浸泡在亚麻油中，发明了一种简单的防护服。他非常巧妙地编写儿童剧本以教育社区关于疾病的知识和预防措施，还向政府建议采取开凿人工湖的工程措施，来提供无污染的水源。

虽然士绅精英在社会工程中扮演了重要角色，但他们是否能够真正与农民心连心、形成一体呢？在阅读过程中，有一个关于法赛与农民互动的细节给我留下了深刻的印象。在"狡猾的谷尔纳人"一节

（pp. 332－336），法赛记录了一位村民热情地邀请他到家中做客，希望能在即将进行的工程中担任工头。在招待中，村民极力阿谀奉承，并为法赛端来了馅饼和咖啡，然而法赛却用"一看就能食物中毒"的话来形容这些油腻的馅饼，认定咖啡杯污秽得不可接受。他没有动过任何食物就匆匆离开了。这一细节不仅展示了法赛对于走后门村民的反感，以及他的正直，也说明他和他所希望改变的农民在生活习惯上存在的巨大鸿沟。这些差异为他所倾注大量心血的谷尔纳新村项目的失败埋下伏笔。

二、认知分歧基础上挫败的社会关系

法赛面临的第二重矛盾在于，作为外来专家与当地社区在对美好生活定义及传统价值观的基本认知差异，这导致了行动上的错位和冲突。这些张力在谷尔纳新村项目中尤其凸显。该项目是由埃及文物部门发起的整村迁建工程，目的是将位于卢克索地区墓葬群上方的谷尔纳老村的 5 个小村庄及其 7000 名村民迁至其他地点。村民们在古老的底比斯墓地上，沿尼罗河西岸的山腰搭建棚屋，这些地方正好位于通往门农神庙的悬崖斜坡上。他们依靠向黑市商人或直接向游客销售墓葬中物品为生。盗墓活动对这一历史遗址造成了致命的、不可逆转的损害，埃及政府因此出资要求村民搬迁。

然而，对于村民来说，老村的迁移实际上是一种被迫的政策，许多人甚至认为停止盗墓等同于切断他们的经济来源。因此，部分户主抵制迁移，甚至威胁那些愿意迁移的村民。事实上，谷尔纳村后来因为强制搬迁，不惜与政府发生流血冲突（Mitchell，2002：179—209）。整体上，村民将建筑师视为政府的代理人，擅自闯入他们的生活。法赛反思到，如果是他们自己筹集资金，态度可能会积极得多（p. 96）。在一个没有群众基础的项目中尝试实施参与式规划和建设，难度可想而知。他从始至终都面临着村民的不合作、暗中破坏以及官僚的敲诈。从稻草到水管，即便是获取这些基本物资也困难重重，项目进度严重受阻。

村民对项目的破坏有时是间接进行的，例如法赛聘请的外地技工因为迟迟领不到工资，只能向村民借了高利贷，导致其收入实际归零。最严重的一次直接破坏是村民故意毁坏堤坝，放洪水淹没了正在建设中的新村。法赛痛心地发现，前来紧急修补堤坝的，并非谷尔纳村民，而是被邻近村庄强行征召来的人。"所有谷尔纳村民都不愿意去修大堤，甚至那些头天晚上被撵过来的，也在夜幕之下逃之夭夭了，更别提来帮忙拯救他们的新村庄了。他们干活的时候，表面上是用手在填补，背地里却用脚把缝隙撑得更大。"（p. 359）

下乡建筑师在推动传统建筑方法与现代需求相结合的时候，常常遭遇村民的抵触。这些专家为了维护文化的真实性与审美价值，推崇使用本地材料和技术，这往往与村民的现代化倾向发生冲突。他们偏好看似"先进"的材料和施工方式，将传统做法视为"过时"。在法赛的实践中，这种矛盾表现得尤为明显。他强调保留传统技艺和材料是其核心建筑理念之一，他认为农民在经济上无力承担昂贵的混凝土成本，而且传统的承包商模式对他们来说并不切实际。法赛曾断言："埃及农民，不管怎样，如果他们想要混凝土，得再等上 500 年。"（p. 86）尽管政府与村民对于使用传统的泥砖建筑材料持有强烈的抵制态度，法赛依然坚持认为泥砖不但成本低廉、易于获得，而且具备足够的承重力和透气性，是一种理想的生态建材。而更加难以为当地人所接受的是，法赛坚持要利用拱顶结构来彰显穆斯林住宅的特色。在当地，拱顶结构多与墓葬建筑相关联。确实也有一些支持法赛使用拱顶的声音，但这些支持者多为生活在开罗乃至欧美的专家与学者。此外，搭建这种拱顶顶部的技术源自努比亚地区的工匠，法赛将之定义为具有地域特色的乡土技艺，这一点也颇具争议。尽管法赛自称是在遵循当地的建筑传统，但许多学者质疑他实际上是在复兴一个历史上从未广泛存在过的传统，认为这是一种"发明的传统"（陆秋伶，2022：94）。

在当代的乡村建设中，不少规划者会强调增设城市人习惯的生活设施，如咖啡馆，以期提升村庄的现代感和吸引力。类似地，法赛在其建筑实践中，为村庄规划了剧院、警察局等公共设施，尽管这些并非当地居民的切实需求。随着时间的推移，这些建筑或因无人使用而废弃倒塌，或被挪作他用。现居住在新村的居民出于实际生活需求，对法赛的原始设计进行了大规模修改，如用水泥修补泥砖的裂缝，拆除穹顶以增加上层建筑，以及填充拱门以扩展房间空间等。法赛的设计理念和风格似乎只在其同行中得到了认可和继承。在80年代后期，穹顶和拱门等设计元素开始在埃及及阿拉伯世界的大型项目中流行起来（陆秋伶，2022：75）。这一点颇具讽刺意味，因为在追求"活的"埃及传统风格的同时，法赛本人却反对无根的符号借鉴。他曾批评那些使用古埃及神庙塔楼或阿拉伯清真寺钟乳石柱装饰现代住宅的建筑师，认为这种文化混杂被误认为风格问题，而风格本身被视为可以随意附加在任何建筑上的肤浅修饰（p. 55）。然而，法赛从努比亚地区引入的谷尔纳新村的视觉艺术象征，最终成为埃及上世纪末新传统主义设计的一大标志。法赛的追随者在他们的设计中不断地重复和发展这种表面模仿的建筑语言（陆秋伶，2022：100）。这种现象反映出，尽管法赛的初衷可能是为了保护和复兴传统建筑，但在实际应用中，他的设计也可能逃不过成为一种可被模仿和传播的风格符号的命运。

法赛的基本目标是通过降低建造成本，为穷人提供住房。他的两个主要方法是使用低成本的泥砖和组织村民自己协作建房，以减少私人承建商的成本和利润。法赛的方法基于对人们的建设本能的尊重和激发，但在实际执行中遇到了多种挑战。

首先，建造大跨度屋顶的泥砖房屋需要特殊的技术，这种技术在当地并不普遍，通常只有努比亚地区的工匠才掌握。这就意味着即便是采用社区参与式建造，也需要依赖外来工匠，而不是完全使用本村劳动力。这种做法与理想中的自给自足有所偏离。而且，我们看到法赛"埃及农民 500 年后才负担得起混凝土"的预言并没有实现，大规模工业生产的预制件进入了第三世界的农村。所以在变动的工业化社会背景下，需要一种适应社会分工、技术进步的地域性建筑方案。

其次，即使法赛发现了一种合理分配劳动的方法，他也面临着当地社会结构的挑战。他注意到在一个有 7000 居民的社区中，只有 4 个采石工和 2 个泥瓦匠，这表明熟练工人的分布极不均衡。这种不均衡对于建设项目来说是一个巨大的障碍，因为它意味着工人的技能和经验水平可能无法满足项目需求。

最后，法赛在试图通过从整个地区抽调工人以增加就业机会和保证公平的过程中，遭遇了当地精英的政治操控。在他召集附近村庄头人开会时，他发现每个村庄的头领实际上已经获得了招募工人的完全权力。村庄精英通过交际手段垄断了招工权，这可能会导致工作机会并不是按照能力或公平性分配，而是根据政治影响力和社会网络分配。

上述挑战表明，法赛在尊重和激发建设本能的同时，也必须面对现实中的社会结构和政治经济条件。为了确保项目的成功，可能需要更加精细化的社会动员策略，更深入地了解和应对当地的社会和文化动态，对此法赛其实有充分的认识，但碍于条件，未能实施他理想中的前期调查。

三、以民族志调查为前提的规划

法赛不仅是一位建筑师，还是一位具有深厚社会人类学素养的规划者。他对社会构造的洞察力和对社区人类学调研的重视，让他在规划和设计过程中尝试去理解并融入当地的社会结构和文化网络。可惜的是，他的参与式规划设想从未落地。

法赛本人有着过人的社会学、人类学敏感度，这在他的书中有关基础设施的意见部分体现得十分突出：

> 在乡村社会，无论印度还是埃及，我们一次又一次地看到，不太灵活而近乎过时的传统架构是怎样为各种意想不到的现实目的在服务。如果人们拿走了传统生活中一样有用的东西，那么我们有义务用其他某样能发挥同样社会功能的东西来代替。譬如，如果取消公共取水点，那我们必须提供其他手段来促进约会。（p. 246）

矛盾的是，尽管建筑师承认社会有机体有着内部平衡机制，尊重传统机制隐藏的社会功能，却又非常确信他们可以另起炉灶、改头换面。或许他们需要尽快用新村的方式解决更大的社会问题，并乐观地认为社会可以在改造中维系新一轮的运转。

和很多下乡建筑师一样，法赛在项目开始就对社区的复杂关系感到有些畏惧。"这些人，他们盘根错节的血缘和婚姻、习惯和偏见、友谊和恩怨，都与土地的地形地貌、村里的一砖一瓦紧密交织，构成一个微妙的、平衡的社会有机体。"（p. 49）这种复杂性要求规划者不仅要有技术知识，还要有对社区动态的敏感度和理解能力，这也是他重视民族志调查的前提。

法赛对于那些没有深入理解社区实际情况，只是为了赚钱而进行的发展援助项目持批评态度。他认为这种表面的、缺乏深度的介入不仅无助于社区的真实需求，反而可能破坏现有的社会和文化平衡。法赛对于泛泛的社区社会学调研也不认可，他提到在项目开始时：

> 当时急需一些社会学研究，但社会学工作者也不太好找，而且，即使可以找到，以我的经验而言，他们只会提一些简单的"是或否"的问题，这些问题的作用不在于揭示社会，而在于提

供统计数据。这些统计数据对建筑师来说没什么价值；他们只能告诉我扎伊德（Zeid）有几个孩子，或者奥贝德（Ebeid）有没有一头驴，却得不出扎伊德和奥贝德相处得好不好。（p. 127）

在法赛的观点中，人类学家、民族志研究者的角色变得至关重要，他们不仅能够为规划师提供必要的社会文化背景知识，还能够帮助识别社区内的潜在问题和机遇。这种跨学科的合作使得规划工作能够更加贴近地面实际，更有可能成功实现其旨在改善社区居民生活条件和社会福祉的目标。他认为，"城镇规划如果没有社会民族学调查，就像没有社区人口统计记录一样，不可想象"（p. 130）。

谷尔纳新村规划设计的整体思考也远远超越建筑，涵盖了社会、经济、文化与环境等综合因素，形成了一种社会设计思路和方法。法赛为新村村民考虑到了疾病防治、烹饪技能、手艺培训、生态环境可持续等诸多细节。这种规划方法至今依然需要多重条件支持才能实现，包括制度、经济和民情等。

四、多重张力之下的生命力

法赛不仅是一位致力于解决贫困居民住房问题的建筑师，他还深刻意识到现代主义在满足人类需求及发展中国家文化需求方面的局限。他的思考始终贯穿乡村振兴涉及的多重维度。通过他全面的实践探索，我们可以窥见与 20 世纪中国乡村建设工作者相似的思想火花。尽管他对村民和官僚的失望与批评溢于言表，但到了项目的后期，法赛展现出对系统限制因素的深刻自省："我对谷尔纳村失望的直接结果是，极大地加深了我对农村住房问题的理解。因为这个问题牵涉的不仅是技术或经济方面，它的主体是人，包括体系、民众、专业人员和农民。这个问题比谷尔纳和文物部要大得多。"（p. 384）

　　法赛的经历揭示了精英与农民在文化真实性和美好生活观念上的根本分歧，以及建立在这些分歧之上的合作裂痕。现今，谷尔纳村在旅游地图上被重命名为"哈桑·法赛村"，村民变成了20世纪遗产的骄傲继承者。然而，他们与遗产保护专家在评价法赛设计的价值、所塑造的传统以及保护新村遗产的方式上依然存在分歧（陆秋伶，2022：92）。

　　在乡村实践中，法赛经历了两难的困境。他所提倡的，通过激发农民的积极性和知识来发展民族文化的理念从未被政府全面采纳。在官方重技术的发展工程和以旅游为导向的遗产产业中，法赛那种从村民传统中汲取现代解决方案的想法未能站稳脚跟。而在农民那边，他们不认同法赛，将他视为政府的代表，反对他以粗糙的材料建造墓葬式的居所，并觊觎他所管理的项目资金和工作机会。许多村民从根本上反对搬迁，或是被动应付，或是积极破坏着法赛的工作。

　　更深层次的矛盾在于，尽管法赛强调传统的延续，坚持使用泥土建造房屋，与现代主义的轻视传统、重视技术更迭的态度背道而驰，但一些建筑评论家认为，法赛的建筑词汇的确基于本土语言构建，他对这些词汇的选用却完全基于个人对比例、和谐与平衡的理解，这实际上是"对过去的改良和改进"，体现了一种创新的现代主义态度，融合了地域主义元素的现代主义（Curtis，1986）。此外，法赛对"自我殖民主义"持有强烈的反感，致力于根据本地环境寻找解决方案。他深刻理解西方文化，并且借由教育和阶层品味所在的阶级掌握了接近西方文化的特权，但他尝试阻止大众接受西方影响。最初，谷尔纳新村被提出是作为解决身份困境的方案的，但对当地居民而言，它逐渐演变成了一种充满异域情调的外来干预，目的似乎是要征服他们。

　　著名政治学家兼中东专家蒂莫西·米切尔（Timothy Mitchell）对此评述道："法赛渴望振兴本土文化，以此推进埃及民族遗产的发展。为了实现这一振兴，他依赖于谷尔纳村民。然而，他所需要的是一个几乎脱离民族的群体，这个群体的消逝将助力于民族及其历史的确立。谷尔纳村民被描绘成无知、未开化，无力守护自己的建筑遗产。

只有这样的视角才使得建筑师有机会介入，将自己塑造成本地遗产的重现者，而本地居民已不再认同或不知如何珍惜这些遗产。作为将这遗产纳入国家叙事的代言人，建筑师能够让过去发声，并在塑造现代国家特性方面发挥作用。"（Mitchell，2002：191）

　　法赛在寻求埃及和阿拉伯风格上不遗余力，他的影响力遍及国际社会和伊斯兰世界的上层，出版的作品虽然与社区格格不入，却大幅丰富了其个人的声望和影响力。他既充满对农民的热爱与同情，又憎恨他们的"私愚贫弱"——这些难道不是 20 世纪第三世界国家许多知识分子的典型写照吗？法赛本人的境遇，折射出第三世界本土知识分子无法摆脱的多重结构性紧张：精英与农民、专家与社区的分歧，试图复兴传统但又垄断传统的定义权，设想周全却难以落地。但也正是这些张力，以及实干家们所具备的容纳和接受张力的能力，才让法赛和他的继承者的思想具备生命力。法赛遭遇并处理了各地乡村社会工程中普遍存在的诸多核心问题，近一个世纪前的埃及乡村建设实践和思考今天依然具有突出的借鉴和讨论价值。

参考文献

Curtis, William 1986, "Towards an Authentic Regionalism." In Hasan-Uddin Khan
　　(eds.), *Mimar* 19: *Architecture in Development*. Singapore: Concept Media Ltd..
Mitchell, Timothy 2002, *Rule of Experts: Egypt, Techno-Politics, Modernity*.
　　Berkeley, Los Angeles & London: University of California Press.
法赛，2023，《为穷人造房子》，卢健松、包志禹译，北京：清华大学出版社。
陆秋伶，2022，《哈桑·法赛谷尔纳新村设计实践的当代价值》，湖南大学硕士
　　学位论文。

（作者单位：中国农业大学人文与发展学院）

稿　　约

　　《人类学研究》是浙江大学社会学系人类学研究所、中国人类学民族学研究会秘书处主办的人类学专业学术辑刊，每年一辑，由商务印书馆出版。设有"专题研究""珍文重刊""研究论文""田野随笔""述评""书评"等栏目。热诚欢迎国内外学者赐稿。

　　1. 本刊刊登人类学四大分支学科（社会与文化、语言、考古、体质）的学术论文、田野调查报告和研究述评等；不刊登国内外已公开发表的文章（含电子网络版）。论文字数在 10000—40000 字之间。

　　2. 稿件一般使用中文，稿件请注明文章标题（中英文）、作者姓名、单位、联系方式、摘要（200 字左右）、关键词（3—5 个）。

　　3. 投寄本刊的文章文责一律自负，凡采用他人成说务必加注说明。

　　4. 投稿请寄：jiayliang@zju.edu.cn。

《人类学研究》编辑部